HTML 5+CSS3+jQuery Mobile 移动开发
（全案例微课版）

刘 辉 编著

清华大学出版社

北　京

内 容 简 介

本书是针对零基础读者研发的移动开发入门教材。本书侧重案例实训，并提供扫码微课来讲解当前的热点案例。

全书分为21章，内容包括认识HTML 5，设计网页的文本与段落，网页中的图像和超链接，表格与<div>标记，网页中的表单，网页中的多媒体，数据存储Web Storage，认识CSS样式表，设计图片、链接和菜单的样式，设计表格和表单的样式，使用CSS3布局网页版式，JavaScript和jQuery，jQuery Mobile快速入门，使用 UI组件，jQuery Mobile 事件，数据存储和读取技术，设计流行的响应式网页，App的打包和测试。本书最后通过3个热点综合项目，进一步巩固读者的项目开发经验。

本书通过精选热点案例，可以让初学者快速掌握网页设计技术。

图书在版编目(CIP)数据

HTML5+CSS3+jQuery Mobile 移动开发：全案例微课版 / 刘辉编著 . —北京：清华大学出版社，2021.6

ISBN 978-7-302-58274-8

Ⅰ. ①H⋯　Ⅱ. ①刘⋯　Ⅲ. ①超文本标记语言－程序设计－教材②网页制作工具－教材③JAVA 语言－程序设计－教材　Ⅳ. ① TP312.8 ② TP393.092.2

中国版本图书馆 CIP 数据核字 (2021) 第 108848 号

责任编辑：张彦青
封面设计：李　坤
责任校对：吴春华
责任印制：朱雨萌

出版发行：清华大学出版社
　　　　　网　　　址：http://www.tup.com.cn，http://www.wqbook.com
　　　　　地　　　址：北京清华大学学研大厦 A 座　　　　邮　　　编：100084
　　　　　社 总 机：010-62770175　　　　　　　　　　邮　　　购：010-62786544
　　　　　投稿与读者服务：010-62776969，c-service@tup.tsinghua.edu.cn
　　　　　质 量 反 馈：010-62772015，zhiliang@tup.tsinghua.edu.cn
印 装 者：三河市少明印务有限公司
经　　销：全国新华书店
开　　本：185mm×260mm　　　印　　张：20.25　　　字　　数：495 千字
版　　次：2021 年 8 月第 1 版　　印　　次：2021 年 8 月第 1 次印刷
定　　价：78.00 元

产品编号：087780-01

前　言

"网站开发全案例微课版"系列图书是专门为网站开发和数据库初学者量身定做的一套学习用书。本套书涵盖网站开发、数据库设计等方面。

本书具有以下特点

前沿科技

无论是数据库设计还是网站开发，精选的案例均来自较为前沿或者用户群最多的领域，以帮助大家认识和了解最新动态。

权威的作者团队

组织国家重点实验室和资深应用专家联手编著该套图书，融入了丰富的教学经验与优秀的管理理念。

学习型案例设计

以技术的实际应用过程为主线，全程采用图解和多媒体同步结合的教学方式，生动、直观、全面地剖析使用过程中的各种应用技能，降低难度，提升学习效率。

扫码看视频

通过微信扫码看视频，可以随时在移动端学习技能对应的视频操作。

为什么要写这样一本书

由于原生应用程序 App 的开发费用比较高，同时开发周期也比较长，所以不少客户就有了想把网站转换成 App 的需求，然后直接把转换的 App 安装到移动设备上。jQuery Mobile 很好地解决了这一问题，通过 HTML 5 新技术和 jQuery Mobile 搭配使用，开发出的网站和普通 App 没有区别，越来越受到广大客户的欢迎。现在学习和关注该技术的人越来越多，对于初学者来说，实用性强和易于操作是目前最大的需求。本书针对想学习移动开发的初学者，可以快速让初学者入门后提高实战水平。通过本书的案例实训，读者可以很快地掌握流行的移动开发方法，提高职业化能力，从而帮助解决公司与求职者的双重需求问题。

本书特色

零基础、入门级的讲解

无论您是否从事计算机相关行业，也无论您是否接触过网页设计和 App 开发，都能从本书中找到最佳起点。

实用、专业的范例和项目

本书在内容编排上，紧密结合深入学习网页设计的过程，从 HTML 5 基本概念开始，逐步带领读者学习网页设计和 App 开发的各种应用技巧，侧重实战技能，使用简单易懂的实际案例进行分析和操作指导，让读者学起来轻松易懂，操作起来有章可循。

读者对象

本书是一本完整介绍网页设计技术的教程，内容丰富、条理清晰、实用性强，适合以下读者学习使用。

- 零基础的网页设计和 App 开发自学者。
- 希望快速、全面掌握 HTML 5+CSS3+jQuery Mobile 网页设计和 App 开发的人员。
- 高等院校或培训机构的老师和学生。
- 参加毕业设计的学生。

创作团队

本书由刘辉编著，参加编写的人员还有刘春茂、李艳恩和张华。在编写过程中，我们虽竭尽所能希望将最好的讲解呈献给读者，但难免有疏漏和不妥之处，敬请读者不吝指正。

编　者

本书案例源代码　　　　王牌资源

目 录
Contents

第1章 认识HTML 5

本章导读

目前，网络已经成为人们娱乐、工作中不可缺少的一部分，网页设计也成为学习计算机知识的重要内容之一。制作网页可采用可视化编辑软件，但是无论采用哪一种网页编辑软件，最后都是将所设计的网页转化为 HTML。什么是 HTML？如何编辑 HTML 文件？新手如何开发工具？这些问题是本章学习的重点。

知识导图

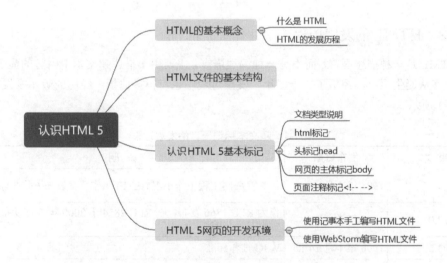

1.1 HTML 的基本概念

因特网上的信息是以网页形式展示给用户的，网页是网络信息传递的载体。网页文件是用标记语言书写的，这种语言称为超文本标记语言（Hyper Text Markup Language，HTML）。

1.1.1 什么是 HTML

HTML 不是一种编程语言，而是一种描述性的标记语言，用于描述超文本中的内容和结构。HTML 最基本的语法是 < 标记符 ></ 标记符 >。标记符通常是成对使用，有一个开头标记和一个结束标记。结束标记只是在开头标记的前面加一个斜杠"/"。当浏览器收到 HTML 文件后，就会解释里面的标记符，然后把标记符相对应的功能表达出来。

例如，在 HTML 中用 <p></p> 标记符来定义一个换行符。当浏览器遇到 <p></p> 标记符时，会把该标记中的内容自动形成一个段落。当遇到
 标记符时，会自动换行，并且该标记符后的内容会从一个新行开始。这里的
 标记符是单标记，没有结束标记，标记后的"/"符号可以省略；但为了使代码规范，一般建议加上。

1.1.2 HTML 的发展历程

HTML 是一种描述语言，而不是一种编程语言，主要用于描述超文本中内容的显示方式。标记语言从诞生至今，经历了二十多年，发展过程中也有很多曲折，经历的版本及发布日期如表 1-1 所示。

表 1-1　超文本标记语言的发展过程

版　本	发布日期	说　明
超文本标记语言 (第 1 版)	1993 年 6 月	作为互联网工程工作小组 (IETF) 工作草案发布 (并非标准)
HTML 2.0	1995 年 11 月	作为 RFC 1866 发布，在 RFC 2854 于 2000 年 6 月发布之后被宣布已经过时
HTML 3.2	1996 年 1 月 14 日	W3C 推荐标准
HTML 4.0	1997 年 12 月 18 日	W3C 推荐标准
HTML 4.01	1999 年 12 月 24 日	微小改进，W3C 推荐标准
ISO HTML	2000 年 5 月 15 日	基于严格的 HTML 4.01 语法，是国际标准化组织和国际电工委员会的标准
XHTML 1.0	2000 年 1 月 26 日	W3C 推荐标准 (修订后于 2002 年 8 月 1 日重新发布)
XHTML 1.1	2001 年 5 月 31 日	较 1.0 有微小改进
XHTML 2.0 草案	没有发布	2009 年，W3C 停止了 XHTML 2.0 工作组的工作
HTML 5	2014 年 10 月	HTML 5 标准规范最终制定完成

1.2　HTML 文件的基本结构

完整的 HTML 文件包括标题、段落、列表、表格、绘制的图形以及各种嵌入对象，这些对象统称为 HTML 元素。一个 HTML 5 文件的基本结构如下：

```
<!DOCTYPE html>              <body>
<html>                      网页内容
<head>                      </body>
<title>网页标题</title>       </html>
</head>
```

从上面的代码可以看出，一个基本的 HTML 5 网页由以下几部分构成。

（1）　<!DOCTYPE html> 声明：该声明必须位于 HTML 5 文档中的第一行，也就是位于 <html> 标记之前。该标记告知浏览器文档所使用的 HTML 规范。<!DOCTYPE html> 声明不属于 HTML 标记；它是一条指令，告诉浏览器编写页面所用的标记的版本。由于 HTML 5 版本还没有得到浏览器的完全认可，后面介绍时还采用以前的通用标准。

（2）　<html></html> 标记：说明本页面是用 HTML 编写的，使浏览器软件能够准确无误地解释和显示。

（3）　<head></head> 标记：HTML 的头部标记。头部信息不显示在网页中，此标记内可以包含一些其他标记，用于说明文件标题和整个文件的一些公用属性。可以通过 <style> 标记定义 CSS 样式表，通过 <script> 标记定义 JavaScript 脚本文件。

（4）　<title></title> 标记：title 是 head 中的重要组成部分，它包含的内容显示在浏览器的窗口标题栏中。如果没有 title，浏览器标题栏将显示本页的文件名。

（5）　<body></body> 标记：body 包含 html 页面的实际内容，显示在浏览器窗口的客户区中。例如，在页面中，文字、图像、动画、超链接以及其他 HTML 相关的内容都是定义在 body 标记里面的。

1.3　认识 HTML 5 基本标记

HTML 文档最基本的结构主要包括文档类型说明、HTML 文档开始标记、头标记、主体标记和页面注释标记。

1.3.1　文档类型说明

基于 HTML 5 设计准则中的"化繁为简"原则，Web 页面的文档类型说明（DOCTYPE）被极大地简化了。

HTML 文档头部的类型说明代码如下：

```
<!DOCTYPE html PUBLIC "-//W3C//DTD XHTML 1.0 Transitional//EN"
"http://www.w3.org/TR/xhtml1/DTD/xhtml1-transitional.dtd">
```

可以看到，这段代码既麻烦又难记。HTML 5 对文档类型进行了简化，简单到 15 个字符就可以了，代码如下：

```
<!DOCTYPE html>
```

> **注意**：文档类型说明必须在网页文件的第一行。即使是注释，也不能在 <!DOCTYPE html> 的上面，否则将视为错误的注释方式。

1.3.2　html 标记

html 标记代表文档的开始。由于 HTML 5 语法的松散特性，该标记可以省略，但是为了使之符合 Web 标准和体现文档的完整性，养成良好的编写习惯，这里建议不要省略该标记。

html 标记以 <html> 开头，以 </html> 结尾，文档的所有内容书写在开头和结尾的中间部分。语法格式如下：

```
<html>
...
</html>
```

1.3.3　头标记 head

头标记 head 用于说明文档头部的相关信息，一般包括标题信息、元信息、定义 CSS 样式和脚本代码等。HTML 的头部信息以 <head> 开始，以 </head> 结束，语法格式如下：

```
<head>
...
</head>
```

> **说明**：<head> 元素的作用范围是整篇文档，定义在 HTML 头部的内容往往不会在网页上直接显示。

在头标记 <head> 与 </head> 之间还可以插入标题标记 title 和元信息标记 meta 等。

1. 标题标记 title

HTML 页面的标题一般是用来说明页面用途的，它显示在浏览器的标题栏中。在 HTML 文档中，标题信息设置在 <head> 与 </head> 之间。标题标记以 <title> 开始，以 </title> 结束，语法格式如下：

```
<title>
...
</title>
```

在标记中间的"…"就是标题的内容，它可以帮助用户更好地识别页面。预览网页时，设置的标题在浏览器的上方标题栏中显示，如图 1-1 所示。此外，在 Windows 任务栏中显示的也是这个标题。页面的标题只有一个，位于 HTML 文档的头部。

2. 元信息标记 meta

<meta> 元素可提供有关页面的元信息（meta-information），比如针对搜索引擎和更新频度的描述和关键词。<meta> 标记位于文档的头部，不包含任何内容。<meta> 标记的属性定义了与文档相关联的名称 / 值对，<meta> 标记提供的属性及取值见表 1-2。

图 1-1　标题栏在浏览器中的显示效果

表 1-2　<meta> 标记提供的属性及取值

属　性	值	描　述
charset	character encoding	定义文档的字符编码
content	some_text	定义与 http-equiv 或 name 属性相关的元信息
http-equiv	content-type expires refresh set-cookie	把 content 属性关联到 HTTP 头部
name	author description keywords generator revised others	把 content 属性关联到一个名称

（1）字符集 charset 属性。

在 HTML 5 中，有一个新的 charset 属性，它使字符集的定义更加容易。例如，下面的代码告诉浏览器，网页使用 ISO-8859-1 字符集显示：

```
<meta charset="ISO-8859-1">
```

（2）搜索引擎的关键词。

在早期，meta keywords 关键词对搜索引擎的排名算法起到一定的作用，也是很多人进行网页优化的基础。关键词在浏览时是看不到的，使用格式如下：

```
<meta name="keywords" content="关键词,keywords" />
```

> **说明**：不同的关键词之间应使用半角逗号隔开（英文输入状态下），不要使用"空格"或"|"间隔。
> 是 keywords，不是 keyword。
> 关键词标记中的内容应该是一个个短语，而不是一段话。

例如，定义针对搜索引擎的关键词，代码如下：

```
<meta name="keywords" content="HTML, CSS, XML, XHTML, JavaScript" />
```

关键词标记 keywords，曾经是搜索引擎排名中很重要的因素，但现在已经被很多搜索引擎完全忽略。如果我们加上这个标记，对网页的综合表现没有坏处，不过，如果使用不恰当的话，对网页非但没有好处，还有欺诈的嫌疑。在使用关键词标记 keywords 时，要注意以下几点。

- 关键词标记中的内容要与网页核心内容相关，应当确信使用的关键词出现在网页文本中。
- 应当使用用户易于通过搜索引擎检索的关键词，过于生僻的词汇不太适合作为 meta 标记中的关键词。
- 不要重复使用关键词，否则可能会被搜索引擎惩罚。
- 一个网页的关键词标记里最多包含 3 ~ 5 个最重要的关键词，不要超过 5 个。
- 每个网页的关键词应该不一样。

> **注意**：由于设计者或 SEO 优化者以前对 meta keywords 关键词的滥用，导致目前它在搜索引擎排名中的作用很小。

（3）页面描述。

meta description 元标记（描述元标记）是一种 HTML 元标记，用来简略描述网页的主要内容，是通常被搜索引擎用在搜索结果页上展示给最终用户的一段文字。页面描述在网页中并不显示出来，页面描述的使用格式如下：

```
<meta name="description" content="网页的介绍" />
```

例如，定义对页面的描述，代码如下：

```
<meta name="description" content="免费的Web技术教程。" />
```

（4）页面定时跳转。

使用 <meta> 标记可以使网页在经过一定时间后自动刷新，这可通过将 http-equiv 属性值设置为 refresh 来实现。content 属性值可以设置为更新时间。

在浏览网页时，经常会看到一些欢迎信息的页面，在经过一段时间后，这些页面会自动转到其他页面，这就是网页的跳转。页面定时刷新跳转的语法格式如下：

```
<meta http-equiv="refresh" content="秒;[url=网址]" />
```

> **说明**：上面的 [url= 网址] 部分是可选项，如果有这部分，页面定时刷新并跳转；如果省略该部分，页面只定时刷新，不进行跳转。

例如，实现每 5 秒刷新一次页面，将下述代码放入 head 标记中即可：

```
<meta http-equiv="refresh" content="5" />
```

1.3.4　网页的主体标记 body

网页所要显示的内容都放在网页的主体标记内，它是 HTML 文件的重点所在，后面章节所介绍的 HTML 标记都将放在这个标记内。然而它并不仅仅是一个形式上的标记，它本身也可以控制网页的背景颜色或背景图像，这将在后面进行介绍。主体标记是以 <body> 开始、

以 </body> 标记结束的，语法格式如下：

```
<body>
...
</body>
```

> **注意**：在构建 HTML 结构时，标记不允许交错出现，否则会造成错误。
>
> 在下列代码中，<body> 开始标记出现在 <head> 标记内，这是错误的：
>
> ```
> <!DOCTYPE html>
> <html>
> <head>
> <title>标记测试</title>
> <body>
> </head>
> </body>
> </html>
> ```

1.3.5 页面注释标记 <!-- -->

注释是在 HTML 代码中插入的描述性文本，用来解释该代码或提示其他信息。注释只出现在代码中，浏览器对注释代码不进行解释，并且在浏览器的页面中不显示。在 HTML 源代码中适当地插入注释语句是一种非常好的习惯，对于设计者日后的代码修改、维护工作很有好处；另外，如果将代码交给其他设计者，其他人也能很快读懂前者所撰写的内容。

语法如下：

```
<!--注释的内容-->
```

注释语句元素由前后两个半部分组成，前半部分有一个左尖括号、一个半角感叹号和两个连字符，后半部分由两个连字符和一个右尖括号组成：

```
<!DOCTYPE html>                    <body>
<html>                             <!--这里是标题-->
<head>                             <h1>HTML 5网页设计</h1>
<title>标记测试</title>            </body>
</head>                            </html>
```

页面注释不但可以对 HTML 中一行或多行代码进行解释说明，而且可以注释掉这些代码。如果希望某些 HTML 代码在浏览器中不显示，可以将这部分内容放在 <!-- 和 --> 之间，例如，修改上述代码，如下所示：

```
<html>                             <!--
<head>                             <h1>HTML 5网页</h1>
<title>标记测试</title>            -->
</head>                            </body>
<body>                             </html>
```

修改后的代码将 <h1> 标记作为注释内容处理，在浏览器中将不会显示这部分内容。

> **注意**：在 HTML 代码中，如果注释语法使用错误，则浏览器会将注释视为文本内容，注释内容会显示在页面中。

1.4　HTML 5 网页的开发环境

有两种方式可以产生 HTML 文件：一种是自己写 HTML 文件，事实上这并不是很困难，也不需要特别的技巧；另一种是使用 HTML 编辑器 WebStorm，它可以辅助使用者来做编写工作。

1.4.1　使用记事本手工编写 HTML 文件

前面介绍过，HTML 5 是一种标记语言，标记语言代码是以文本形式存在的，因此，所有的记事本工具都可以作为它的开发环境。

HTML 文件的扩展名为 .html 或 .htm，将 HTML 源代码输入记事本并保存之后，可以在浏览器中打开文档以查看其效果。

使用记事本编写 HTML 文件的具体操作步骤如下。

01 单击 Windows 桌面上的"开始"按钮，选择"所有程序"→"附件"→"记事本"命令，打开记事本编辑窗口，在记事本中输入 HTML 代码，如图 1-2 所示。

图 1-2　编辑 HTML 代码

02 编辑完 HTML 文件后，选择"文件"→"保存"命令或按 Ctrl+S 快捷键，在弹出的"另存为"对话框中，选择"保存类型"为"所有文件"，然后将文件扩展名设为 .html 或 .htm，如图 1-3 所示。

03 单击"保存"按钮，即可保存文件。打开网页文档，运行效果如图 1-4 所示。

图 1-3　"另存为"对话框

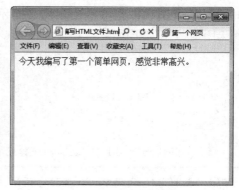

图 1-4　网页的浏览效果

1.4.2 使用 WebStorm 编写 HTML 文件

WebStorm 是一款前端页面开发工具。该工具的主要优势是有智能提示，能智能补齐代码，代码格式化显示，能联想查询和代码调试等。对于初学者而言，WebStorm 不仅功能强大，而且非常容易上手操作，被广大前端开发者誉为 Web 前端开发神器。

下面以 WebStorm 英文版为例进行讲解。首先打开浏览器，输入网址 https：//www.jetbrains.com/webstorm/download/#section=windows，进入 WebStorm 官网下载页，如图 1-5 所示。单击 Download 按钮，即可开始下载 WebStorm 安装程序。

图 1-5 WebStorm 官网下载页面

1. 安装 WebStorm 2019

下载完成后，即可进行安装，具体操作步骤如下。

01 双击下载的安装文件，进入安装 WebStorm的欢迎界面，如图 1-6 所示。

02 单击 Next 按钮，进入选择安装路径界面，单击 Browse 按钮，即可选择新的安装路径，这里采用默认的安装路径，如图 1-7 所示。

图 1-6 欢迎界面

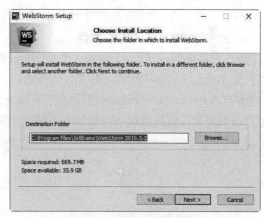

图 1-7 选择安装路径界面

03 单击 Next 按钮，进入选择安装选项界面，选中所有的复选框，如图 1-8 所示。

04 单击 Next 按钮，进入选择开始菜单文件夹界面，默认为 JetBrains，如图 1-9 所示。

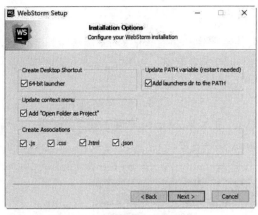

图 1-8　选择安装选项界面

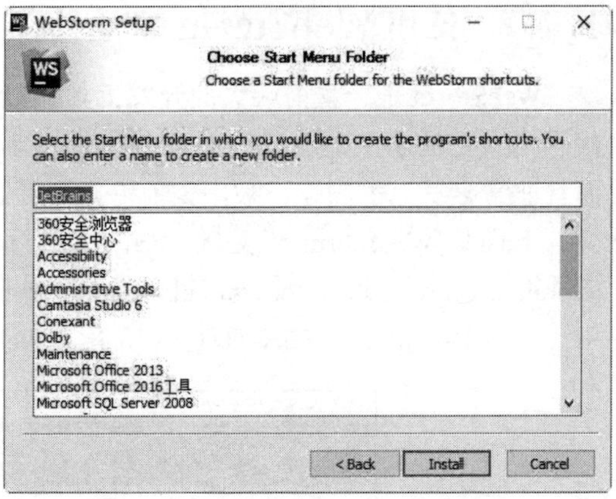

图 1-9　选择开始菜单文件夹界面

05 单击 Install 按钮，开始安装软件并显示安装的进度，如图 1-10 所示。

06 安装完成后，单击 Finish 按钮，如图 1-11 所示。

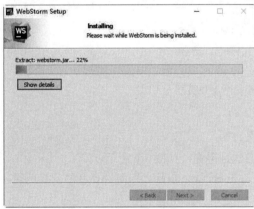

图 1-10　开始安装 WebStorm

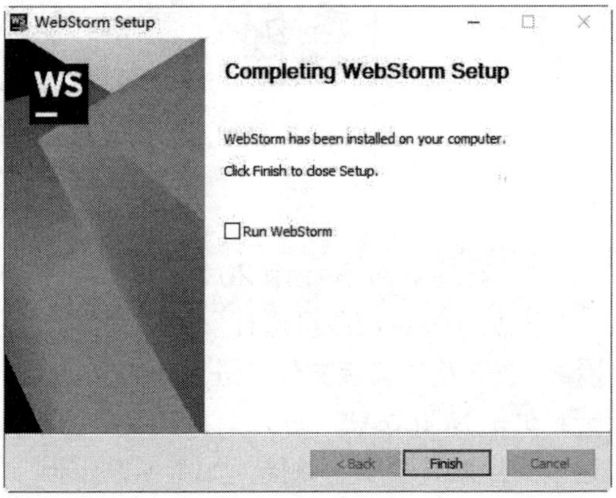

图 1-11　安装结束

2. 创建和运行 HTML 文件

01 单击 Windows 桌面上的"开始"按钮，选择"所有程序"→ JetBrains WebStorm 2019 命令，打开 WebStorm 欢迎界面，如图 1-12 所示。

02 单击 Create New Project 按钮，打开 New Project 对话框，在 Location 文本框中输入工程存放的路径，也可以单击 按钮选择路径，如图 1-13 所示。

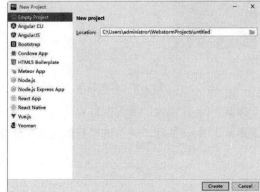

图 1-12　WebStorm 欢迎界面

图 1-13　设置工程存放的路径

03 单击 Create 按钮，进入 WebStorm 主界面，选择 File → New → HTML File 命令，如图 1-14 所示。

04 打开 New HTML File 对话框，输入文件名称为 index.html，选择文件类型为 HTML 5 file，如图 1-15 所示。

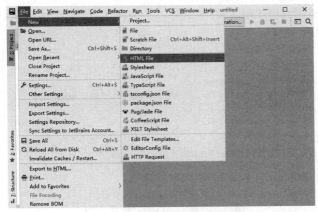

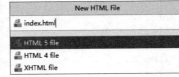

图 1-14　创建一个 HTML 文件　　　　　　　　图 1-15　输入文件的名称

05 按 Enter 键即可查看新建的 HTML 5 文件，接着就可以编辑 HTML 5 文件。例如这里在 <body> 标记中输入文字"使用工具好方便啊！"，如图 1-16 所示。

图 1-16　编辑文件

06 编辑完代码后，选择 File → Save As 命令，打开 Copy 对话框，可以保存文件或者另存为一个文件，还可以选择保存路径。设置完成后单击 OK 按钮即可，如图 1-17 所示。

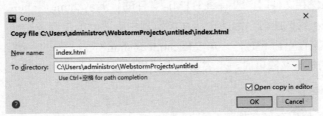

图 1-17　保存文件

07 选择 Run 命令，即可在浏览器中运行代码，如图 1-18 所示。

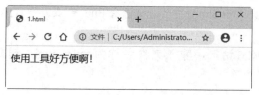

图 1-18　运行 HTML 5 文件的代码

▍实例 1：渲染一个清明节的图文页面效果

01▶新建一个 HTML 5 文件，在其中输入下述代码：

```
<!DOCTYPE html>
<html>
<head>
<title>简单的HTML5网页</title>
</head>
<body>
  <h1>清明</h1>
  <P>
  清明时节雨纷纷,<br>
  路上行人欲断魂。<br>
  借问酒家何处有,<br>
  牧童遥指杏花村。<br>
  </P>
<img src="qingming.jpg">
</body>
</html>
```

02▶保存网页，运行效果如图 1-19 所示。

图 1-19　清明节的图文页面效果

1.5　新手常见疑难问题

▍疑问 1：为何使用记事本编辑的 HTML 文件无法在浏览器中预览，而是直接在记事本中打开？

很多初学者在保存文件时，没有将 HTML 文件的扩展名 .html 或 .htm 作为文件的后缀，导致文件还是以 .txt 为扩展名，因此无法在浏览器中查看。如果读者是通过鼠标右击创建记事本文件的，在为文件重命名时，一定要以 .html 或 .htm 作为文件的后缀。特别要注意的是，当 Windows 系统的扩展名隐藏时，更容易出现这样的错误。读者可以在"文件夹选项"对话框中查看是否显示扩展名。

▍疑问 2：HTML 5 代码有什么规范？

很多学习网页设计的人员，对于 HTML 的代码规范知之甚少。作为一名优秀的网页设计人员，很有必要学习比较好的代码规范。对于 HTML 5 代码规范，主要注意以下几点。

1. 使用小写标记名

在 HTML 5 中，元素名称可以大写，也可以小写，推荐使用小写元素名。主要原因如下。

（1）混合使用大小写元素名的代码是非常不规范的。

（2）小写字母容易编写。

（3）小写字母让代码看起来整齐而清爽。

（4）网页开发人员往往使用小写，这样便于统一规范。

2. 要记得关闭标记

在 HTML 5 中，大部分标记都是成对出现的，所以要记得关闭标记。

▍疑问 3：和早期版本相比，HTML 5 语法有哪些变化？

为了兼容各个不统一的页面代码，HTML 5 的设计在语法方面做了以下变化。

（1）标记不再区分大小写。

标记不再区分大小写是 HTML 5 语法变化的重要体现，例如以下例子的代码：

```
<P>大小写标记</p>
```

虽然"<P> 大小写标记 </p>"中开始标记和结束标记不匹配，但是这完全符合 HTML 5 规范。

（2）允许属性值不使用引号。

在 HTML 5 中，属性值不放在引号中也是正确的。例如以下代码片段：

```
<input checked="a" type="checkbox"/>
```

上述代码片段与下面的代码片段效果是一样的：

```
<input checked=a type=checkbox/>
```

> **提示**：尽管 HTML 5 允许属性值可以不使用引号，但是仍然建议读者加上引号。因为如果某个属性的属性值中包含空格等容易引起混淆的值，可能会引起浏览器的误解。例如以下代码：
>
> ```
> <img src=mm ch01/01.jpg />
> ```
>
> 此时浏览器就会误以为 src 属性的值就是 mm，这样就无法解析路径中的 01.jpg 图片。如果想正确解析到图片的位置，只有添加上引号。

1.6　实战训练营

▍实战 1：制作符合 W3C 标准的古诗网页

制作一个符合 W3C 标准的古诗网页，最终效果如图 1-20 所示。

图 1-20　古诗网页的预览效果

实战 2：制作有背景图的网页

通过 body 标记渲染一个有背景图的网页，运行效果如图 1-21 所示。

图 1-21　带背景图的网页

第2章 设计网页的文本与段落

本章导读

　　网页文本是网页中最主要也是最常用的元素。设计优秀的网页文本，不仅可以让网页内容看起来更有层次感，也可以给用户带来美好的视觉体验。网页文本的内容包括标题文字、普通文字、段落文字等。网页列表可以有序地编排一些信息资源，使其结构化和条理化，并以列表的样式显示出来，以便浏览者能更加快捷地获得相应信息。本章就来介绍如何设计网页文本、段落和列表。

知识导图

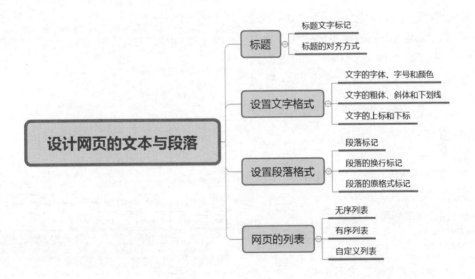

2.1 标题

在 HTML 文档中，文本的结构除了以行和段出现之外，还可以作为标题存在。通常一篇文档最基本的结构就是由若干不同级别的标题和正文组成的。

2.1.1 标题文字标记

HTML 文档中包含有各种级别的标题，各种级别的标题由 <h1>~<h6> 元素来定义，<h1>~<h6> 标题标记中的字母 h 是英文 headline（标题行）的简称。其中 <h1> 代表 1 级标题，级别最高，文字也最大，其他标题元素依次递减，<h6> 级别最低。

<h1>这里是1级标题</h1>
<h2>这里是2级标题</h2>
<h3>这里是3级标题</h3>

<h4>这里是4级标题</h4>
<h5>这里是5级标题</h5>
<h6>这里是6级标题</h6>

注意：作为标题，它们的重要性是有区别的，其中 <h1> 标题的重要性最高，<h6> 的最低。

▎ **实例 1：巧用标题标记，编写一个短新闻**

本实例巧用 <h1> 标记、<h4> 标记、<h5> 标记，实现一个短新闻页面效果。其中新闻的标题放到 <h1> 标记中，发布者放到 <h5> 标记中，新闻正文内容放到 <h4> 标记中。具体代码如下：

```
<!DOCTYPE html>
<html>
<head>
<!--指定页面编码格式-->
<meta charset="UTF-8">
<!--指定页头信息-->
<title>巧编短新闻</title>
</head>
<body>
<!--表示新闻的标题-->
<h1>"雪龙"号再次远征南极</h1>
<!--表示相关发布信息-->
<h5>发布者：老码识途课堂<h5>
<!--表示对话内容-->
<h4>经过3万海里航行,2019年3月10日,"雪
龙"号极地考察破冰船载着中国第35次南极科考队队
```

员安全抵达上海吴淞检疫锚地,办理进港入关手续。这是"雪龙"号第22次远征南极并安全返回。自2018年11月2日从上海起程执行第35次南极科考任务,"雪龙"号载着科考队员风雪兼程,创下南极中山站冰上和空中物资卸运历史纪录,在咆哮西风带布下我国第一个环境监测浮标,更经历意外撞上冰山的险情及成功应对。</h4>
```
</body>
</html>
```

运行效果如图 2-1 所示。

图 2-1　短新闻页面效果

2.1.2 标题的对齐方式

默认情况下，网页中的标题是左对齐的。通过 align 属性，可以设置标题的对齐方式。语法格式如下：

```
<h1 align="对其方式">文本内容</h1>
```

这里的对齐方式包括 left（文字左对齐）、center（文字居中对齐）、right（文字右对齐）。需要注意的是对齐方式一定要添加双引号。

▍实例 2：古诗混合排版

本实例通过 <body background="gushi.jpg"> 来定义网页背景图片，通过 align="center" 来实现标题的居中效果，通过 align="right" 来实现标题的靠右效果，具体代码如下：

```
<!DOCTYPE html>
<html>
<head>
    <!--指定页面编码格式-->
    <meta charset="UTF-8">
    <!--指定页头信息-->
    <title>古诗混排</title>
</head>
<!--显示古诗图背景-->
<body background="gushi.jpg">
<!--显示古诗名称-->
<h2 align="center">望雪</h2>
<!--显示作者信息-->
<h5 align="right">唐代：李世民</h5>
<!--显示古诗内容-->
<h4 align="center">冻云宵遍岭,素雪晓凝
华。</h4>
    <h4 align="center">入牖千重碎,迎风一半
```
```
斜。</h4>
    <h4 align="center">不妆空散粉,无树独飘
花。</h4>
    <h4 align="center">萦空惭夕照,破彩谢晨
霞。</h4>
    </body>
    </html>
```

运行效果如图 2-2 所示。

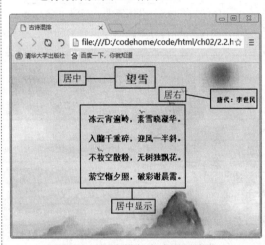

图 2-2　混合排版古诗页面效果

2.2　设置文字格式

在网页编程中，直接在 <body> 标记和 </body> 标记之间输入文字，这些文字就可以显示在页面中。多种多样的文字修饰效果可以呈现出一个美观大方的网页，会让人有美轮美奂、流连忘返的感觉。本节将介绍如何设置网页文字的修饰效果。

2.2.1　文字的字体、字号和颜色

font-family 属性用于指定文字字体类型，如宋体、黑体、隶书、Times New Roman 等，即在网页中，展示字体不同的形状。具体的语法格式如下。

```
style="font-family:黑体"
```

font-size 属性用于设置文字大小，其语法格式如下。

```
Style="font-size：数值| inherit | xx-small | x-small | small | medium | large
| x-large | xx-large | larger | smaller | length"
```

其中，通过"数值"来定义字体大小，例如用"font-size：10 px"的方式定义字体大小为 10 像素。此外，还可以通过 medium 之类的参数定义字体的大小，其参数含义如表 2-1 所示。

表 2-1　设置字体大小的参数

参　数	说　明
xx-small	绝对字体尺寸。根据对象字体进行调整。最小
x-small	绝对字体尺寸。根据对象字体进行调整。较小
small	绝对字体尺寸。根据对象字体进行调整。小
medium	默认值。绝对字体尺寸。根据对象字体进行调整。正常
large	绝对字体尺寸。根据对象字体进行调整。大
x-large	绝对字体尺寸。根据对象字体进行调整。较大
xx-large	绝对字体尺寸。根据对象字体进行调整。最大
larger	相对字体尺寸。相对于父对象中字体尺寸进行相对增大。使用成比例的 em 单位计算
smaller	相对字体尺寸。相对于父对象中字体尺寸进行相对减小。使用成比例的 em 单位计算
length	百分数或由浮点数字和单位标识符组成的长度值，不可为负值。其百分比取值是基于父对象中字体的尺寸

color 属性用于设置颜色。其属性值通常使用下面方式设定，如表 2-2 所示。

表 2-2　颜色设定方式

属 性 值	说　明
color_name	规定颜色值为颜色名称的颜色 (例如 red)
hex_number	规定颜色值为十六进制值的颜色 (例如 #ff0000)
rgb_number	规定颜色值为 RGB 代码的颜色 (例如 rgb(255,0,0))
inherit	规定应该从父元素继承颜色
hsl_number	规定颜色值为 HSL 代码的颜色 (例如 hsl(0,75%,50%))，此为新增加的颜色表现方式
hsla_number	规定颜色值为 HSLA 代码的颜色 (例如 hsla(120,50%,50%,1))，此为新增加的颜色表现方式
rgba_number	规定颜色值为 RGBA 代码的颜色 (例如 rgba(125,10,45,0.5))，此为新增加的颜色表现方式

▌实例 3：活用文字描述商品信息

本实例通过 style="font-family: 黑体 ;font-size:20pt " 来设置字体和字号，然后通过 style="color:red" 来设置字体颜色，具体代码如下：

```
<!DOCTYPE html>
<html>
<head>
<!--指定页头信息-->
<title>活用文字描述商品信息</title>
</head>
<body >
<!--显示商品图片,并居中显示-->
<h1 align=center><img src="goods.
jpg"></h1>
<!--显示图书的名称,文字的字体为黑体,大小
为20-->
```

```
<p style="font-family:黑体; font-
size:20pt;align=center ">商品名称:
HTML5+CSS3+JavaScript网页设计案例课堂(第2
版)</p>
<!--显示图书的作者,文字的字体为宋体,大小
为15像素-->
<p style="font-family:宋体;font-
size:15pt" >作者: 刘春茂</p>
<!--显示出版社信息,文字的字体为华文彩云
-->
<p style="font-family: 华文彩云"  >
出版社: 清华大学出版社</p>
<!--显示商品的出版时间,文字的颜色为红色
-->
<p style="color:red">出版时间: 2018年
1月</p>
</body>
</html>
```

运行效果如图 2-3 所示。

图 2-3　文字描述商品信息

2.2.2　文字的粗体、斜体和下划线

重要文本通常以粗体、斜体或加下划线的方式显示。HTML 中的 <b> 标记、<em> 标记和 <strong> 标记分别实现了这 3 种显示方式。

<i> 标记实现了文本的倾斜显示，放在 <i></i> 之间的文本将以斜体显示。

<u> 标记可以为文本添加下划线，放在 < u >< / u > 之间的文本以添加下划线方式显示。

实例 4：文字的粗体、斜体和下划线效果

下面的案例将综合应用 <b> 标记、<em> 标记、<strong> 标记、<i> 标记和 <u> 标记。

```
<!DOCTYPE html>
<html>
<head>
<title>文字的粗体、斜体和下划线</
title>
</head>
<body>
<!--显示粗体文字效果-->
<p><b>吴兴自东晋为善地,号为山水清远。其
民足于鱼稻蒲莲之利,寡求而不争。宾客非特有事于
其地者不至焉。</b></p>
<!--显示强调文字效果-->
<p><em>故凡守郡者,率以风流啸咏、投壶饮
```

```
酒为事。</em></p>
<!--显示加强文字效果-->
<p><strong>自莘老之至,而岁适大水,上田皆
不登,湖人大饥,将相率亡去。</strong></p>
<!--显示斜体字效果-->
<p><i>莘老大振廪劝分,躬自抚循劳来,出于
至诚。富有余者,皆争出谷以佐官,所活至不可胜
计。</i></p>
<!--显示下划线效果-->
<p><u>当是时,朝廷方更化立法,使者旁午,以
为莘老当日夜治文书,赴期会,不能复雍容自得如故
事。</u>。</p>
</body>
</html>
```

运行效果如图 2-4 所示，实现了文字的粗体、斜体和下划线效果。

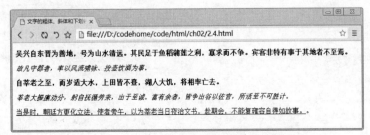

图 2-4　文字的粗体、斜体和下划线的预览效果

2.2.3　文字的上标和下标

文字的上标和下标分别可以通过 <sup> 标记和 <sub> 标记来实现。需要特别注意的是，<sup> 标记和 <sub> 标记都是双标记，放在开始标记和结束标记之间的文本会分别以上标或下标形式出现。

▌实例 5：文字的上标和下标效果

本案例将通过 <sup> 标记和 <sub> 标记来实现上标和下标效果。

```
<!DOCTYPE html>
<html>
<head>
<title>上标与下标效果</title>
</head>
<body>
<!-显示上标效果-->
<p>勾股定理表达式：
a<sup>2</sup>+b<sup>2</sup>=c<sup>2</sup></p>
<!-显示下标效果-->
```

```
<p>铁在氧气中燃烧：3Fe+20<sub>2</sub>=Fe<sub>3</sub>O<sub>4</sub>
</body>
</html>
```

运行效果如图 2-5 所示，实现了上标和下标文本显示。

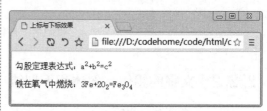

图 2-5　上标和下标预览效果

2.3　设置段落格式

在网页中，如果要把文字合理地显示出来，离不开段落标记的使用。对网页中文字段落进行排版，并不像文本编辑软件 Word 那样可以定义许多模式来安排文字的位置。在网页中要让某一段文字放在特定的地方，是通过 HTML 标记来完成的。

2.3.1　段落标记

在 HTML 5 网页文件中，段落效果是通过 <p> 标记来实现。具体语法格式如下：

<p>段落文字</p>

其中段落标记是双标记，即 <p></p>，在 <p> 开始标记和 </p> 结束标记之间的内容形成一个段落。如果省略结束标记，从 <p> 标记开始，直到遇见下一个段落标记之前的文本，都在一个段落内。段落标记用来定义网页中的一段文本，文本在一个段落中会自动换行。

▌实例 6：创意显示老码识途课堂

```
<!DOCTYPE html>
<html>
<head>
<title>创意显示老码识途课堂</title>
</head>
<body>
    <p>＊＊＊＊＊＊＊＊＊＊＊＊
＊＊＊＊＊＊＊＊＊＊＊＊＊老码识途课堂
＊＊＊＊＊＊＊＊＊＊＊＊＊＊＊＊＊＊</p>
    <p>    老码识途
```

```
课堂专注编程开发和图书出版18年,致力打造零基础在线IT学习</p>
    <p>平台。通过全程技能跟踪,实现1对1高效技能培训。目前,老码识途课堂主要为零</p>
    <p>基础读者提供优质的课程,课程内容新颖,模拟现实开发中的项目流程,快速积累</p>
    <p>行业开发经验,为读者提供一站式服务,培养学生的编程思想。</p>
    <p>＊＊＊＊＊＊＊＊＊＊＊＊＊＊＊
＊＊＊＊＊＊微信公众号：老码识途课堂＊＊＊＊＊
＊＊＊＊＊＊＊＊＊＊＊＊＊＊＊＊</p>
    </html>
```

运行效果如图 2-6 所示。

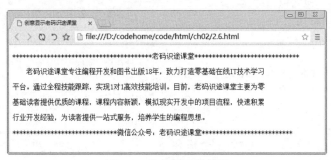

图 2-6 段落标记的使用

2.3.2 段落的换行标记

在 HTML 5 文件中，换行标记为
。该标签是一个单标记，它没有结束标记，作用是将文字在一个段内强制换行。一个
 标记代表一个换行，连续的多个标记可以实现多次换行。

实例 7：巧用换行实现古诗效果

本案例通过使用
 换行标记，实现古诗的页面布局效果。通过使用 4 个
 换行标记达到了换行的目的，这里和使用多个 <p> 段落标记一样可以实现换行的效果。

```
<!DOCTYPE html>
<html>
<head>
<title>文本段换行</title>
</head>
<body>
<p align="center">嘲顽石幻相<br/>
女娲炼石已荒唐,又向荒唐演大荒。<br/>
失去本来真面目,幻来新就臭皮囊。<br/>
```

```
好知运败金无彩,堪叹时乖玉不光。<br />
白骨如山忘姓氏,无非公子与红妆。
</body>
</html>
```

运行效果如图 2-7 所示，实现了换行效果。

图 2-7 使用换行标记

2.3.3 段落的原格式标记

在网页排版中，对于类似空格和换行符等特殊的排版效果，通过原格式标记进行排版比较容易。原格式标记 <pre> 的语法格式如下：

```
<pre>
网页内容
</pre>
```

实例 8：巧用原格式标记实现空格和换行的效果

这里使用 <pre> 标记实现空格和换行效

果，其中包含的 <h1> 标记会实现换行效果。

```
<!DOCTYPE html>
<html>
```

```
<head>
<title>原格式标签</title>
</head>
<body>
<pre>恭喜!        您成功晋级了!

        请在指定时间进行复赛,争夺每年一度的
<h1>冠军</h1>荣誉。</pre>
</body>
</html>
```

运行效果如图 2-8 所示，实现了空格和换行的效果。

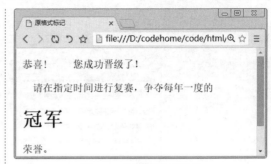

图 2-8　使用原格式标签

2.4　网页的列表

网页的列表包括有序列表、无序列表和自定义列表。下面分别介绍这三种列表的设计方法。

2.4.1　无序列表

在无序列表中，各个列表项之间没有顺序级别之分。无序列表使用一对标记 <ul></ul>，其中每一个列表项使用 <li></li>，其结构如下。

```
<ul>
    <li>无序列表项</li>
    <li>无序列表项</li>
```

```
    <li>无序列表项</li>
    <li>无序列表项</li>
</ul>
```

在无序列表结构中，使用 <ul></ul> 标记表示这一个无序列表的开始和结束，<li> 则表示一个列表项的开始。在一个无序列表中可以包含多个列表项，并且 <li> 可以省略结束标记。

默认情况下，无序列表的项目符号都是"•"。如果想修改项目符合，可以通过 type 属性来设置。type 的属性值可以设置为 disc、circle 或 square，分别显示不同的效果。

下面实例使用无序列表实现文本的排列显示。

▍实例 9：建立不同类型的商品列表

下面的案例使用多个 <ul> 标记，通过设置 type 属性，建立不同类型的商品列表。

```
<!DOCTYPE html>
<html>
<head>
<title>不同类型的无序列表</title>
</head>
<body>
<h4>disc 项目符号的商品列表：</h4>
<ul type="disc">
    <li>冰箱</li>
    <li>空调</li>
    <li>洗衣机</li>
    <li>电视机</li>
```

```
</ul>
<h4>circle 项目符号的商品列表：</h4>
<ul type="circle">
    <li>冰箱</li>
    <li>空调</li>
    <li>洗衣机</li>
    <li>电视机</li>
</ul>
<h4>square 项目符号的商品列表：</h4>
<ul type="square">
    <li>冰箱</li>
    <li>空调</li>
    <li>洗衣机</li>
    <li>电视机</li>
</ul>
</body>
</html>
```

运行效果如图 2-9 所示。

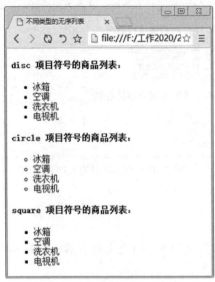

图 2-9　不同类型的商品列表

2.4.2　有序列表

有序列表使用编号来编排项目，它使用标记 <ol></ol>，每一个列表项前使用 <li></li>。每个项目都有前后顺序之分，多数用数字表示，其结构如下：

```
<ol>
    <li>第1项</li>
    <li>第2项</li>
    <li>第3项</li>
</ol>
```

默认情况下，有序列表的序号是数字形式。如果想修改成字母等形式，可以通过修改 type 属性来完成。其中 type 属性可以取值为 1、a、A、i 和 I，分别表示数字（1，2，3…）、小写字母（a，b，c…）、大写字母（A，B，C…）、小写罗马数字（ⅰ，ⅱ，ⅲ…）和大写罗马数字（Ⅰ，Ⅱ，Ⅲ…）。

┃ 实例 10：创建不同类型的课程列表

下面实例使用有序列表实现两种不同类型的有序列表。

```
<!DOCTYPE html>
<html>
<head>
<title>创建不同类型的课程列表</title>
</head>
<body>
<h2>本月课程销售排行榜</h2>
<ol>
    <li>Python爬虫智能训练营</li>
    <li>网站前端开发训练营</li>
    <li>PHP网站开发训练营</li>
    <li>网络安全对抗训练营</li>
</ol>
<h2>本月学生区域分布排行榜</h2>
<ol type="A">
    <li>广州</li>
    <li>上海</li>
    <li>北京</li>
    <li>郑州</li>
</ol>
</body>
</html>
```

运行效果如图 2-10 所示。

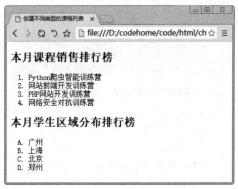

图 2-10　不同类型的有序列表

2.4.3　自定义列表

在 HTML 5 中还可以自定义列表，自定义列表的标记是 <dl>。自定义列表的语法格式如下：

```
<dl>
    <dt>项目名称1</dt>
    <dd>项目解释1</dd>
    <dd>项目解释2</dd>
    <dd>项目解释3</dd>
    <dt>项目名称2</dt>
    <dd>项目解释1</dd>
    <dd>项目解释2</dd>
    <dd>项目解释3</dd>
</dl>
```

▍实例 11：创建自定义列表

下面实例使用 <dl> 标记、<dt> 标记和 <dd> 标记，设计出自定义的列表样式。

```
<!DOCTYPE html>
<html>
<head>
<title>自定义列表</title>
</head>
<body>
<h2>各个训练营介绍</h2>
<dl>
    <dt>Python爬虫智能训练营</dt>
    <dd>人工智能时代的来临,随着互联网数
据越来越开放,越来越丰富。基于大数据来做的事也
越来越多。数据分析服务、互联网金融、数据建模、
医疗病例分析、自然语言处理、信息聚类,这些都是
大数据的应用场景,而大数据的来源都是利用网络爬
虫来实现。</dd>
    <dt>网站前端开发训练营</dt>
    <dd>网站前端开发的职业规划包括网页
制作、网页制作工程师、前端制作工程师、网站重构
工程师、前端开发工程师、资深前端工程师、前端架
```

构师。</dd>
```
    <dt>PHP网站开发训练营</dt>
    <dd>PHP网站开发训练营是一个专门为
PHP初学者提供入门学习帮助的平台,这里是初学者
的修行圣地,提供各种入门宝典。</dd>
    <dt>网络安全对抗训练营</dt>
    <dd>网络安全对抗训练营在剖析用户进
行黑客防御中迫切需要或想要用到的技术时,力求对
其进行"傻瓜"式的讲解,使学生对网络防御技术有一
个系统的了解,能够更好地防范黑客的攻击。</dd>
</dl>
</body>
</html>
```

运行效果如图 2-11 所示。

图 2-11　自定义网页列表

2.5 新手常见疑难问题

▎疑问 1：换行标记和段落标记的区别？

换行标记是单标记，必须写结束标记。段落标记是双标记，可以省略结束标记，也可以不省略。

▎疑问 2：无序列表 <ul> 元素的作用？

无序列表元素主要用于条理化和结构化文本信息。在实际开发中，无序列表在制作导航菜单时使用广泛。导航菜单的结构一般都通过使用无序列表实现。

2.6 实战技能训练营

▎实战 1：巧用标记做一个笑话信息

请使用 <h1> 标记、<h4> 标记、<h5> 标记，实现一个笑话信息的发布，运行效果如图 2-12 所示。

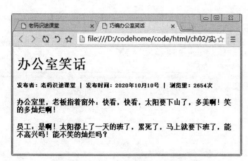

图 2-12　一则笑话的页面效果

▎实战 2：设计教育网页面效果

请综合运用网页文本的设计方法，制作教育网的文本页面，运行效果如图 2-13 所示。

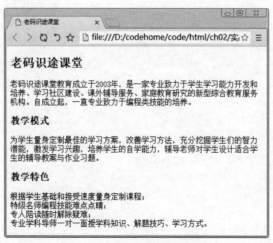

图 2-13　设计教育类页面效果

实战 3：编写一个自定义列表的页面

编写一个自定义列表的页面，运行结果如图 2-14 所示。单击页面的箭头图标，可以折叠或展开项目内容。

图 2-14　自定义列表

第3章 网页中的图像和超链接

本章导读

　　图像是网页中最主要也是最常用的元素。图像在网页中具有画龙点睛的作用，它能装饰网页，呈现出丰富多彩的效果。超链接是一个网站的灵魂，它可以将一个网页和另一个网页串联起来。只有将网站中的各个页面链接在一起，这个网站才能称为真正的网站。本章将重点讲述图像和超链接的使用方法。

知识导图

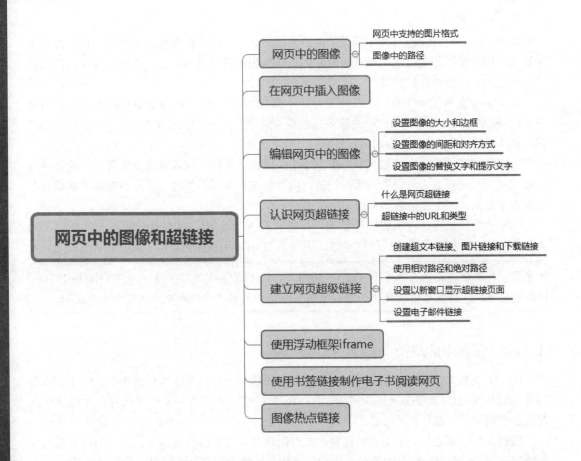

3.1 网页中的图像

俗话说"一图胜千言"，图片是网页中不可缺少的元素，巧妙地在网页中使用图片可以为网页增色不少。网页支持多种图片格式，并且可以对插入的图片设置宽度和高度。

3.1.1 网页中支持的图片格式

网页中可以使用 GIF、JPEG、BMP、TIFF、PNG 等格式的图像文件，其中使用最广泛的主要是 GIF 和 JPEG 两种格式。

1. GIF 格式

GIF 格式是由 Compuserve 公司提出的与设备无关的图像存储标准，也是 Web 上使用最早、应用最广泛的图像格式。GIF 是通过减少组成图像的每个像素的储存位数和 LZH 压缩存储技术来减少图像文件大小的，GIF 格式最多只能是 256 色的图像。

GIF 图像文件短小、下载速度快。低颜色数下，GIF 比 JPEG 载入得更快，可用许多具有同样大小的图像文件组成动画。在 GIF 图像中可指定透明区域，使图像具有非同一般的显示效果。

2. JPEG 格式

JPEG 格式是目前 Internet 中最受欢迎的图像格式，它可支持多达 16MB 的颜色，能展现丰富生动的图像，还能压缩。但其压缩方式是以损失图像质量为代价，压缩比越高，图像质量损失越大，图像文件也就越小。

Windows 支持的是 BMP 格式的图像，一般情况下，同一图像的 BMP 格式的大小是 JPEG 格式的 5 ～ 10 倍。GIF 格式最多只能是 256 色，因此载入 256 色以上图像时，JPEG 格式成了 Internet 中最受欢迎的图像格式。

当网页中需要载入一个较大的 GIF 或 JPEG 图像文件时，载入速度会很慢。为改善网页的视觉效果，可在载入时设置为隔行扫描。隔行扫描在显示图像时，开始看起来非常模糊，接着细节逐渐添加上去，直到图像完全显示出来。

GIF 是支持透明、动画的图片格式，但色彩只有 256 色。JPEG 是一种不支持透明和动画的图片格式，但是色彩模式比较丰富，保留大约 1670 万种颜色。

> **注意**：网页中现在也有很多 PNG 格式的图片。PNG 图片具有不失真、兼有 GIF 和 JPEG 的色彩模式、网络传输速度快、支持透明图像制作的特点，近年来在网络中也很流行。

3.1.2 图像中的路径

HTML 文档支持文字、图片、声音、视频等媒体格式，但是在这些格式中，除了文本是写在 HTML 中的，其他都是嵌入式的，HTML 文档只记录了这些文件的路径。这些媒体信息能否正确显示，路径至关重要。

路径的作用是定位一个文件的位置。文件的路径可以有两种表述方法：以当前文档为参照物表示文件的位置，即相对路径；以根目录为参照物表示文件的位置，即绝对路径。

为了方便讲述绝对路径和相对路径，先看如图 3-1 所示的目录结构。

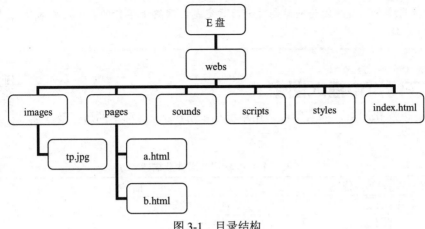

图 3-1　目录结构

1. 绝对路径

例如，在 E 盘的 webs 目录的 images 文件夹中有一个 tp.jpg 图像，那么它的路径就是 E:\ webs\imags\tp.jpg，像这种完整地描述文件位置的路径就是绝对路径。如果将图片文件 tp.jpg 插入网页 index.html，绝对路径表示方式如下：

```
E:\webs\images\tp.jpg
```

如果使用了绝对路径 E:\webs\images\tp.jpg 进行图片链接，那么在本地电脑中将一切正常，因为在 E:\webs\images 下的确存在 tp.jpg 这个图片。如果将文档上传到网站服务器，就会不正常了，因为服务器给你划分的存放空间可能在 E 盘其他目录中，也可能在 D 盘其他目录中。为了保证图片正常显示，必须从 webs 文件夹开始，放到服务器或其他电脑的 E 盘根目录下。

通过上述讲解，读者会发现，如果链接的资源是本站点内的使用绝对路径，对位置要求非常严格。因此，链接本站内的资源不建议采用绝对路径。如果链接其他站点的资源，必须使用绝对路径。

2. 相对路径

如何使用相对路径设置上述图片呢？所谓相对路径，顾名思义就是以当前位置为参考点，自己相对于目标的位置。例如，在 index.html 中链接 tp.jpg 就可以使用相对路径。index.html 和 tp.jpg 图片的路径根据上述目录结构图可以这样来定位：从 index.html 位置出发，它和 images 属于同级，路径是通的，因此可以定位到 images，images 的下级就是 tp.jpg。使用相对路径表示图片如下：

```
images/tp.jpg
```

使用相对路径，不论将这些文件放到哪里，只要 tp.jpg 和 index.html 文件的相对关系没有变，就不会出错。

在相对路径中，".."表示上一级目录，"../.."表示上级的上级目录，依次类推。例如，将 tp.jpg 图片插入 a.html 文件中，使用相对路径表示如下：

```
../images/tp.jpg
```

注意：细心的读者会发现，路径分隔符使用了"\"和"/"两种，其中"\"表示本地分隔符，"/"表示网络分隔符。因为网站制作好后肯定是在网络上运行的，因此要求使用"/"作为路径分隔符。

3.2 在网页中插入图像

图像可以美化网页，插入图像使用单标记 <img>。img 标记的属性及描述如表 3-1 所示。

表 3-1 img 标记的属性及描述

属　性	值	描　　述
alt	text	定义有关图形的简短的描述
src	URL	要显示的图像的 URL
height	pixels %	定义图像的高度
ismap	URL	把图像定义为服务器端的图像映射
usemap	URL	定义作为客户端图像映射的一幅图像。可参阅 <map> 和 <area> 标记，了解其工作原理
vspace	pixels	定义图像顶部和底部的空白。不支持。可使用 CSS 代替
width	pixels %	设置图像的宽度

src 属性用于指定图片源文件的路径，它是 img 标记必不可少的属性。语法格式如下。

```
<img src="图片路径">
```

图片的路径可以是绝对路径，也可以是相对路径。下面的实例是在网页中插入图片。

▌实例 1：通过图像标签，设计一个网页

```
<!DOCTYPE html>
<html >
<head>
<title>插入图片</title>
</head>
<body>
<h2 align="center">象棋的来源</h2>
<p>    中国象棋是起源
于中国的一种棋戏,象棋的"象"是一个人,相传象是
舜的弟弟,他喜欢打打杀杀,他发明了一种用来模拟
战争的游戏,因为是他发明的,很自然也把这种游戏
叫作"象棋"。到了秦朝末年西汉开国,韩信把象棋进
行一番大改,有了楚河汉界,有了王不见王,名字还叫
作"象棋",然后经过后世的不断修正,一直到宋朝,把
红棋的"卒"改为"兵":黑棋的"仕"改为"士","相"
改为"象",象棋的样子基本完善。棋盘里的河界,又
名"楚河汉界"。</p>
<!--插入象棋的游戏图片,并且设置水平间距
为200像素-->
<img  src="pic/xiangqi.gif"
hspace="200">
</body>
</html>
```

运行效果如图 3-2 所示。

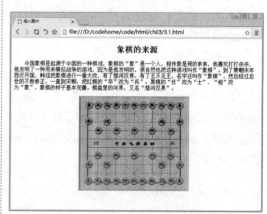

图 3-2　在网页中插入图像

除了可以在本地插入图片以外，还可以插入网络资源上的图片，例如插入百度图库中的图片，插入代码如下：

```
<img src="http://www.baidu.com/img/
图片名称.gif" />
```

3.3 编辑网页中的图像

在插入图片时，用户还可以设置图像的大小、边框、间距、对齐方式和替换文字等。

3.3.1 设置图像的大小和边框

在 HTML 文档中，还可以设置插入图片的显示大小。一般是按原始尺寸显示，但也可以任意设置显示尺寸。设置图像尺寸分别用属性 width（宽度）和 height（高度）。

设置图片大小的语法格式如下：

```
<img src="图像的地址" width="宽度值" height="高度值">
```

这里的"高度值"和"宽度值"的单位为像素。如果只设置了宽度或者高度，则另一个参数会按照相同的比例进行调整。如果同时设置了宽度和高度，且缩放比例不同的情况下，图像可能会变形。

默认情况下，插入的图像没有边框，可以通过 border 属性为图像添加边框。语法格式如下：

```
<img src="图像的地址" border="边框大小值">
```

这里的"边框大小值"的单位为像素。

实例2：设置商品图像的大小和边框效果

```
<!DOCTYPE html>
<html>
<head>
<title>设置图像的大小和边框</title>
</head>
<body>
<img src="pic/pingban.jpg">
<img src="pic/pingban.jpg"
width="100">
    <img src="pic/pingban.jpg"
width="150" height="200">
    <img src="pic/pingban.jpg"
border="5">
    </body>
    </html>
```

运行效果如图 3-3 所示。

图 3-3　设置图像的大小和边框

图片的尺寸单位可以选择百分比或数值。百分比为相对尺寸，数值是绝对尺寸。

> **注意：** 网页中插入的图像都是位图，放大尺寸后，图像会出现马赛克，变得模糊。

> **技巧**：在 Windows 中查看图片的尺寸，只需要找到图像文件，把鼠标指针移动到图像上，停留几秒后，就会出现一个提示框，说明图像文件的尺寸。尺寸后显示的数字，代表图像的宽度和高度，如 256×256。

3.3.2 设置图像的间距和对齐方式

在设计网页的图文混排时，如果不使用换行标记，则添加的图片会紧跟在文字后面。如果想调整图片与文字的距离，可以通过设置 hspace 属性和 vspace 属性来完成。其语法格式如下：

```
<img src="图像的地址" hspace="水平间距值" vspace="垂直间距值">
```

图像和文字之间的排列通过 align 参数来调整。对齐方式分为两种：绝对对齐方式和相对文字对齐方式。其中绝对对齐方式包括左对齐、右对齐和居中对齐，相对文字对齐方式则指图像与一行文字的相对位置。其语法格式如下：

```
<img src="图像的地址" align="相对文字对齐方式">
```

其中，align 属性的取值和含义如下。
（1）.left：把图像对齐到左边。
（2）.right：把图像对齐到右边。
（3）.middle：把图像与中央对齐。
（4）.top：把图像与顶部对齐。
（5）.bottom：把图像与底部对齐。该对齐方式为默认对齐方式。

实例 3：设置商品图像的水平对齐间距效果

```html
<!doctype html>
<html>
<head>
<title>设置图像的水平间距</title>
</head>
<body>
<h3>请选择您喜欢的商品：</h3>
<hr size="3" />
<!--在插入的两行图片中,分别设置图片的对
齐方式为middle -->
第一组商品图片<img src="pic/1.jpg"
border="2" align="middle"/>
             <img src="pic/2.jpg"
border="2" align="middle"/>
             <img src="pic/3.jpg"
border="2" align="middle"/>
             <img src="pic/4.jpg"
border="2" align="middle"/>
   <br /><br />
   第二组商品图片<img src="pic/5.jpg"
border="1" align="middle"/>
```

```html
             <img src="pic/6.jpg"
border="1" align="middle"/>
             <img src="pic/7.jpg"
border="1"align="middle"/>
             <img src="pic/8.jpg"
border="1"align="middle"/>
   </body>
   </html>
```

运行效果如图 3-4 所示。

图 3-4　设置水平对齐间距效果

3.3.3 设置图像的替换文字和提示文字

图像提示文字的作用有两个。其一，当浏览网页时，如果图像下载完成，将鼠标指针放在该图像上，鼠标指针旁边会出现提示文字，为图像添加说明性文字。其二，如果图像没有成功下载，在图像的位置上就会显示替换文字。

为图像添加提示文字可以方便搜索引擎的检索，除此之外，图像提示文字的作用还有以下两个。

（1）当浏览网页时，如果图像下载完成，将鼠标指针放在该图像上，鼠标指针旁边会显示 title 标记设置的提示文字。其语法格式如下：

```
<img src="图像的地址" title="图像的提示文字">
```

（2）如果图像没有成功下载，在图像的位置上会显示 alt 标记设置的替换文字。其语法格式如下：

```
<img src="图像的地址" alt="图像的替换文字">
```

实例 4：设置商品图片的替换文字和提示文字效果

```
<!DOCTYPE html>
<html >
<head>
<title>替换文字和提示文字</title>
</head>
<body>
<h2 align="center">象棋的来源</h2>
<p>    中国象棋是起源
于中国的一种棋戏,象棋的"象"是一个人,相传象是
舜的弟弟,他喜欢打打杀杀,他发明了一种用来模拟
战争的游戏,因为是他发明的,很自然也把这种游戏
叫作"象棋"。到了秦朝末年西汉开国,韩信把象棋进
行一番大改,有了楚河汉界,有了王不见王,名字还叫
```

```
作"象棋",然后经过后世的不断修正,一直到宋朝,把
红棋的"卒"改为"兵":黑棋的"仕"改为"士","相"
改为"象",象棋的样子基本完善。棋盘里的河界,又
名"楚河汉界"。</p>
    <!--插入象棋的游戏图片,并且设置替换文字
和提示文字-->
    <img src="pic/xiangqis.gif" alt="象
棋游戏" title="象棋游戏是中华民族的文化瑰宝
">
    <img src="pic/xiangqi.gif" alt="象棋
游戏" title="象棋游戏是中华民族的文化瑰宝">
    </body>
    </html>
```

运行效果如图 3-5 所示。用户将鼠标放在图片上，即可看到提示文字。

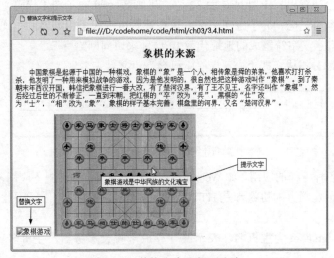

图 3-5　替换文字和提示文字

> **注意：** 随着互联网技术的发展，网速已经不是制约因素，因此一般图像都能成功下载。现在，alt 还有另外一个作用，在百度、Google 等大搜索引擎中，搜索图片没有搜索文字方便，如果给图片添加适当提示，可以方便搜索引擎的检索。

3.4 认识网页超链接

超链接是指从一个网页指向一个目标的链接，这个目标可以是另一个网页，也可以是相同网页上的不同位置，还可以是一个图片、一个电子邮件地址、一个文件，甚至是一个应用程序。

3.4.1 什么是网页超链接

超链接是一种对象，它以特殊编码的文本或图形的形式来实现链接。如果单击该链接，则相当于指示浏览器移至同一网页内的某个位置，或打开一个新的网页，或打开某一个网站中的网页。

网页中的链接按照链接路径的不同，可以分为 3 种类型，分别是内部链接、锚点链接和外部链接。按照使用对象的不同，网页中的链接又可以分为文本超链接、图像超链接、E-mail 链接、锚点链接、多媒体文件链接、空链接等。

在网页中，一般超链接上的文字都是蓝色，文字下面有一条下划线。当移动鼠标指针到该超链接上时，鼠标指针就会变成一只手的形状，这时候用鼠标左键单击，就可以直接跳到与这个超链接相连接的网页或 WWW 网站上去。如果用户已经浏览过某个超链接，这个超链接的文本颜色就会发生改变（默认为紫色）。只有图像的超链接访问后颜色不会发生变化。

3.4.2 超链接中的 URL

URL 为 Uniform Resource Locator 的缩写，通常翻译为"统一资源定位器"，也就是人们通常说的"网址"，它用于指定 Internet 上的资源位置。

网络中的计算机之间是通过 IP 地址区分的，如果希望访问网络中某台计算机中的资源，首先要定位到这台计算机。IP 地址是由 32 位二进制数（即 32 个 0/1 代码）组成的，数字之间没有意义，不容易记忆。为了方便记忆，现在计算机一般采用域名的方式来寻址，即在网络上使用一组由有意义字符组成的地址代替 IP 地址来访问网络资源。

URL 由 4 个部分组成，即"协议""主机名""文件夹名""文件名"，如图 3-6 所示。

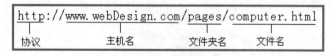

图 3-6　URL 组成

互联网中有各种各样的应用，如 Web 服务、FTP 服务等。每种服务应用都有对应的协议，通常通过浏览器浏览网页的协议都是 HTTP，即"超文本传输协议"，因此网页的地址都以"http://"开头。

www.webDesign.com 为主机名，表示文件存放于哪台服务器，主机名可以通过 IP 地址或者域名来表示。

确定主机后，还需要说明文件存放于这台服务器的哪个文件夹中，这里文件夹可以分为多个层级。

确定文件夹后，就要定位到文件，即要显示哪个文件，网页文件通常是以 .html 或 .htm 为扩展名。

3.4.3　超链接的 URL 类型

网页上的超链接一般分为三种，分别如下。

（1）绝对 URL 超链接：URL 就是统一资源定位器，简单地讲就是网络上的一个站点、网页的完整路径。

（2）相对 URL 超链接：如将自己网页上的某一段文字或某标题链接到同一网站的其他网页上面去。

（3）书签超链接：同一网页的超链接，这种超链接又叫作书签。

3.5　建立网页超级链接

超级链接就是当鼠标单击一些文字、图片或其他网页元素时，浏览器就会根据其指示载入一个新的页面或跳转到页面的其他位置。超级链接除了可链接文本外，也可链接各种媒体，如声音、图像、动画，通过它们可享受丰富多彩的多媒体世界。

建立超级链接所使用的 HTML 标记为 <a></a>。超级链接最重要的有两个要素：设置为超级链接的网页元素和超级链接指向的目标地址。基本的超级链接的结构如下：

```
<a href=URL>网页元素</a>
```

3.5.1　创建超文本链接

文本是网页制作中使用最频繁也是最主要的元素。为了实现跳转到与文本相关内容的页面，往往需要为文本添加链接。

1. 什么是文本链接

浏览网页时，会看到一些带下划线的文字，将鼠标指针移到文字上时，鼠标指针将变成手形，单击会打开一个网页，这样的链接就是文本链接。

2. 创建链接的方法

使用 <a> 标记可以实现网页超链接，在 <a> 标记处需要定义锚来指定链接目标。锚（anchor）有两种用法，介绍如下。

（1）通过使用 href 属性，创建指向另外一个文档的链接（或超链接）。使用 href 属性的代码格式如下：

```
<a href="链接地址">创建链接的文本</a>
```

（2）通过使用 name 或 id 属性，创建一个文档内部的书签（也就是说，可以创建指向文档片段的链接）。使用 name 属性的代码格式如下：

```
<a name="value">创建链接的文本</a>
```

name 属性用于指定锚的名称，可以创建（大型）文档内的书签。

使用 id 属性的代码格式如下：

```
<a id="value">创建链接的文本</a>
```

3. 创建网站内的文本链接

创建网页内的文本链接主要使用 href 属性来实现。比如，在网页中做一些知名网站的友情链接。

▌实例 5：通过链接实现商城导航效果

```
<!DOCTYPE html>
<html>
<head>
<title>超链接</title>
</head>
<body>
<a href="#">首页</a>  
 
<a href="links.html" target="_
```

```
blank">手机数码</a>   
<a href="links.html"target="_
blank">家用电器</a>   
<a href="links.html"target="_
blank">母婴玩具</a>
<a href="http://www.baidu.
com"target="_blank">百度搜索</a><br/>
<img src="pic/shop.jpg" alt="广告图
">
</body>
</html>
```

运行效果如图 3-7 所示。

图 3-7　添加超链接

> **注意：** 如果链接为外部链接，则链接地址前的"http://"不可省略，否则链接会出现错误提示。

3.5.2　创建图片链接

在网页中浏览内容时，若将鼠标指针移到图像上，鼠标指针将变成手形，单击会打开一个网页，这样的链接就是图像链接。

使用 <a> 标记为图片添加链接的代码格式如下：

```
<a href="链接目标"><img src="图片地址"/></a>
```

实例 6：创建图片链接效果

```
<!DOCTYPE html>
<html>
<head>
<title>图片链接</title>
</head>
<body>
音乐无限
<a href="mp3.html"><img src="pic/
m1.jpg"/></a>
```

```
<br>
<br>
<br>
运动健身
<a href="tiyu.html"><img src="pic/
m2.jpg"/></a>
</body>
</html>
```

运行效果如图 3-8 所示。鼠标指针放在图片上呈现手指状，单击后可跳转到指定网页。

图 3-8　创建的图片链接网页效果

> 提示：文件中的图片要和当前网页文件在同一目录下，链接的网页没有加"http://"，默认为当前网页所在目录。

3.5.3　创建下载链接

超链接 <a> 标记 href 属性是指向链接的目标，目标可以是各种类型的文件，如图片文件、声音文件、视频文件、Word 文件等。如果是浏览器能够识别的类型，会直接在浏览器中显示；如果是浏览器不能识别的类型，在浏览器中会弹出文件下载对话框。

实例 7：创建音频文件和 Word 文档的下载链接

```
<!DOCTYPE html>
<html>
<head>
<title>链接各种类型文件</title>
</head>
<body>
<p><a href="1.mp3">链接音频文件</a></
p>
    <p><a href="2.doc">链接Word文档</
a></p>
</body>
</html>
```

运行效果如图 3-9 所示。单击不同的链接，浏览器将直接显示文件的内容。

图 3-9　音频文件和 Word 文档的下载链接

3.5.4　使用相对路径和绝对路径

绝对 URL 一般用于访问非同一台服务器上的资源，相对 URL 是指访问同一台服务器上相同文件夹或不同文件夹中的资源。如果访问相同文件夹中的文件，只需要写文件名；如果访问不同文件夹中的资源，URL 以服务器的根目录为起点，指明文档的相对关系。URL 由文件夹名和文件名两个部分构成。

实例 8：使用绝对 URL 和相对 URL 实现超链接

```
<!DOCTYPE html>
<html>
<head>
<title>绝对URL和相对URL</title>
</head>
<body>
    单击<a href="http://www.webDesign.
com/index.html">绝对URL</a>链接到
webDesign网站首页<br />
    单击<a href="02.html">相同文件夹的
URL</a>链接到相同文件夹中的第2个页面<br />
    单击<a href="../pages/03.html">不同
文件夹的URL</a>链接到不同文件夹中的第3个页面
</body>
</html>
```

在上述代码中，第 1 个链接使用的是绝对 URL；第 2 个链接使用的是服务器相对 URL，也就是链接到文档所在服务器的根目录下的 02.html；第 3 个链接使用的是文档相对 URL，即原文档所在文件夹的父文件夹下面的 pages 文件夹中的 03.html 文件。

运行效果如图 3-10 所示。

图 3-10　绝对 URL 和相对 URL

3.5.5　设置以新窗口显示超链接页面

在默认情况下，当单击超链接时，目标页面会在当前窗口中显示，替换当前页面的内容。如果要在单击某个链接以后，打开一个新的浏览器窗口，在这个新窗口中显示目标页面，就需要使用 <a> 标记的 target 属性。

target 属性的代码格式如下：

```
<a target="value">
```

其中，value 有 4 个参数可用，这 4 个保留的目标名称用作特殊的文档重定向操作。

（1）_blank：浏览器总在一个新打开、未命名的窗口中载入目标文档。

（2）_self：这个目标的值对所有没有指定目标的 <a> 标记是默认目标，它使得目标文档载入并显示在相同的框架或者窗口中作为源文档。这个目标是多余且不必要的，除非和文档标题 <base> 标记中的 target 属性一起使用。

（3）_parent：这个目标使得文档载入父窗口或者包含在超链接引用的框架的框架集。如果这个引用是在窗口或者顶级框架中，那么它与目标 _self 等效。

（4）_top：这个目标使得文档载入包含这个超链接的窗口，用 _top 目标将会清除所有被包含的框架并将文档载入整个浏览器窗口。

实例 9：设置以新窗口显示超链接页面

```
<!DOCTYPE html>
<html>
<head>
<title>设置以新窗口显示超链接</title>
</head>
<body>
```

```
<a href="http://www.baidu.com"
target="_blank">百度</a>
</body>
</html>
```

运行效果如图 3-11 所示。单击网页中的超链接，在新窗口中打开链接页面，如图 3-12 所示。

图 3-11　制作网页超链接　　　　图 3-12　在新窗口中打开链接网页

如果将 _blank 换成 _self，即代码修改为 <a href="http://www.baidu.com" target="_self"> 百度 </a>，单击链接后，则直接在当前窗口中打开新链接。

> **提示**：target 的 4 个值都以下划线开始，任何其他用一个下划线作为开头的窗口或者目标都会被浏览器忽略。因此，不要将下划线作为文档中定义的任何框架 name 或 id 的第一个字符。

3.5.6　设置电子邮件链接

在某些网页中，当访问者单击某个链接以后，会自动打开电子邮件客户端软件，如 Outlook 或 Foxmail 等，向某个特定的 E-mail 地址发送邮件，这个链接就是电子邮件链接。电子邮件链接的格式如下：

```
<a href="mailto:电子邮件地址" >网页元素</a>
```

▌实例 10：设置电子邮件链接

```
<!DOCTYPE html>
<html>
<head>
<title>电子邮件链接</title>
</head>
<body>
<img src="pic/logo.gif" width="119"
height="49">   [免费注册][登录]
```

```
<a href="mailto:bczj123@foxmail.
com">站长信箱</a>
</body>
</html>
```

运行效果如图 3-13 所示，实现了电子邮件链接。

当读者单击"站长信箱"链接时，会自动弹出 Outlook 窗口，要求编写电子邮件，如图 3-14 所示。

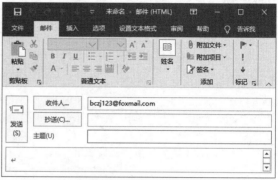

图 3-14　Outlook 新邮件窗口

图 3-13　链接到电子邮件

3.6　使用浮动框架 iframe

HTML 5 中已经不支持 frameset 框架，但是它仍然支持 iframe 浮动框架。浮动框架可以自由控制窗口大小，还可以配合表格随意地在网页中的任何位置插入窗口。实际上就是在窗口中再创建一个窗口。

使用 iframe 创建浮动框架的格式如下：

```
<iframe src="链接对象" >
```

其中，src 表示浮动框架中显示对象的路径，可以是绝对路径，也可以是相对路径。例如，下面的代码是在浮动框架中显示百度网站。

▌实例 11：创建一个浮动框架效果

```
<!DOCTYPE html>
<html>
<head>
<title>浮动框架中显示百度网站</title>
</head>
<body>
<iframe src="http://www.baidu.
com"></iframe>
</body>
</html>
```

运行效果如图 3-15 所示。浮动框架在页

面中又创建了一个窗口，在默认情况下，浮动框架的尺寸为 220 像素 ×120 像素。

图 3-15　浮动框架效果

如果需要调整浮动框架尺寸，可使用 CSS 样式。修改上述浮动框架尺寸，可在 head 标记部分增加如下 CSS 代码：

```
<style>                                    height:800px;  //框架的高度
iframe{                                }
    width:600px;   //框架的宽度       </style>
```

> **注意**：在 HTML 5 中，iframe 仅支持 src 属性，再无其他属性。

3.7　使用书签链接制作电子书阅读网页

超链接除了可以链接特定的文件和网站之外，还可以链接到网页内的特定内容。这可以使用 <a> 标记的 name 或 id 属性，创建一个文档内部的书签，也就是说，可以创建指向文档片段的链接。

例如，使用以下命令可以将网页中的文本"你好"定义为一个内部书签，书签名称为 name1：

```
<a name="name1" >你好</a>
```

在网页中的其他位置可以插入超链接引用该书签，引用命令如下：

```
<a href="#name1" >引用内部书签</a>
```

通常网页内容比较多的网站会采用这种方法，比如一个电子书网页。

▎实例 12：为文学作品添加书签效果

下面使用书签链接制作一个电子书网页，为每一个文学作品添加书签效果。

```
<!DOCTYPE html>
<html>
<head>
<title>电子书</title>
</head>
<body >
<h1>文学鉴赏</h1>
<ul>
    <li><a href="#第一篇" >再别康桥</a>
    <li><a href="#第二篇" >雨　巷</a>
    <li><a href="#第三篇" >荷塘月色</a>
</ul>
<h3><a  name="第一篇" >再别康桥</a></
h3>
──徐志摩
<ul>
    <li>轻轻地我走了,正如我轻轻地来;
    <li>我轻轻地招手,作别西天的云彩。
      <br>
    <li>那河畔的金柳,是夕阳中的新娘;
    <li>波光里的艳影,在我的心头荡漾。
      <br>
```

```
    <li>软泥上的青荇,油油地在水底招摇;
    <li>在康河的柔波里,我甘心做一条水草!
      <br>
    <li>那榆荫下的一潭,不是清泉,是天上虹;
    <li>揉碎在浮藻间,沉淀着彩虹似的梦。
      <br>
    <li>寻梦? 撑一支长篙,向青草更青处漫溯;
    <li>满载一船星辉,在星辉斑斓里放歌。
      <br>
    <li>但我不能放歌,悄悄是别离的笙箫;
    <li>夏虫也为我沉默,沉默是今晚的康桥!
      <br>
    <li>悄悄地我走了,正如我悄悄地来;
    <li>我挥一挥衣袖,不带走一片云彩。
</ul>
    <h3><a  name="第二篇" >雨　巷</a></
h3>
──戴望舒<br>
    撑着油纸伞,独自彷徨在悠长、悠长又寂寥的
雨巷,我希望逢着一个丁香一样的结着愁怨的姑娘。
<br>
    她是有丁香一样的颜色,丁香一样的芬芳,丁香
一样的忧愁,在雨中哀怨,哀怨又彷徨;她彷徨在这
寂寥的雨巷,撑着油纸伞像我一样,像我一样地默默
行着,冷漠、凄清,又惆怅。<br>
    她静默地走近,走近,又投出太息一般的眼光,
她飘过像梦一般地凄婉迷茫。像梦中飘过一枝丁香
的,我身旁飘过这女郎;她静默地远了,远了,到了颓
```

圯的篱墙，走尽这雨巷。在雨的哀曲里，消了她的颜色，散了她的芬芳，消散了，甚至她的太息般的眼光、丁香般的惆怅。撑着油纸伞，独自彷徨在悠长，悠长又寂寥的雨巷，我希望飘过一个丁香一样的结着愁怨的姑娘。

```
<h3><a  name="第三篇"  >荷塘月色</a></h3>
```

曲曲折折的荷塘上面，弥望的是田田的叶子。叶子出水很高，像亭亭的舞女的裙。层层的叶子中间，零星地点缀着些白花，有袅娜地开着的，有羞涩地打着朵儿的；正如一粒粒的明珠，又如碧天里的星星，又如刚出浴的美人。微风过处，送来缕缕清香，仿佛远处高楼上渺茫的歌声似的。这时候叶子与花也有一丝的颤动，像闪电般，霎时传过荷塘的那边去了。叶子本是肩并肩密密地挨着，这便宛然有了一道凝碧的

波痕。叶子底下是脉脉的流水，遮住了，不能见一些颜色；而叶子却更见风致了。

月光如流水一般，静静地泻在这一片叶子和花上。薄薄的青雾浮起在荷塘里。叶子和花仿佛在牛乳中洗过一样；又像笼着轻纱的梦。虽然是满月，天上却有一层淡淡的云，所以不能朗照；但我以为这恰是到了好处——酣眠固不可少，小睡也别有风味的。月光是隔了树照过来的，高处丛生的灌木，落下参差的斑驳的黑影，峭楞楞如鬼一般；弯弯的杨柳的稀疏的倩影，却又像是画在荷叶上。塘中的月色并不均匀；但光与影有着和谐的旋律，如梵婀玲上奏着的名曲。

```
</body>
</html>
```

运行效果如图 3-16 所示。

图 3-16　电子书网页

单击"雨巷"超链接，页面会自动跳转到"雨巷"对应的内容，如图 3-17 所示。

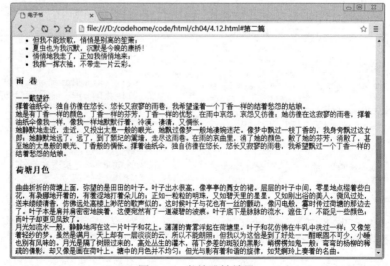

图 3-17　书签跳转效果

3.8 图像热点链接

在浏览网页时，读者会发现，有时候当单击一张图片的不同区域，会显示不同的链接内容，这就是图片的热点区域。所谓图片的热点区域，就是将一个图片划分成若干个链接区域，访问者单击不同的区域会链接到不同的目标页面。

在 HTML 5 中，可以为图片创建 3 种类型的热点区域：矩形、圆形和多边形。创建热点区域使用标记 <map> 和 <area>。

设置图像热点链接大致可以分为两个步骤。

1. 设置映射图像

要想建立图片热点区域，必须先插入图片。注意，图片必须增加 usemap 属性，说明该图像是热区映射图像，属性值必须以"#"开头，加上名字，如 #pic。具体语法格式如下：

```
<img src="图片地址" usemap="#热点图像名称">
```

2. 定义热点区域图像和热点区域链接

接着就可以定义热点区域图像和热点区域链接，语法格式如下：

```
<map id="#热点图像名称">
    <area shape="热点形状1" coords="热点坐标1" href="链接地址1">
    <area shape="热点形状2" coords="热点坐标2" href="链接地址2">
</map>
```

<map> 标记只有一个属性 id，其作用是为区域命名，其设置值必须与 <img> 标记的 usemap 属性值相同。

<area> 标记主要是定义热点区域的形状及超链接，它有 3 个必需的属性。

（1）shape 属性：控件划分区域的形状。其取值有 3 个，分别是 rect（矩形）、circle（圆形）和 poly（多边形）。

（2）coords 属性：控制区域的划分坐标。如果 shape 属性取值为 rect，那么 coords 的设置值分别为矩形的左上角 x、y 坐标和右下角 x、y 坐标，单位为像素。如果 shape 属性取值为 circle，那么 coords 的设置值分别为圆心 x、y 坐标和半径值，单位为像素。如果 shape 属性取值为 poly，那么 coords 的设置值分别为矩形的各个点 x、y 坐标，单位为像素。

（3）href 属性：为区域设置超链接的目标。设置值为"#"时，表示为空链接。

实例 13：添加图像热点链接

```
<!DOCTYPE html>
<html>
<head>
<title>创建热点区域</title>
</head>
<body>
<img src="pic/daohang.jpg"
usemap="#Map">
<map name="Map">
        <area shape="rect" coords=
"30,106,220,363" href="pic/r1.jpg"/>
        <area shape="rect" coords="234,
106,416,359" href="pic/r2.jpg"/>
        <area shape="rect" coords=
"439,103,618,365" href="pic/r3.jpg"/>
            <area shape="rect" coords=
"643,107,817,366" href="pic/r4.jpg"/>
            <area shape="rect" coords=
"837,105,1018,363" href="pic/r5.jpg"/>
    </map>
    </body>
    </html>
```

运行效果如图 3-18 所示。

图 3-18　创建热点区域

单击不同的热点区域，将跳转到不同的页面。例如这里单击"超美女装"区域，跳转页面效果如图 3-19 所示。

图 3-19　热点区域的链接页面

在创建图像热点区域时，比较复杂的操作是定义坐标，初学者往往难以控制。目前比较好的解决方法是使用可视化软件手动绘制热点区域，例如这里使用 Dreamweaver 软件绘制需要的区域，如图 3-20 所示。

图 3-20　使用 Dreamweaver 软件绘制热点区域

3.9 新手常见疑难问题

▎**疑问 1：在浏览器中，图片无法正常显示，为什么？**

图片在网页中属于嵌入对象，并不是将图片保存在网页中，网页只是保存了指向图片的路径。浏览器在解释 HTML 文件时，会按指定的路径去寻找图片，如果在指定的位置不存在图片，就无法正常显示。为了保证图片的正常显示，制作网页时需要注意以下几点。

（1）图片格式一定是网页支持的。

（2）图片的路径一定要正常，并且图片文件扩展名不能省略。

（3）HTML 文件位置发生改变时，图片一定要随之改变，即图片位置和 HTML 文件位置始终保持相对一致。

▎**疑问 2：在网页中，有时使用图像的绝对路径，有时使用相对路径，为什么？**

如果在同一个文件中需要反复使用一个相同的图像文件，最好在 <img> 标记中使用相对路径名，不要使用绝对路径名或 URL。因为，使用相对路径名，浏览器只需将图像文件下载一次，再次使用这个图像时，重新显示一遍即可。如果使用绝对路径名，每次显示图像时，都要下载一次图像，这将大大降低图像的显示速度。

▎**疑问 3：在网页中，如何将图片设置为网页背景？**

在插入图片时，用户可以根据需要将某些图片设置为网页的背景。GIF 和 JPG 文件均可用作 HTML 背景。如果图像小于页面，图像会进行重复。

例如下面的代码设置图片为整个网页的背景：

```
<body background="background.jpg">
```

▎**疑问 4：链接增多后的网站，如何设置目录结构以方便维护？**

当一个网站的网页数量增加到一定程度以后，网站的管理与维护将变得非常烦琐。因此，掌握一些网站管理与维护的技术是非常实用的，可以节省很多时间。建立合适的网站文件存储结构，可以方便网站的管理与维护。通常使用的 3 种网站文件组织结构方案及文件管理遵循的原则如下。

（1）按照文件的类型进行分类管理。将不同类型的文件放在不同的文件夹中，这种存储方法适合于中小型网站，是通过文件的类型对文件进行管理。

（2）按照主题对文件进行分类。网站的页面按照不同的主题进行分类存储。同一主题的所有文件存放在一个文件夹中，然后再进一步细分文件的类型。这种方案适用于页面和文件数量众多、信息量大的静态网站。

（3）对文件类型进行进一步细分存储管理。这种方案是第一种存储方案的深化，将页面进一步细分后进行分类存储管理。这种方案适用于文件类型复杂、包含各种文件的多媒体动态网站。

3.10　实战技能训练营

▍实战 1：编写一个包含各种图文混排效果的页面

　　在网页的文字中，如果插入图片，这时可以对图像进行排序。常用的排序方式有居中、底部对齐、顶部对齐三种。这里制作一个包含这三种对齐方式的图文效果，运行结果如图 3-21 所示。

图 3-21　图片的各种对齐方式

▍实战 2：编写一个图文并茂的房屋装饰装修网页

　　本实例将创建一个由文本和图片构成的房屋装饰效果网页，运行结果如图 3-22 所示。

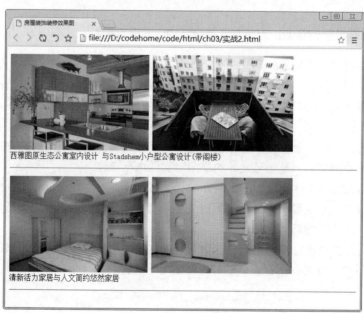

图 3-22　图文并茂的房屋装饰装修网页

第4章 表格与<div>标记

📅 本章导读

    HTML 中的表格不但可以清晰地显示数据，而且可以用于页面布局。HTML 中的表格类似于 Word 软件中的表格，尤其是使用网页制作工具时，操作很相似。HTML 制作表格的原理是使用相关标记 (如表格对象 table 标记、行对象 tr、单元格对象 td) 来完成。<div> 标记可以统一管理其他标记，常常用于内容的分组显示。本章将详细讲述表格和 <div> 标记的使用方法和技巧。

📖 知识导图

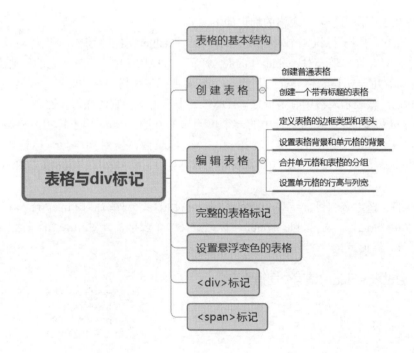

4.1　表格的基本结构

使用表格显示数据，可以更直观和清晰。在 HTML 文档中，表格主要用于显示数据，虽然可以使用表格布局，但是不建议使用，因为它有很多弊端。表格一般由行、列和单元格组成，如图 4-1 所示。

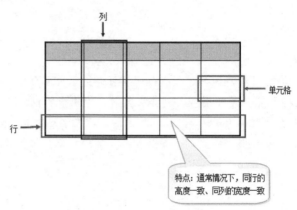

图 4-1　表格的组成

在 HTML 5 中，用于创建表格的标记如下。

（1） <table> 用于标识一个表格对象的开始，</table> 用于标识一个表格对象的结束。一个表格中，只允许出现一对 <table></table> 标记。HTML 5 中不再支持它的任何属性。

（2） <tr> 用于标识表格一行的开始，</tr> 用于标识表格一行的结束。表格内有多少对 <tr></tr> 标记，就表示表格中有多少行。HTML 5 中不再支持它的任何属性。

（3） <td> 用于标识表格某行中的一个单元格的开始，</td> 用于标识表格某行中一个单元格的结束。<td></td> 标记应书写在 <tr></tr> 标记内，一对 <tr></tr> 标记内有多少对 <td></td> 标记，就表示该行有多少个单元格。HTML 5 中，<td> 仅有 colspan 和 rowspan 两个属性。

最基本的表格，必须包含一对 <table></table> 标记、一对或几对 <tr></tr> 标记及一对或几对 <td></td> 标记。一对 <table></table> 标记定义一个表格，一对 <tr></tr> 标记定义一行，一对 <td></td> 标记定义一个单元格。

实例 1：通过表格标记，编写公司销售表

```
<!DOCTYPE html>
<html>
<head>
<title>公司销售表</title>
</head>
<body>
<h1 align="center">公司销售表</h1>
<!--<table>为表格标记-->
<table align="center">
    <!--<tr>为行标记-->
```

```
<tr>
    <!--<th>为表头标记-->
    <th>姓名</th>
    <th>月份</th>
    <th>销售额</th>
</tr>
<tr>
    <!--<td>为单元格-->
    <td>刘玉</td>
    <td>1月份</td>
    <td>32万</td>
</tr>
<tr>
    <!--<td>为单元格-->
```

```
        <td>张平</td>
        <td>1月份</td>
        <td>36万</td>
    </tr>
    <tr>
        <!--<td>为单元格-->
        <td>胡明</td>
        <td>1月份</td>
        <td>18万</td>
    </tr>
</table>
</body>
</html>
```

运行效果如图 4-2 所示。

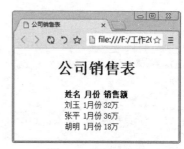

图 4-2　公司销售表

4.2　创建表格

表格可以分为普通表格以及带有标题的表格，在 HTML 5 中，可以创建这两种表格。

4.2.1　创建普通表格

例如创建一列、一行三列和二行三列的三个表格，实例如下。

实例 2：创建普通表格

```
<!DOCTYPE html>
<html>
<head>
<title>创建普通表格</title>
</head>
<body>
<h4>一列：</h4>
<table border="1">
<tr>
    <td>冰箱</td>
</tr>
</table>
<h4>一行三列：</h4>
<table border="1">
<tr>
    <td>冰箱</td>
    <td>空调</td>
    <td>洗衣机</td>
</tr>
</table>
<h4>两行三列：</h4>
<table border="1">
<tr>
    <td>冰箱</td>
    <td>空调</td>
```

```
    <td>洗衣机</td>
</tr>
<tr>
    <td>2600</td>
    <td>5800</td>
    <td>1800</td>
</tr>
</table>
</body>
</html>
```

运行效果如图 4-3 所示。

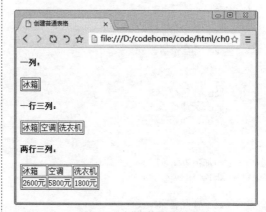

图 4-3　创建普通表格

4.2.2　创建一个带有标题的表格

有时，为了方便表述表格，还需要在表格的上面加上标题。

▌实例3：创建一个产品销售统计表

```html
<!DOCTYPE html>
<html>
<head>
<title>创建带有标题的表格</title>
</head>
<body>
<table border="2">
<caption>产品销售统计表</caption>
<tr>
  <td>1月份</td>
  <td>2月份</td>
  <td>3月份</td>
</tr>
```

```html
<tr>
  <td>100万</td>
  <td>120万</td>
  <td>160万</td>
</tr>
</table>
</body>
</html>
```

运行效果如图4-4所示。

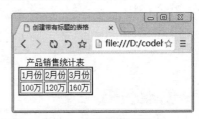

图4-4　产品销售统计表

4.3　编辑表格

在创建好表格之后，还可以编辑表格，包括设置表格的边框类型、设置表格的表头、合并单元格等。

4.3.1　定义表格的边框类型

使用表格的border属性可以定义表格的边框类型，如常见的加粗边框的表格。

▌实例4：创建不同边框类型的表格

```html
<!DOCTYPE html>
<html>
<body>
<h4>普通边框</h4>
<table border="1">
<tr>
  <td>商品名称</td>
  <td>商品产地</td>
  <td>商品价格</td>
</tr>
<tr>
  <td>冰箱</td>
  <td>天津</td>
  <td>4600元</td>
</tr>
</table>
<h4>加粗边框</h4>
<table border="8">
<tr>
  <td>商品名称</td>
  <td>商品产地</td>
```

```html
  <td>商品价格</td>
</tr>
<tr>
  <td>冰箱</td>
  <td>天津</td>
  <td>4600元</td>
</tr>
</table>
</body>
</html>
```

运行效果如图4-5所示。

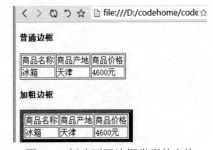

图4-5　创建不同边框类型的表格

4.3.2　定义表格的表头

表格中也存在有表头，常见的表头分为垂直的和水平的两种。例如分别创建带有垂直和水平表头的表格实例如下。

实例 5：定义表格的表头

```
<!DOCTYPE html>
<html>
<body>
<h4>水平的表头</h4>
<table border="1">
<tr>
   <th>姓名</th>
   <th>性别</th>
   <th>班级</th>
</tr>
<tr>
   <td>张三</td>
   <td>男</td>
   <td>一年级</td>
</tr>
</table>
<h4>垂直的表头</h4>
<table border="1">
<tr>
   <th>姓名</th>
   <td>小丽</td>
</tr>
```

```
<tr>
   <th>性别</th>
   <td>女</td>
</tr>
<tr>
   <th>年级</th>
   <td>二年级</td>
</tr>
</table>
</body>
</html>
```

运行效果如图 4-6 所示。

图 4-6　分别创建带有垂直和水平表头的表格

4.3.3　设置表格背景

当创建好表格后，为了美观，还可以设置表格的背景，如为表格定义背景颜色、为表格定义背景图片等。

1. 定义表格背景颜色

为表格添加背景颜色是美化表格的一种方式。

实例 6：为表格添加背景颜色

```
<!DOCTYPE html>
<html>
<body>
<h4 align="center">商品信息表</h4>
<table border="1"
bgcolor="#CCFF99">
<tr>
   <td>商品名称</td>
   <td>商品产地</td>
   <td>商品价格</td>
   <td>商品库存</td>
</tr>
<tr>
   <td>洗衣机</td>
   <td>北京</td>
```

```
   <td>2600元</td>
   <td>4860</td>
</tr>
</table>
</body>
</html>
```

运行效果如图 4-7 所示。

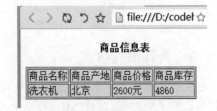

图 4-7　为表格添加背景颜色

2. 定义表格背景图片

除了可以为表格添加背景颜色外，还可以将图片设置为表格的背景。

▎实例 7：定义表格背景图片

```html
<!DOCTYPE html>
<html>
<body>
<h4 align="center">为表格添加背景图片
</h4>
<table border="1" background="pic/
m1.jpg">
<tr>
  <td>商品名称</td>
  <td>商品产地</td>
  <td>商品等级</td>
  <td>商品价格</td>
  <td>商品库存</td>
</tr>
<tr>
  <td>电视机</td>
```

```html
  <td>北京</td>
  <td>一等品</td>
  <td>6800元</td>
  <td>9980</td>
</tr>
</table>
</body>
</html>
```

运行效果如图 4-8 所示。

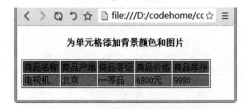

图 4-8　为表格添加背景图片

4.3.4　设置单元格的背景

除了可以为表格设置背景外，还可以为单元格设置背景，包括添加背景颜色和添加背景图片两种。

▎实例 8：为单元格添加背景颜色和图片

```html
<!DOCTYPE html>
<html>
<body>
<h4 align="center">为单元格添加背景颜
色和图片</h4>
<table border="1">
<tr>
  <td bgcolor="red">商品名称</td>
  <td bgcolor="red">商品产地</td>
  <td bgcolor="red">商品等级</td>
  <td bgcolor="red">商品价格</td>
  <td bgcolor="red">商品库存</td>
</tr>
<tr>
  <td background="pic/m1.jpg">电视机
</td>
  <td background="pic/m1.jpg">北京</
td>
```

```html
  <td background="pic/m1.jpg">一等品
</td>
  <td background="pic/m1.jpg">6800
元</td>
  <td background="pic/
m1.jpg">9980</td>
</tr>
</table>
</body>
</html>
```

运行效果如图 4-9 所示。

图 4-9　为单元格添加背景颜色和图片

4.3.5　合并单元格

在实际应用中，并非所有表格都是规范的几行几列，而是需要将某些单元格进行合并，以符合内容上的需要。在 HTML 中，合并的方向有两种，一种是上下合并，另一种是左右合并，这两种合并方式只需要使用 td 标记的两个属性即可。

1. 用 colspan 属性合并左右单元格

左右单元格的合并需要使用 td 标记的 colspan 属性来完成，格式如下：

```
<td colspan="数值">单元格内容</td>
```

其中，colspan 属性的取值为数值型整数数据，代表几个单元格进行左右合并。

2. 用 rowspan 属性合并上下单元格

上下单元格的合并需要为 <td> 标记增加 rowspan 属性，格式如下：

```
<td rowspan="数值">单元格内容</td>
```

其中，rowspan 属性的取值为数值型整数数据，代表几个单元格进行上下合并。

▌实例 9：设计婚礼流程安排表

```
<!DOCTYPE html>
<html>
<head>
<title>婚礼流程安排表</title>
</head>
<body>
<h1 align="center">婚礼流程安排表</h1>
<!--<table>为表格标签-->
<table align="center" border="1px"
cellpadding="12%" >
    <!--婚礼流程安排表日期-->
    <tr bgcolor="#A5AFEDD">
        <th></th>
        <th>时间</th>
        <th>日程</th>
        <th>地点</th>
    </tr>
    <!--婚礼流程安排表内容-->
    <tr align="center">
        <!--使用rowspan属性进行列合并
-->
        <td bgcolor="#FCD1CC"
rowspan="2">上午</td>
        <td bgcolor="#FCD1CC">
        7:00--8:30</td>
        <td>新郎新娘化妆定妆</td>
        <td>婚纱影楼</td>
    </tr>
    <!--婚礼流程安排表内容-->
    <tr align="center">
    <td bgcolor="#FCD1CC">
        8:30--10:30</td>
        <td>新郎根据指导接亲</td>
        <td>酒店1楼</td>
    </tr>
```

```
    <!--婚礼流程安排表内容-->
    <tr align="center">
        <!--使用rowspan属性进行列合并
-->
        <td bgcolor="#FCD1CC"
rowspan="2">下午</td>
        <td bgcolor="#FCD1CC">
        12:30--14:00</td>
        <td>婚礼和就餐</td>
        <td>酒店2楼</td>
    </tr>
    <!--婚礼流程安排表内容-->
    <tr align="center">
        <td bgcolor="#FCD1CC">
        14:00--16:00</td>
        <td>清点物品后离开酒店</td>
        <td>酒店2楼</td>
    </tr>
</table>
</body>
</html>
```

运行效果如图 4-10 所示。

图 4-10　婚礼流程安排表

> **注意**：合并单元格以后，相应的单元格标记就应该减少，否则单元格就会多出一个，并且后面的单元格会依次发生位移现象。

通过对上下单元格合并的操作，读者会发现，合并单元格就是"丢掉"某些单元格：对于左右合并，就是以左侧为准，将右侧要合并的单元格"丢掉"；对于上下合并，就是以上方为准，将下方要合并的单元格"丢掉"。如果一个单元格既要向右合并，又要向下合并，该如实现呢？

▌实例 10：单元格向右和向下合并

```
<!DOCTYPE html>
<html>
<head>
<title>单元格上下左右合并</title>
</head>
<body>
<table border="1">
   <tr>
        <td colspan="2"
rowspan="2">A1B1<br/>A2B2</td>
        <td>C1</td>
   </tr>
   <tr>
        <td>C2</td>
   </tr>
   <tr>
        <td>A3</td>
        <td>B3</td>
        <td>C3</td>
```

```
   </tr>
   <tr>
        <td>A4</td>
        <td>B4</td>
        <td>C4</td>
   </tr>
</table>
</body>
</html>
```

运行效果如图 4-11 所示。

图 4-11　两个方向合并单元格

从上面的结果可以看到，A1 单元格向右合并 B1 单元格，向下合并 A2 单元格，并且 A2 单元格向右合并 B2 单元格。

4.3.6　表格的分组

如果需要分组对表格的列控制样式，可以通过 <colgroup> 标记来完成。该标记的语法格式如下：

```
<colgroup>
    <col style="background-color: 颜色值">
    <col style="background-color: 颜色值">
    <col style="background-color: 颜色值">
</colgroup>
```

<colgroup> 标记可以对表格的列进行控制样式，其中 <col> 标记对具体的列进行控制样式。

▌实例 11：设计企业客户联系表

```
<!DOCTYPE html>
<html>
<head>
<title>企业客户联系表</title>
</head>
<body>
<h1 align="center">企业客户联系表</h1>
<!--<table>为表格标记-->
```

```
<table align="center" border="1px"
cellpadding="12%" >
    <!--<table>为表格标记-->
    <table align="center" border="1px"
cellpadding="12%" >
        <!--使用<colgroup>标记进行表格分组
控制-->
        <colgroup>
            <col style="background-
color: #FFD9EC">
            <col style="background-
color: #B8B8DC">
```

```
                    <col style="background-
color: #BBFFBB">
                    <col style="background-
color: #B9B9FF">
        </colgroup>
        <tr>
            <th>区域</th>
            <th>加盟商</th>
            <th>加盟时间</th>
            <th>联系电话</th>
        </tr>

        <tr align="center">
            <td>华北区域</td>
            <td>王蒙</td>
            <td>2019年9月</td>
            <td>123XXXXXXXX</td>
        </tr>

        <tr align="center">
            <td>华中区域</td>
            <td>王小名</td>
            <td>2019年1月</td>
            <td>100XXXXXXXX</td>
```

```
        </tr>
        <tr align="center">
            <td>西北区域</td>
            <td>张小明</td>
            <td>2012年9月</td>
            <td>111XXXXXXXX</td>
        </tr>

</table>
</body>
</html>
```

运行效果如图 4-12 所示。

图 4-12　企业客户联系表

4.3.7　设置单元格的行高与列宽

使用 cellpadding 来创建单元格内容与其边框之间的空白，从而调整表格的行高与列宽。

▌实例 12：设置单元格的行高与列宽

```
<!DOCTYPE html>
<html>
<head>
<title>设置单元格的行高和列宽</title>
</head>
<body>
<h2>单元格调整前的效果</h2>
<table border="1">
<tr>
    <td>商品名称</td>
    <td>商品产地</td>
    <td>商品等级</td>
    <td>商品价格</td>
    <td>商品库存</td>
</tr>
<tr>
    <td>电视机</td>
    <td>北京</td>
    <td>一等品</td>
    <td>6800元</td>
    <td>9980</td>
</tr>
</table>
<h2>单元格调整后的效果</h2>
<table border="1" cellpadding="10">
<tr>
    <td>商品名称</td>
```

```
    <td>商品产地</td>
    <td>商品等级</td>
    <td>商品价格</td>
    <td>商品库存</td>
</tr>
<tr>
    <td>电视机</td>
    <td>北京</td>
    <td>一等品</td>
    <td>6800元</td>
    <td>9980</td>
</tr>
</table>
</body>
</html>
```

运行效果如图 4-13 所示。

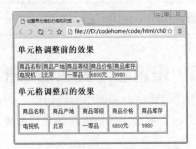

图 4-13　使用 cellpadding 来调整表格的行高与列宽

4.4 完整的表格标记

上面讲述了表格中最常用也是最基本的三个标记 <table>、<tr> 和 <td>，使用它们可以构建出最简单的表格。为了让表格结构更清楚，以及配合后面学习的 CSS 样式更方便地制作各种样式的表格，表格中还会出现表头、主体、脚注等。

按照表格结构，可以把表格的行分组，称为"行组"。不同的行组具有不同的意义。行组分为 3 类——"表头""主体"和"脚注"。三者相应的 HTML 标记依次为 <thead>、<tbody> 和 <tfoot>。

此外，在表格中还有两个标记：标记 <caption> 表示表格的标题；在一行中，除了 <td> 标记表示一个单元格以外，还可以使用 <th> 表示该单元格是这一行的"行头"。

实例 13：使用完整的表格标记设计学生成绩单

```
<!DOCTYPE html>
<html>
<head>
<title>完整表格标记</title>
<style>
tfoot{
background-color:#FF3;
}
</style>
</head>
<body>
<table border="1">
  <caption>学生成绩单</caption>
  <thead>
    <tr>
      <th>姓名</th><th>性别</th><th>成绩</th>
    </tr>
  </thead>
  <tfoot>
    <tr>
      <td>平均分</td><td colspan="2">540</td>
    </tr>
  </tfoot>
  <tbody>
    <tr>
      <td>张三</td><td>男</td><td>560</td>
    </tr>
    <tr>
      <td>李四</td><td>男</td><td>520</td>
    </tr>
  </tbody>
</table>
</body>
</html>
```

从上面的代码可以发现，caption 标记定义了表格标题，<thead>、<tbody> 和 <tfoot> 标记对表格进行了分组。在 <thead> 部分，使用 <th> 标记代替 <td> 标记定义单元格，<th> 标记定义的单元格内容默认加粗显示。网页的预览效果如图 4-14 所示。

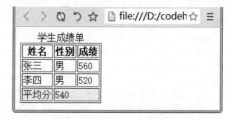

图 4-14 完整的表格结构

> **注意**：<caption> 标记必须紧随 <table> 标记之后。

4.5 设置悬浮变色的表格

本练习将结合前面学习的知识，创建一个悬浮变色的销售统计表。这里会用到 CSS 样式表来修饰表格的外观效果。

实例 14：设置悬浮变色的表格

下面分步骤来学习悬浮变色的表格效果是如何一步步实现的。

01 创建网页文件，实现基本的表格内容，代码如下：

```
<!DOCTYPE html>
<html>
<head>
<title>销售统计表</title>
</head>
<body>
<table border="0" cellpadding="1"
cellspacing="1">
<caption>销售统计表</caption>
    <tr>
        <th>产品名称</th>
        <th>产品产地</th>
        <th>销售金额</th>
    </tr>
    <tr class="hui">
        <td>洗衣机</td>
        <td>北京</td>
        <td>456万</td>
    </tr>
    <tr>
        <td>电视机</td>
        <td>上海</td>
        <td>306万</td>
    </tr>
    <tr class="hui">
        <td>空调</td>
        <td>北京</td>
        <td>688万</td>
    </tr>
    <tr>
        <td>热水器</td>
        <td>大连</td>
        <td>108万</td>
    </tr>
    <tr class="hui">
        <td>冰箱</td>
        <td>北京</td>
        <td>206万</td>
    </tr>
    <tr>
        <td>扫地机器人</td>
        <td>广州</td>
        <td>68万</td>
    </tr>
    <tr class="hui">
        <td>电磁炉</td>
        <td>北京</td>
        <td>109万</td>
    </tr>
    <tr>
```

```
        <td>吸尘器</td>
        <td>天津</td>
        <td>48万</td>
    </tr>
</table>
</body>
</html>
```

运行效果如图 4-15 所示。可以看到显示了一个表格，表格不带有边框，字体等都是默认显示。

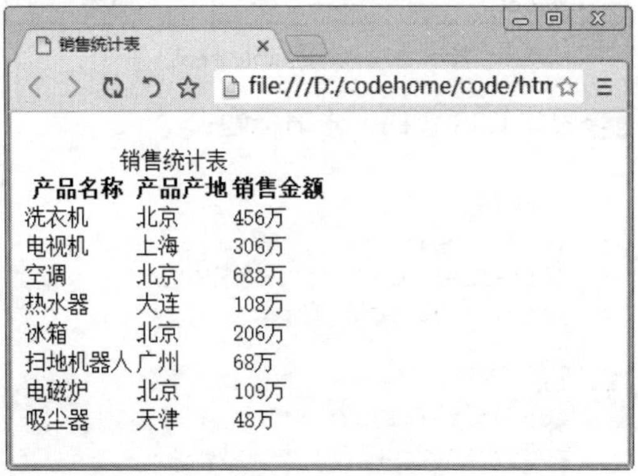

图 4-15　创建基本表格

02 在 <head>...</head> 中添加 CSS 代码，修饰 table 表格和单元格：

```
<style type="text/css">
<!--
table {
width: 600px;
margin-top: 0px;
margin-right: auto;
margin-bottom: 0px;
margin-left: auto;
text-align: center;
background-color: #000000;
font-size: 9pt;
}
td {
padding: 5px;
background-color: #FFFFFF;
}
-->
</style>
```

运行效果如图 4-16 所示。可以看到显示了一个表格，表格带有边框，行内字体居中显示，但列标题背景色为黑色，其中字体不够明显。

销售统计表

洗衣机	北京	456万
电视机	上海	306万
空调	北京	688万
热水器	大连	108万
冰箱	北京	206万
扫地机器人	广州	68万
电磁炉	北京	109万
吸尘器	天津	48万

图 4-16 设置 table 样式

03 添加 CSS 代码，修饰标题：

```
caption{
font-size: 36px;
font-family: "黑体", "宋体";
padding-bottom: 15px;
}
tr{
font-size: 13px;
background-color: #cad9ea;
color: #000000;
}
th{
padding: 5px;
}
.hui td {
background-color: #f5fafe;
}
```

上面代码中，使用了类选择器 hui 来定义每个 td 行所显示的背景色，此时需要在表格中每个奇数行都引入该类选择器。例如 <tr class="hui">，从而设置奇数行的背景色。

运行效果如图 4-17 所示。可以看到，表格中列标题行的背景色显示为浅蓝色，奇数行背景色为浅灰色，而偶数行背景色为默认

的白色。

04 添加 CSS 代码，实现鼠标悬浮变色：

```
tr:hover td {
background-color: #FF9900;
}
```

运行效果如图 4-18 所示。可以看到，当鼠标放到不同行上面时，其背景会显示不同的颜色。

销售统计表

产品名称	产品产地	销售金额
洗衣机	北京	456万
电视机	上海	306万
空调	北京	688万
热水器	大连	108万
冰箱	北京	206万
扫地机器人	广州	68万
电磁炉	北京	109万
吸尘器	天津	48万

图 4-17 设置奇数行背景色

销售统计表

产品名称	产品产地	销售金额
洗衣机	北京	456万
电视机	上海	306万
空调	北京	688万
热水器	大连	108万
冰箱	北京	206万
扫地机器人	广州	68万
电磁炉	北京	109万
吸尘器	天津	48万

图 4-18 鼠标悬浮改变颜色

4.6 <div> 标记

<div> 标记是一个区块容器标记，在 <div></div>标记中可以放置其他的一些 HTML 元素，例如段落 <p>、标题 <h1>、表格 <table>、图片 <img> 和表单等。然后使用 CSS3 相关属性对 div 容器标记中的元素作为一个独立对象进行修饰，这样就不会影响其他 HTML 元素。

在使用 <div> 标记之前，需要了解一下 <div> 标记的属性。语法格式如下：

```
<div id="value" align="value" class="value" style="value">
    这是div标记包含的内容。
</div>
```

其中 id 为 <div> 标记的名称，常与 CSS 样式相结合，实现对网页中元素样式的控制；align 用于控制 <div> 标记中元素的对齐方式，主要包括 left（左对齐）、right（右对齐）和 center（居中对齐）；class 用于控制 <div> 标记中元素的样式，其值为 CSS 样式中的 class 选择符；style 用于控制 <div> 标记中元素的样式，其值为 CSS 属性值，各个属性之间用分号分隔。

实例 15：使用 <div> 标记发布高科技产品

```
<!DOCTYPE html>
<html>
<head>
<title>发布高科技产品</title>
</head>
<!--插入背景图片-->
<body style="background-
image:url(pic/chanpin.jpg)">
<br/><br/><br/><br/>
<!--使用div标记进行分组-->
<div>
<h1>   产品发布</h1>
<hr/>
    <h5>产品名称：安科丽智能化扫地机器
人</h5>
    <h5>发布日期：2020年12月12日</h5>
</div>
<br/>
<!--使用div标记进行分组-->
<div>
    <h1>产品介绍</h1>
    <hr/>
    <h5>  安科丽智能化扫地
机器人的机身为自动化技术的可移动装置，与有集尘
```

盒的真空吸尘装置，配合机身设定控制路径，在室内反复行走，如：沿边清扫、集中清扫、随机清扫、直线清扫等路径打扫，并辅以边刷、中央主刷旋转、抹布等方式，加强打扫效果，以完成拟人化居家清洁效果。</h5>

```
    </div>
</body>
</html>
```

运行效果如图 4-19 所示。

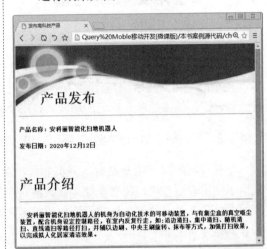

图 4-19　产品发布页面

4.7　<span> 标记

对于初学者而言，对 <div> 和 <span> 两个标记常常混淆，因为大部分的 <div> 标记都可以使用 <span> 标记代替，并且其运行效果完全一样。

<span> 标记是行内标记，<span> 标记的前后内容不会换行；而 <div> 标记包含的元素会自动换行。<div> 标记可以包含 <span> 标记元素，但 <span> 标记一般不包含 <div> 标记。

实例 16：分析 <div> 标记和 <span> 标记的区别

```
<!DOCTYPE html>
<html>
<head>
<title>div与span的区别</title>
</head>
<body>
   <p>使用div标记会自动换行：</p>
```

```
    <div><b>金谷年年,乱生春色谁为主。</
b></div>
    <div><b>馀花落处。满地和烟雨。</b></
div>
    <div><b>又是离歌,一阕长亭暮。</b></
div>
    <p>使用span标记不会自动换行：</p>
    <span style="color:red"><b>怀君属
秋夜,</b></span>
    <span style="color:blue"><b>散步咏
凉天。</b></span>
    <span style="color:red"><b>空山松
```

子落,幽人应未眠。</b></span>
　　　　</body>
　　　　</html>

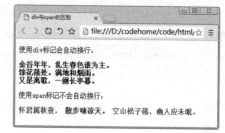

图 4-20　<div> 标记和 <span> 标记的区别

　　运行效果如图 4-20 所示。可以看到 <div> 所包含的元素，进行自动换行，而对于 <span> 标签，3 个 HTML 元素在同一行显示。

　　在网页设计中，对于较大的块可以使用 <div> 完成，而对于具有独特样式的单独 HTML 元素，可以使用 <span> 标记完成。

4.8　新手常见疑难问题

┃ 疑问 1：如何选择 <div> 标记和 <span> 标记？

　　<div> 标记是块级标记，所以 <div> 标记的前后会添加换行。<span> 标记是行内标记，所以 <span> 标记的前后不会添加换行。如果需要多个标记的情况，一般使用 <div> 标记进行分类分组；如果是单一标记的场景，使用 <span> 标记进行标记内分类分组。

┃ 疑问 2：表格除了显示数据外，还可以进行布局，为何不使用表格进行布局？

　　在互联网刚刚开始普及时，网页非常简单，形式也非常单调，当时美国的 David Siegel 发明了使用表格布局，风靡全球。在表格布局的页面中，表格不但需要显示内容，还要控制页面的外观及显示位置，导致页面代码过多，结构与内容无法分离，这样就给网站的后期维护和其他方面带来了麻烦。

┃ 疑问 3：使用 <thead>、<tbody> 和 <tfoot> 标记对行进行分组的意义何在？

　　在 HTML 文档中增加 <thead>、<tbody> 和 <tfoot> 标记虽然从外观上不能看出任何变化，但是它们却使文档的结构更加清晰。使用 <thead>、<tbody> 和 <tfoot> 标记除了使文档更加清晰外，还有一个更重要的意义，就是方便使用 CSS 样式对表格的各个部分进行修饰，从而制作出更炫的表格。

4.9　实战技能训练营

┃ 实战 1：编写一个计算机报价表的页面

　　利用所学的表格知识，来制作如图 4-21 所示的计算机报价表。这里利用 caption 标记制作表格的标题，用 <th> 代替 <td> 作为标题行单元格。可以将图片放在单元格内，即在 <td> 标记内使用 <img> 标记。在 HTML 文档的 head 部分增加 CSS 样式，为表格增加边框及相应的修饰效果即可。

┃ 实战 2：分组显示古诗的标题和内容

　　利用所学的 <div> 标记知识，来制作如图 4-22 所示的分组显示古诗标题和内容的效果。

这里首先通过 <h1> 标记完成古诗的标题，然后通过 <div> 标记将古诗的标题和内容分成两组。这里古诗的内容放到 <div> 标记里面。

图 4-21 计算机报价表的页面

图 4-22 分组显示古诗的标题和内容

第5章 网页中的表单

本章导读

在网页中，表单的作用比较重要，主要负责采集浏览者的相关数据，例如常见的登录表、调查表和留言表等。在 HTML 5 中，有多个新的表单输入类型，这些新特性提供了更好的输入控制和验证。本章节将重点学习表单的使用方法和技巧。

知识导图

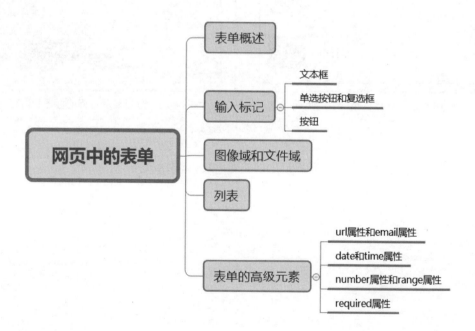

5.1 表单概述

表单主要用于收集网页上浏览者的相关信息，其标记为 <form></form>。表单的基本语法格式如下：

```
<form action="url" method="get|post" enctype="mime"></form>
```

其中，action="url"指定处理提交表单的格式，它可以是一个 URL 地址或一个电子邮件地址。method="get"或"post"指明提交表单的 HTTP 方法。enctype="mime"指明用来把表单提交给服务器时的互联网媒体形式。

表单是一个能够包含表单元素的区域。通过添加不同的表单元素，将显示不同的效果。表单元素是能够让用户在表单中输入信息的元素，常见的有文本框、密码框、下拉列表框、单选按钮、复选框等。

▎实例 1：创建网站会员登录页面

```
<!DOCTYPE html>
<html>
<head>
</head>
<body>
<form>
网站会员登录
<br/>
用户名称
<input type="text" name="user">
<br/>
用户密码
<input type="password" name="password">
```

```
<br/>
    <input type="submit" value="登录">
    </form>
    </body>
    </html>
```

运行效果如图 5-1 所示，可以看到用户登录信息页面。

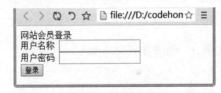

图 5-1　用户登录窗口

5.2 输入标记

在网页设计中，最常用输入标记是 <input>。通过设置该标记的属性，可以实现不同的输入效果。

5.2.1 文本框

表单中的文本框有 3 种，分别是单行文本框、多行文本框和密码输入框，不同的文本框对应的属性值也不同。下面分别介绍这 3 种文本框的使用方法和技巧。

1. 单行文本框 text

单行文本框 text 是一种让访问者自己输入内容的表单对象，通常被用来填写单个字或者简短的回答，例如用户姓名和地址等。

代码格式如下：

```
<input type="text" name="..." size="..." maxlength="..." value="...">
```

其中，type="text"定义单行文本框；name属性定义文本框的名称，要保证数据的准确采集，必须定义一个独一无二的名称；size属性定义文本框的宽度，单位是单个字符宽度；maxlength属性定义最多输入的字符数，value属性定义文本框的初始值。

实例2：创建单行文本框

```
<!DOCTYPE html>
<html>
<head><title>输入用户的姓名</title></head>
<body>
<form>
请输入您的姓名：
<input type="text" name="yourname" size="20" maxlength="15">
<br/>
请输入您的地址：
<input type="text" name="youradr" size="20" maxlength="15">
```

```
</form>
</body>
</html>
```

运行效果如图5-2所示，可以看到两个单行文本框。

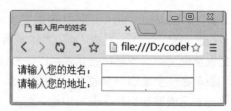

图 5-2 单行文本框

2. 多行文本框 textarea

多行文本框textarea主要用于输入较长的文本信息，代码格式如下：

```
<textarea name="..." cols="..." rows="..." wrap="..."></textarea>
```

其中，name属性定义多行文本框的名称，要保证数据的准确采集，必须定义一个独一无二的名称；cols属性定义多行文本框的宽度，单位是单个字符宽度；rows属性定义多行文本框的高度，单位是单个字符高度；wrap属性定义输入内容大于文本域时显示的方式。

实例3：创建多行文本框

```
<!DOCTYPE html>
<html>
<head><title>多行文本输入</title></head>
<body>
<form>
请输入您学习HTML5网页设计时最大的困难是什么？<br/>
<textarea name="yourworks" cols="50" rows = "5"></textarea>
<br/>
<input type="submit" value="提交">
</form>
```

```
</body>
</html>
```

运行效果如图5-3所示，可以看到多行文本框。

图 5-3 多行文本框

3. 密码输入框 password

密码输入框password是一种特殊的文本域，主要用于输入一些保密信息。当网页浏览者输入文本时，显示的是黑点或者其他符号，这样就增加了输入文本的安全性。代码格式如下：

```
<input type="password" name="..." size="..." maxlength="...">
```

其中type="password"定义密码框；name属性定义密码框的名称，要保证唯一性；size

属性定义密码框的宽度，单位是单个字符宽度；maxlength 属性定义最多输入的字符数。

实例 4：创建包含密码域的账号登录页面

```
<!DOCTYPE html>
<html>
<head><title>输入用户姓名和密码</
title></head>
<body>
<form>
<h3>网站会员登录<h3>
账号：
<input type="text" name="yourname">
<br/>
密码：
<input type="password" name=
"yourpw"><br/>
```

```
</form>
</body>
</html>
```

运行效果如图 5-4 所示。输入用户名和密码时，可以看到密码以黑点的形式显示。

图 5-4　密码输入框

5.2.2　单选按钮和复选框

在设计调查问卷或商城购物页面时，经常会用到单选按钮和复选框。本章节将学习单选按钮和复选框的使用方法和技巧。

1. 单选按钮 radio

单选按钮主要是让网页浏览者在一组选项里只能选择一个。代码格式如下：

```
<input type="radio" name="..." value="...">
```

其中，type="radio" 定义单选按钮；name 属性定义单选按钮的名称，单选按钮都是以组为单位使用的，在同一组中的单选项都必须用同一个名称；value 属性定义单选按钮的值，在同一组中，它们的值必须是不同的。

实例 5：创建大学生技能需求问卷调查页面

```
<!DOCTYPE html>
<html>
<head>
<title>单选按钮</title>
</head>
<body>
<form>
<h1>大学生技能需求问卷调查</h1>
请选择您感兴趣的技能：
<br/>
<input type="radio" name="book"
value="Book1">网站开发技能<br/>
<input type="radio" name="book"
value="Book2">美工设计技能<br/>
<input type="radio" name="book"
value="Book3">网络安全技能<br/>
<input type="radio" name="book"
value="Book4">人工智能技能<br/>
```

```
<input type="radio" name="book"
value="Book5">编程开发技能<br/>
</form>
</body>
</html>
```

运行效果如图 5-5 所示，可以看到 5 个单选按钮，而用户只能选中其中一个单选按钮。

图 5-5　单选按钮

2. 复选框 checkbox

复选框主要是让网页浏览者在一组选项里可以同时选择多个选项。每个复选框都是一个独立的元素，都必须有一个唯一的名称。代码格式如下：

```
<input type="checkbox" name="..." value="...">
```

其中，type="checkbox"定义复选框；name属性定义复选框的名称，在同一组中的复选框都必须用同一个名称；value属性定义复选框的值。

▌实例6：创建网站商城购物车页面

```
<!DOCTYPE html>
<html>
<head><title>选择感兴趣的图书</title></head>
<body>
<form>
<h1 align="center">商城购物车</h1>
请选择您需要购买的图书：<br/>
<input type="checkbox" name="book" value="Book1"> HTML5 Web开发(全案例微课版)<br/>
<input type="checkbox" name="book" value="Book2"> HTML5+CSS3+JavaScript网站开发(全案例微课版)<br/>
<input type="checkbox" name="book" value="Book3"> SQL Server数据库应用(全案例微课版)<br/>
<input type="checkbox" name="book" value="Book4"> PHP动态网站开发(全案例微课版)<br/>
<input type="checkbox" name="book" value="Book5" checked> MySQL数据库应用(全案例微课版)<br/><br/>
<input type="submit" value="添加到购物车">
</form>
</body>
</html>
```

> **提示**：checked属性主要用来设置默认选中项。

运行效果如图5-6所示。可以看到5个复选框，其中"MySQL数据库应用（全案例微课版）"复选框被默认选中。同时，浏览者还可以选中其他复选框。效果如图5-6所示。

图5-6 复选框的效果

5.2.3 按钮

网页中的按钮，按功能通常可以分为普通按钮、提交按钮和重置按钮。

1. 普通按钮 button

普通按钮用来控制其他定义了处理脚本的处理工作。代码格式如下：

```
<input type="button" name="..." value="..." onClick="...">
```

其中，type="button"定义为普通按钮；name 属性定义普通按钮的名称；value 属性定义按钮的显示文字；onClick 属性表示单击行为，也可以是其他的事件，通过指定脚本函数来定义按钮的行为。

实例 7：通过普通按钮实现文本的复制和粘贴效果

```
<!DOCTYPE html>
<html/>
<body/>
<form/>
点击下面的按钮,实现文本的复制和粘贴效果:
<br/>
我喜欢的图书: <input type="text"
id="field1" value="HTML5 Web开发">
<br/>
我购买的图书: <input type="text"
id="field2">
<br/>
<input type="button" name="..."
value="复制后粘贴" onClick="document
    .getElementById('field2').value=
```

```
document
    .getElementById('field1').value">
    </form>
    </body>
    </html>
```

运行效果如图 5-7 所示。单击"复制后粘贴"按钮，即可实现将第一个文本框中的内容复制并粘贴到第二个文本框中。

图 5-7　单击按钮后的粘贴效果

2. 提交按钮 submit

提交按钮用来将输入的信息提交到服务器。代码格式如下：

```
<input type="submit" name="..." value="...">
```

其中，type="submit"定义为提交按钮；name 属性定义提交按钮的名称；value 属性定义按钮的显示文字。通过提交按钮，可以将表单里的信息提交给表单中 action 所指向的文件。

实例 8：创建供应商联系信息表

```
<!DOCTYPE html>
<html>
<head><title>输入用户名信息</title></
head>
<body>

<form  action=" " method="get">
请输入你的姓名:
<input type="text" name="yourname">
<br/>
请输入你的住址:
<input type="text" name="youradr">
<br/>
请输入你的单位:
<input type="text" name="yourcom">
<br/>
请输入你的联系方式:
<input type="text" name="yourcom">
<br/>
```

```
<input type="submit" value="提交">
</form>
</body>
</html>
```

运行效果如图 5-8 所示。输入内容后单击"提交"按钮，即可将表单中的数据发送到指定的文件。

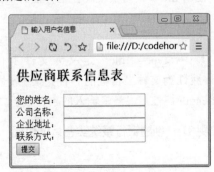

图 5-8　提交按钮

3. 重置按钮 reset

重置按钮又称为复位按钮，用来重置表单中输入的信息。代码格式如下：

```
<input type="reset" name="..." value="...">
```

其中，type="reset"定义复位按钮；name 属性定义复位按钮的名称；value 属性定义按钮的显示文字。

▍实例 9：创建会员登录页面

```
<!DOCTYPE html>
<html>
<body>
<form>
请输入用户名称:
<input type="text">
<br/>
请输入用户密码:
<input type="password">
<br/>
<input type="submit" value="登录">
<input type="reset" value="重置">
```

```
</form>
</body>
</html>
```

运行效果如图 5-9 所示。输入内容后，单击"重置"按钮，即可实现将表单中的数据清空的目的。

图 5-9　重置按钮

5.3　图像域和文件域

为了丰富表单中的元素，可以使用图像域，从而解决表单中按钮比较单调或与页面内容不协调的问题。如果需要上传文件，往往需要通过文件域来完成。

1. 图像域 image

在设计网页表单时，为了让按钮和表单的整体效果比较一致，有时候需要在"提交"按钮上添加图片，使该图片具有按钮的功能，此时可以通过图像域来完成。语法格式如下：

```
<input type="image" src="图片的地址" name="代表的按键" >
```

其中，src 用于设置图片的地址；name 用于设置代表的按键，比如 submit 或 button 等，默认值为 button。

2. 文件域 file

使用 file 属性可实现文件上传框。语法格式如下：

```
<input type="file" accept=...name="..."  size=" ..." maxlength=" ...">
```

其中，type="file"定义为文件上传框；accept 用于设置文件的类别，可以省略；name 属性为文件上传框的名称；size 属性定义文件上传框的宽度，单位是单个字符宽度；maxlength 属性定义最多输入的字符数。

▍实例 10：创建银行系统实名认证页面

```
<!doctype html>
<html>
```

```
<head>
<title>文件和图像域</title>
</head>
<body>
<div>
```

```
<h2 align="center">银行系统实名认证</h2>
<form>
    <h3>请上传您的身份证正面图片：</h3>
    <!--两个文件域-->
    <input type="file">
    <h3>请上传您的身份证背面图片：</h3>
    <input type="file"><br/><br/>
    <!--图像域-->
    <input type="image" src="pic/
anniu.jpg" >
</form>
</div>
</body>
</html>
```

运行效果如图 5-10 所示。单击"选择文

件"按钮，即可选择需要上传的图片文件。

图 5-10　银行系统实名认证页面

5.4　列表

列表框主要用于在有限的空间里设置多个选项。列表框既可以用作单选，也可以用作复选。代码格式如下：

```
<select name="..." size="..." multiple>
<option value="..." selected>
...
</option>
...
</select>
```

其中，size 属性定义列表框的行数；name 属性定义列表框的名称；multiple 属性表示可以多选，如果不设置本属性，那么只能单选；value 属性定义列表项的值；selected 属性表示默认已经选中本选项。

▍实例 11：创建报名学生信息调查表页面

```
<!DOCTYPE html>
<html>
<head><title>报名学生信息调查表</
title></head>
<body>
<form>
<h2 align="center">报名学生信息调查表
</h2>
        <p>1．请选择您目前的学历：</
p><br/>
        <!--下拉菜单实现学历选择-->
    <select>
    <option>初中</option>
    <option>高中</option>
    <option>大专</option>
    <option>本科</option>
    <option>研究生</option>
    </select><br/>
```

```
    <div align=" right">
    <p>2．请选择您感兴趣的技术方
向：</p><br/>
        <!--下拉菜单中显示3个选项-->
        <select name="book" size
= "3" multiple>
            <option value="Book1">网站
编程
            <option value="Book2">办公
软件
            <option value="Book3">设计
软件
            <option value="Book4">网络
管理
            <option value="Book5">网络
安全</select>
            </div>
    </form>
    </body>
    </html>
```

运行效果如图 5-11 所示，可以看到列表框，其中显示了多行选项，用户可以按住 Ctrl 键，选择多个选项。

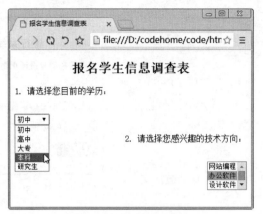

图 5-11　列表框的效果

5.5　表单的高级元素

除了上述基本表单元素外，HTML 5 中还有一些高级元素，包括 url、email、time、number、range 和 required。下面将学习这些高级元素的使用方法。

5.5.1　url 属性

url 属性用于说明网站网址，显示为一个文本字段，用于输入 URL 地址。在提交表单时，会自动验证 url 的值。代码格式如下：

```
<input type="url" name="userurl"/>
```

另外，用户可以使用普通属性设置 url 输入框，例如可以使用 max 属性设置其最大值、min 属性设置其最小值、step 属性设置合法的数字间隔、value 属性规定其默认值。其他高级属性中同样的设置不再重复讲述。

▍实例 12：使用 url 属性

```
<!DOCTYPE html>
<html>
<head><title> 使用url属性</title></
head>
<body>
<form>
<br/>
请输入网址:
<input type="url" name="userurl"/>
</form>
</body>
</html>
```

运行效果如图 5-12 所示，用户即可输入相应的网址。

图 5-12　url 属性的效果

5.5.2 email 属性

与 url 属性类似, email 属性用于让浏览者输入 E-mail 地址。在提交表单时, 会自动验证 email 域的值。代码格式如下:

```
<input type="email" name="user_email"/>
```

┃ 实例 13: 使用 email 属性

```
<!DOCTYPE html>
<html>
<body>
<form>
<br/>
请输入您的邮箱地址:
<input type="email" name="user_
email"/>
<br/>
<input type="submit" value="提交">
</form>
</body>
</html>
```

运行效果如图 5-13 所示, 用户即可输入相应的邮箱地址。如果用户输入的邮箱地址不合法, 单击 "提交" 按钮后, 会弹出提示信息。

图 5-13 email 属性的效果

5.5.3 date 和 time 属性

在 HTML 5 中, 新增了一些日期和时间输入类型, 包括 date、datetime、datetime-local、month、week 和 time。它们的具体含义如表 5-1 所示。

表 5-1 HTML 5 中新增的一些日期和时间属性

属　性	含　义
date	选取日、月、年
month	选取月、年
week	选取周和年
time	选取时间
datetime	选取时间、日、月、年
datetime-local	选取时间、日、月、年 (本地时间)

上述属性的代码格式类似, 例如以 date 属性为例, 代码格式如下:

```
<input type="date" name="user_date" />
```

┃ 实例 14: 使用 date 属性

```
<!DOCTYPE html>
<html>
<body>
<form>
```

```
<br/>
请选择购买商品的日期:
<br/>
<input type="date" name="user_
date"/>
</form>
</body>
</html>
```

运行效果如图 5-14 所示。用户单击输入框中的下拉按钮，即可在弹出的窗口中选择需要的日期。

图 5-14　date 属性的效果

5.5.4　number 属性

number 属性提供了一个输入数字的输入类型。用户可以直接输入数字，或者通过单击微调框中的向上或者向下按钮来选择数字。代码格式如下：

```
<input type="number" name="shuzi" />
```

▍实例 15：使用 number 属性

```
<!DOCTYPE html>
<html>
<body>
<form>
<br/>
此网站我曾经来
<input type="number" name="shuzi"/>
次了哦!
</form>
</body>
</html>
```

运行效果如图 5-15 所示。用户可以直接输入数字，也可以单击微调按钮选择合适的数字。

图 5-15　number 属性的效果

> **提示**：强烈建议用户使用 min 和 max 属性规定输入的最小值和最大值。

5.5.5　range 属性

range 属性显示为一个滑条控件。与 number 属性一样，用户可以使用 max、min 和 step 属性来控制控件的范围。代码格式如下：

```
<input type="range" name="..." min="..." max="..." />
```

其中，min 和 max 分别控制滑条控件的最小值和最大值。

实例 16：使用 range 属性

```
<!DOCTYPE html>
<html>
<body>
<form>
<br/>
跑步成绩公布了！我的成绩名次为：
<input type="range" name="ran"
min="1" max="16"/>
</form>
</body>
</html>
```

运行效果如图 5-16 所示。用户可以拖曳滑块，从而选择合适的数值。

图 5-16　range 属性的效果

> **技巧**：默认情况下，滑块位于中间位置。如果用户指定的最大值小于最小值，则允许使用反向滑条，目前浏览器对这一属性还不能很好地支持。

5.5.6　required 属性

required 属性规定必须在提交之前填写输入域（不能为空）。

required 属性适用于以下类型的输入属性：text、search、url、email、password、date、pickers、number、checkbox 和 radio 等。

实例 17：使用 required 属性

```
<!DOCTYPE html>
<html>
<body>
<form>
下面是输入用户登录信息
<br/>
用户名称
<input type="text" name="user"
required="required">
<br/>
用户密码
<input type="password" name="password"
required="required">
<br/>
```

```
<input type="submit" value="登录">
</form>
</body>
</html>
```

运行效果如图 5-17 所示。用户如果只是输入密码，然后单击"登录"按钮，将弹出提示信息。

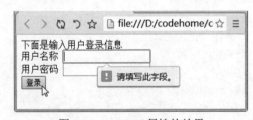

图 5-17　required 属性的效果

5.6　新手常见疑难问题

疑问 1：制作的单选按钮为什么可以同时选中多个？

此时用户需要检查单选按钮的名称，保证同一组中的单选按钮名称相同，这样才能保证单选按钮只能选中其中一个。

■ 疑问2：文件域上显示的"选择文件"文字可以更改吗？

文件域上显示的"选择文件"文字目前还不能直接修改。如果想显示为自定义的文字，可以通过 CSS 来间接修改显示效果。基本思路如下。

首先添加一个普通按钮，然后设置此按钮上显示的文字为自定义的文字，最后通过定义设置文件域与普通按钮的位置重合，并且设置文件域的不透明度为 0，这样可以间接自定义文件域上显示的文字。

5.7 实战技能训练营

■ 实战1：编写一个用户反馈表单的页面

创建了一个用户反馈表单，包含标题以及"姓名""性别""年龄""联系电话""电子邮件""联系地址""请输入您对网站的建议"等输入框和"提交"等按钮。反馈表单非常简单，通常包含三个部分，即在页面上方给出标题，标题下方是正文部分（即表单元素），最下方是表单元素提交按钮。在设计这个页面时，需要把"用户反馈表单"标题设置成 h1 大小，正文使用 p 标记来限制表单元素。最终效果如图 5-18 所示。

■ 实战2：编写一个微信中上传身份证验证图片的页面

本实例通过文件域实现图片上传，通过 CSS 修改图片域上显示的文字。最终结果如图 5-19 所示。

图 5-18 用户反馈表单的效果

图 5-19 微信中上传身份证验证图片的页面

第6章　网页中的多媒体

本章导读

在 HTML 5 版本出现之前，要想在网页中展示多媒体，大多数情况下需要用到 Flash。这就需要浏览器安装相应的插件，但加载多媒体的速度却不快。HTML 5 新增了音频和视频的标记，从而解决了上述问题。本章将讲述音频和视频的基本概念、常用属性和浏览器的支持情况。

知识导图

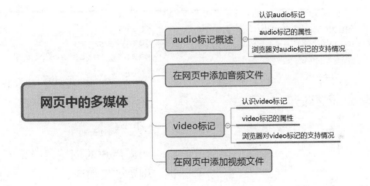

6.1 audio 标记概述

目前，大多数音频是通过插件来播放音频文件的，例如常见的播放插件 Flash，这就是用户在用浏览器播放音乐时，常常需要安装 Flash 插件的原因。但是，并不是所有的浏览器都拥有同样的插件。为此，与 HTML 4 相比，HTML 5 新增了 audio 标记，规定了一种包含音频的标准方法。

6.1.1 认识 audio 标记

audio 标记主要定义播放声音文件或者音频流的标准。它支持 3 种音频格式，分别为 Ogg、MP3 和 WAV。

如果需要在 HTML 5 网页中播放音频，语句的基本格式如下：

```
<audio src="song.mp3" controls="controls"></audio>
```

> 提示：src 属性规定要播放的音频的地址，controls 是供添加播放、暂停和音量控件的属性。

另外，在 <audio> 和 </audio> 之间插入的内容是供不支持 audio 元素的浏览器显示的。

▌实例 1：认识 audio 标记

```
<!DOCTYPE html>
<html>
<head>
<title>audio</title>
```

```
<head>
<body>
<audio src="song.mp3" controls=
"controls">
        您的浏览器不支持audio标记!
</audio>
</body>
</html>
```

如果用户的浏览器版本不支持 audio 标记，浏览效果如图 6-1 所示，可见 IE 11.0 以前的浏览器版本不支持 audio 标记。

对于支持 audio 标记的浏览器，运行效果如图 6-2 所示，可以看到加载的音频控制条并听到声音，此时用户还可以控制音量的大小。

图 6-1　不支持 audio 标记的效果

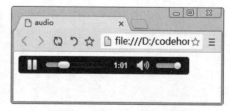

图 6-2　支持 audio 标记的效果

6.1.2 audio 标记的属性

audio 标记的常见属性和含义如表 6-1 所示。

表 6-1　audio 标记的常见属性

属　性	值	描　述
autoplay	autoplay(自动播放)	如果出现该属性，则音频在就绪后马上播放
controls	controls(控制)	如果出现该属性，则向用户显示控件，比如播放按钮
loop	loop(循环)	如果出现该属性，则每当音频结束时重新开始播放
preload	preload(加载)	如果出现该属性，则音频在页面加载时进行音频加载，并预备播放。如果使用 autoplay，则忽略该属性
src	url(地址)	要播放的音频的 URL 地址

另外，audio 标记可以通过 source 属性添加多个音频文件，具体格式如下：

```
<audio controls="controls">
     <source src="123.ogg" type="audio/ogg">
     <source src="123.mp3" type="audio/mpeg">
</audio>
```

6.1.3　浏览器对 audio 标记的支持情况

目前，不同的浏览器对 audio 标记的支持也不同。表 6-2 中列出了应用最为广泛的浏览器对 audio 标记的支持情况。

表 6-2　浏览器对 audio 标签的支持情况

音频格式　　浏览器	Firefox 3.5 及更高版本	IE 11.0 及更高版本	Opera 10.5 及更高版本	Chrome 3.0 及更高版本	Safari 3.0 及更高版本
Ogg Vorbis	支持		支持	支持	
MP3		支持		支持	支持
WAV	支持		支持		支持

6.2　在网页中添加音频文件

当在网页中添加音频文件时，用户可以根据自己的需要，添加不同类型的音频文件，如添加自动播放的音频文件、添加带有控件的音频文件、添加循环播放的音频文件等。

1. 添加自动播放的音频文件

autoplay 属性规定一旦音频就绪，马上就开始播放。如果设置了该属性，音频将自动播放。下面就是在网页中添加自动播放音频文件的相关代码：

```
<audio controls="controls" autoplay="autoplay">
<source src="song.mp3">
```

2. 添加带有控件的音频文件

controls 属性规定浏览器应该为音频提供播放控件。如果设置了该属性，则规定不存在作者设置的脚本控件。其中浏览器控件应该包括播放、暂停、定位、音量、全屏切换等。

添加带有控件的音频文件的代码如下：

```
<audio controls="controls">
<source src="song.mp3">
```

3. 添加循环播放的音频文件

loop 属性规定当音频结束后将重新开始播放。如果设置该属性，则音频将循环播放。添加循环播放的音频文件的代码如下：

```
<audio controls="controls" loop="loop">
<source src="song.mp3">
```

4. 添加预播放的音频文件

preload 属性规定是否在页面加载后载入音频。如果设置了 autoplay 属性，则忽略该属性。preload 属性的可能值有三种，分别如下。

- auto：当页面加载后载入整个音频。
- meta：当页面加载后只载入元数据。
- none：当页面加载后不载入音频。

添加预播放的音频文件的代码如下：

```
<audio controls="controls" preload="auto">
<source src="song.mp3">
```

实例 2：创建一个带有控件、自动播放并循环播放音频的文件

```
<!DOCTYPE html>
<html>
<head>
<title>audio</title>
<head>
<body>
    <audio src="song.mp3"
controls="controls" autoplay="autoplay"
loop="loop">
        您的浏览器不支持audio标记!
</audio>
```

```
</body>
</html>
```

运行效果如图 6-3 所示。音频文件会自动播放，播放完成后会自动循环播放。

图 6-3　带有控件、自动播放并循环播放效果的文件

6.3　video 标记

与音频文件播放方式一样，大多数视频文件在网页上也是通过插件来播放的，例如常见的播放插件 Flash。由于不是所有的浏览器都拥有同样的插件，所以就需要一种统一的包含视频的标准方法。为此，与 HTML 4 相比，HTML 5 新增了 video 标记。

6.3.1　认识 video 标记

video 标记主要定义播放视频文件或者视频流的标准。它支持 3 种视频格式，分别为 Ogg、WebM 和 MPEG 4。

如果需要在 HTML 5 网页中播放视频，语句的基本格式如下：

```
<video src="123.mp4" controls="controls">...</video>
```

其中，在 <video> 与 </video> 之间插入的内容是供不支持 video 元素的浏览器显示的。

▎实例 3：认识 video 标记

```
<!DOCTYPE html>
<html>
<head>
<title>video</title>
<head>
<body>
    <video src="fengjing.mp4"
controls="controls">
        您的浏览器不支持video标记!
</video>
```

```
</body>
</html>
```

如果用户的浏览器是 IE 11.0 以前的版本，运行效果如图 6-4 所示，可见 IE 11.0 以前版本的浏览器不支持 video 标记。

如果浏览器支持 video 标记，运行效果如图 6-5 所示，可以看到加载的视频控制条界面。单击播放按钮，即可查看视频的内容，同时用户还可以调整音量的大小。

图 6-4　不支持 video 标记的效果　　　　图 6-5　支持 video 标记的效果

6.3.2　video 标记的属性

video 标记的常见属性和含义如表 6-3 所示。

表 6-3　video 标记的常见属性和含义

属　性	值	描　述
autoplay	autoplay	视频就绪后马上播放
controls	controls	向用户显示控件，比如播放按钮
loop	loop	每当视频结束时重新开始播放
preload	preload	视频在页面加载时进行加载，并预备播放。如果使用 autoplay，则忽略该属性
src	url	要播放的视频的 URL
width	宽度值	设置视频播放器的宽度
height	高度值	设置视频播放器的高度
poster	url	当视频未响应或缓冲不足时，该属性值链接到一个图像。该图像将以一定比例被显示出来

由表 6-3 可知，用户可以自定义视频文件显示的大小。例如，如果想让视频以 320 像素 × 240 像素大小显示，可以加入 width 和 height 属性。具体格式如下：

```
<video width="320" height="240" controls src="movie.mp4"></video>
```

另外，video 标记可以通过 source 属性添加多个视频文件，具体格式如下：

```
<video controls="controls">
<source src="123.ogg" type="video/ogg">
<source src="123.mp4" type="video/mp4">
</video>
```

6.3.3　浏览器对 video 标记的支持情况

目前，不同的浏览器对 video 标记的支持也不同。表 6-4 中列出了应用最为广泛的浏览器对 video 标记的支持情况。

表 6-4　浏览器对 video 标记的支持情况

视频格式 ＼ 浏览器	Firefox 4.0 及更高版本	IE 11.0 及更高版本	Opera 10.6 及更高版本	Chrome 10.0 及更高版本	Safari 3.0 及更高版本
Ogg	支持		支持	支持	
MPEG 4		支持		支持	支持
WebM	支持		支持	支持	

6.4　在网页中添加视频文件

用户可以根据自己的需要在网页中添加不同类型的视频文件，如添加自动播放的视频文件、添加带有控件的视频文件、添加循环播放的视频文件、添加预播放的视频文件等，另外，还可以设置视频文件的高度和宽度。

1. 添加自动播放的视频文件

autoplay 属性规定一旦视频就绪马上开始播放。如果设置了该属性，视频将自动播放。添加自动播放的视频文件的代码如下：

```
<video controls="controls" autoplay="autoplay">
    <source src="movie.mp4">
</video>
```

2. 添加带有控件的视频文件

controls 属性规定浏览器应该为视频提供播放控件。如果设置了该属性，则规定不存在设置的脚本控件。其中浏览器控件应该包括播放、暂停、定位、音量、全屏切换等。

添加带有控件的视频文件的代码如下：

```
<video controls="controls" controls="controls">
    <source src="movie.mp4">
</video>
```

3. 添加循环播放的视频文件

loop 属性规定当视频结束后将重新开始播放。如果设置该属性，则视频将循环播放。

添加循环播放的视频文件的代码如下：

```
<video controls="controls" loop="loop">
    <source src="movie.mp4">
</video>
```

4. 添加预播放的视频文件

preload 属性规定是否在页面加载后载入视频。如果设置了 autoplay 属性，则忽略该属性。preload 属性的可能值有三种，分别说明如下。

● auto：当页面加载后载入整个视频。

● meta：当页面加载后只载入元数据。

● none：当页面加载后不载入视频。

添加预播放的视频文件的代码如下：

```
<video controls="controls" preload="auto">
<source src="movie.mp4">
```

5. 设置视频文件的高度与宽度

使用 width 和 height 属性可以设置视频文件的显示宽度与高度，单位是像素。

> **提示**：规定视频的高度和宽度是一个好习惯。如果设置这些属性，在页面加载时会为视频预留出空间。如果没有设置这些属性，那么浏览器就无法预先确定视频的尺寸，这样就无法为视频保留合适的空间。结果是在页面加载的过程中，其布局也会产生变化。

实例 4：创建一个宽度为 430 像素、高度为 260 像素并自动播放和循环播放视频的文件

```
<!DOCTYPE html>
<html>
<head>
<title>video</title>
<head>
<body>
    <video width="430" height="260"
src="fengjing.mp4" controls="controls"
autoplay="autoplay" loop="loop">
        您的浏览器不支持video标记!
</video>
</body>
</html>
```

运行效果如图 6-6 所示。网页中加载了视频播放控件，视频的显示大小为 430 像素 × 260 像素。视频文件会自动播放，播放完成后会自动循环播放。

图 6-6　指定宽度和高度、自动播放并循环播放视频的效果

> **注意**：通过 height 和 width 属性来缩小视频，用户仍会下载原始的视频（即使在页面上它看起来较小）。普通的方法是在网页上使用该视频前，用软件对视频进行压缩。

6.5　新手常见疑难问题

疑问 1：多媒体元素有哪些常用的方法？

多媒体元素常用方法如下。

（1）play()：播放视频。

（2）pause()：暂停视频。

（3）load()：载入视频。

疑问 2：在 HTML 5 网页中添加所支持格式的视频，不能在浏览器中正常播放，为什么？

目前，HTML 5 的 video 标记对视频的支持，不仅有视频格式的限制，还有对解码器的限制。规定如下。

- Ogg 格式的文件需要 Thedora 视频编码和 Vorbis 音频编码。
- MPEG 4 格式的文件需要 H.264 视频编码和 AAC 音频编码。
- WebM 格式的文件需要 VP8 视频编码和 Vorbis 音频编码。

疑问 3：在 HTML 5 网页中添加 MP4 格式的视频文件，为什么在不同的浏览器中视频控件显示的外观不同？

在 HTML 5 中规定用 controls 属性来控制视频文件的播放、暂停、停止和调节音量的操作。controls 是一个布尔属性，一旦添加了此属性，等于告诉浏览器需要显示播放控件并允许用户进行操作。

因为每一个浏览器都会解释内置视频控件的外观，所以在不同的浏览器中，将会显示不同的视频控件外观。

6.6 实战技能训练营

实战 1：创建一个带有控件、加载网页时自动并循环播放音频的页面

综合使用音频播放时所用的属性，在加载网页时自动播放音频文件，并循环播放。运行结果如图 6-7 所示。

实战 2：编写一个多功能的视频播放效果的页面

综合使用视频播放时所用的方法和多媒体的属性，在播放视频文件时，包括播放、暂停、停止、加速播放、减速播放和正常速度等控件，并显示播放的时间。运行结果如图 6-8 所示。

图 6-7　自动并循环播放音频文件的效果　　　　图 6-8　多功能的视频播放效果

第7章 数据存储Web Storage

本章导读

　　Web Storage 是 HTML 5 引入的一个非常重要的功能，可以在客户端本地存储数据，类似 HTML 4 的 Cookie，但可实现的功能要比 Cookie 强大得多：Cookie 大小被限制在 4KB，Web Storage 官方建议为每个网站 5MB。本章将详细介绍 Web Storage 的使用方法。

知识导图

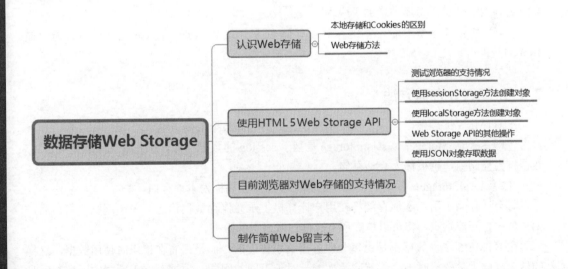

7.1　认识 Web 存储

在 HTML 5 标准之前，Web 存储信息需要 Cookie 来完成，但是 Cookie 不适合大量数据的存储，因为它们由每个对服务器的请求来传递，这使得 Cookie 速度很慢而且效率也不高。为此，在 HTML 5 中，Web 存储 API 为用户如何在计算机或设备上存储用户信息作了数据标准的定义。

7.1.1　本地存储和 Cookies 的区别

本地存储和 Cookies 扮演着类似的角色，但是它们有根本的区别。

（1）本地存储是仅存储在用户的硬盘上，并等待用户读取，而 Cookies 是在服务器上读取。

（2）本地存储仅供客户端使用，如果需要服务器端根据存储数值做出反应，就应该使用 Cookies。

（3）读取本地存储不会影响到网络带宽，但是使用 Cookies 将会发送到服务器，这样会影响到网络带宽，无形中增加了成本。

（4）从存储容量上看，本地存储可存储多达 5MB 的数据，而 Cookies 最多只能存储 4KB 的数据信息。

7.1.2　Web 存储方法

在 HTML 5 标准中，提供了以下两种在客户端存储数据的新方法。

（1）sessionStorage：sessionStorage 是基于 session 的数据存储，在关闭或者离开网站后，数据将会被删除，也被称为会话存储。

（2）localStorage：没有时间限制的数据存储，也被称为本地存储。

与会话存储不用，本地存储将在用户计算机上永久保存数据信息。关闭浏览器窗口后，如果再次打开该站点，将可以检索所有存储在本地上的数据。

在 HTML 5 中，数据不是由每个服务器请求传递的，而是只有在请求时使用数据，这样的话，存储大量数据时不会影响网站性能。对于不同的网站，数据存储于不同的区域，并且一个网站只能访问其自身的数据。

> 提示：HTML 5 使用 JavaScript 来存储和访问数据，为此，建议用户可以多了解一下 JavaScript 的基本知识。

7.2　使用 HTML 5 Web Storage API

使用 HTML 5 Web Storage API 技术，可以实现很好的本地存储。

7.2.1 测试浏览器的支持情况

Web Storage 在各大主流浏览器中都支持，但是为了兼容老的浏览器，还是要检查一下是否可以使用这项技术，主要有两种方法。

1. 通过检查 Storage 对象是否存在

通过检查 Storage 对象是否存在，来检查浏览器是否支持 Web Storage，代码如下：

```
if(typeof(Storage)!=="undefined"){
    //是的！支持 localStorage  sessionStorage 对象！
    //一些代码...
} else {
    //抱歉！不支持 web 存储。
}
```

2. 分别检查各自的对象

分别检查各自的对象。例如，检查 localStorage 是否支持，代码如下：

```
if (typeof(localStorage) == "undefined" ) {
alert("Your browser does not support HTML5 localStorage. Try upgrading.");
} else {
//是的！支持 localStorage  sessionStorage 对象！
//一些代码...
}
```

或者：

```
if("localStorage" in window && window["localStorage"] !== null){
//是的！支持 localStorage  sessionStorage 对象！
//一些代码...
} else {
alert("Your browser does not support HTML5 localStorage. Try upgrading.");
}
```

或者：

```
if (!!localStorage) {
//是的！支持 localStorage  sessionStorage 对象！
//一些代码...
} else {
alert("您的浏览器不支持localStorage  sessionStorage 对象!");
}
```

7.2.2 使用 sessionStorage 方法创建对象

sessionStorage 方法针对一个 session 进行数据存储。用户关闭浏览器窗口后，数据会被自动删除。

创建一个 sessionStorage 方法的基本语法格式如下：

```
<script type="text/javascript">
sessionStorage.name="...";
</script>
```

1. 创建对象

实例 1：使用 sessionStorage 方法创建对象

```
<!DOCTYPE HTML>
<html>
<body>
<script type="text/javascript">
sessionStorage.name="努力过好每一天!
";
    document.write(sessionStorage.
name);
    </script>
```

```
</body>
</html>
```

运行效果如图 7-1 所示，即可看到使用 sessionStorage 方法创建的对象内容显示在网页中。

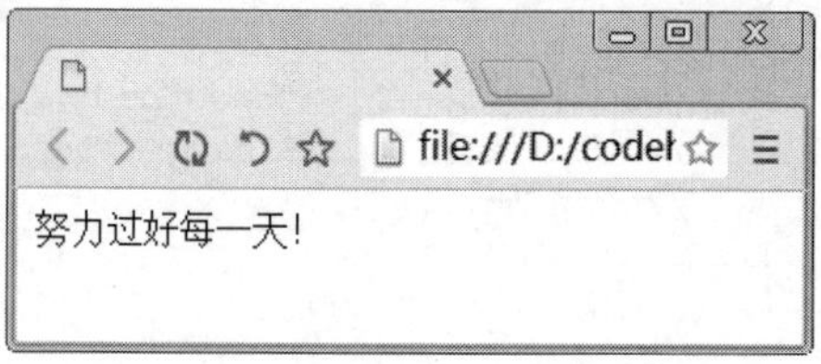

图 7-1　使用 sessionStorage 方法创建对象

2. 制作网站访问记录计数器

下面继续使用 sessionStorage 方法来做一个实例，主要制作记录用户访问网站次数的计数器。

实例 2：制作网站访问记录计数器

```
<!DOCTYPE HTML>
<html>
<body>
<script type="text/javascript">
if (sessionStorage.count)
{
    sessionStorage.count=
Number(sessionStorage.count) +1;
}
else
{
    sessionStorage. count=1;
}
document.write("您访问该网站的次数为:
```

```
" + sessionStorage.count);
    </script>
    </body>
    </html>
```

运行效果如图 7-2 所示。如果用户刷新一次页面，计数器的数值将进行加 1。

图 7-2　使用 sessionStorage 方法创建计数器

> **提示**：如果用户关闭浏览器窗口，再次打开该网页，计数器将重置为 1。

7.2.3　使用 localStorage 方法创建对象

与 seessionStorage 方法不同，localStorage 方法存储的数据没有时间限制。也就是说，网页浏览者关闭网页很长一段时间后，再次打开此网页时，数据依然可用。

创建一个 localStorage 方法的基本语法格式如下。

```
<script type="text/javascript">
localStorage.name="...";
</script>
```

1. 创建对象

实例 3：使用 localStorage 方法创建对象

```
<!DOCTYPE HTML>
<html>
<body>
<script type="text/javascript">
localStorage.name="学习HTML5最新的技
术：Web存储";
document.write(localStorage.name);
</script>
</body>
```

```
</html>
```

运行效果如图 7-3 所示，即可看到使用 localStorage 方法创建的对象内容显示在网页中。

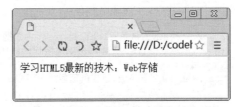

图 7-3　使用 localStorage 方法创建对象

2. 制作网站访问记录计数器

下面使用 localStorage 方法来制作记录用户访问网站次数的计数器。用户可以清楚地看到 localStorage 方法和 sessionStorage 方法的区别。

实例 4：制作网站访问记录计数器

```
<!DOCTYPE HTML>
<html>
<body>
<script type="text/javascript">
if (localStorage.count)
{
        localStorage.count=Number
(localStorage.count) +1;
}
else
{
    localStorage.count=1;
  }
document.write("您访问该网站的次数为：
" + localStorage.count");
```

```
</script>
</body>
</html>
```

运行效果如图 7-4 所示。如果用户刷新一次页面，计数器的数值将进行加 1；如果用户关闭浏览器窗口，再次打开该网页，计数器会继续上一次计数，而不会重置为 1。

图 7-4　使用 localStorage 方法创建计数器

7.2.4　Web Storage API 的其他操作

Web Storage API 的 localStorage 和 sessionStorage 对象除了以上基本应用外，还有以下两个方面的应用。

1. 清空 localStorage 数据

localStorage 的 clear() 函数用于清空同源的本地存储数据，如 localStorage.clear() 将删除所有本地存储的 localStorage 数据。

而 Web Storage 的 sessionStorage 中的 clear() 函数只清空当前会话存储的数据。

2. 遍历 localStorage 数据

遍历 localStorage 数据可以查看 localStorage 对象保存的全部数据信息。在遍历过程中，需要访问 localStorage 对象的另外两个属性 length 与 key。length 表示 localStorage 对象中保存数据的总量；key 表示保存数据时的键名项，该属性常与索引号（index）配合使用，表示

第几条键名对应的数据记录，其中，索引号（index）以 0 值开始，如取第 3 条键名对应的数据，index 值应该为 2。

取出数据并显示数据内容的代码如下：

```
functino showInfo(){
    var array=new Array();
    for(var i=0;i
    //调用key方法获取localStorage中数据对应的键名
    //如这里键名是从test1开始递增到testN,那么localStorage.key(0)对应test1
    var getKey=localStorage.key(i);
    //通过键名获取值,这里的值包括内容和日期
    var getVal=localStorage.getItem(getKey);
    //array[0]就是内容,array[1]是日期
    array=getVal.split(",");
    }
}
```

获取并保存数据的代码如下。

```
var storage = window.localStorage;
for (var i=0, len = storage.length; i  <  len; i++){
    var key = storage.key(i);
    var value = storage.getItem(key);
    console.log(key + "=" + value); }
```

> **注意**：由于 localStorage 不仅仅是存储了这里所添加的信息，可能还存储了其他信息，但是那些信息的键名也是以递增数字形式表示的。这样如果这里也用纯数字，就可能覆盖另外一部分的信息，所以建议键名都用独特的字符区分开，如在每个 ID 前加上 test 以示区别。

7.2.5　使用 JSON 对象存取数据

在 HTML 5 中，可以使用 JSON 对象来存取一组相关的对象。使用 JSON 对象可以收集一组用户输入信息，创建一个 Object 来囊括这些信息，之后用一个 JSON 字符串来表示这个 Object，然后把 JSON 字符串存放在 localStorage 中。当用户检索指定名称时，会自动用该名称去 localStorage 中取得对应的 JSON 字符串，将字符串解析到 Object 对象，然后依次提取对应的信息，并构造 HTML 文本输入显示。

┃ 实例 5：使用 JSON 对象存取数据

下面就用一个简单的案例，来介绍如何使用 JSON 对象存取数据，具体操作方法如下：

01 新建一个网页文件，具体代码如下：

```
<!DOCTYPE html>
<html>
<head>
<meta charset="UTF-8">
```

```
<title>使用JSON对象存取数据</title>
<script type="text/javascript"
src="objectStorage.js"></script>
</head>
<body>
<h3>使用JSON对象存取数据</h3>
<h4>填写待存取信息到表格中</h4>
<table>
<tr><td>用户名:</td><td><input
type="text" id="name"></td></tr>
<tr><td>E-mail:</td><td><input
type="text" id="email"></td></tr>
<tr><td>联系电话:</td><td><input
```

```
type="text" id="phone"></td></tr>
    <tr><td></td><td><input
type="button" value="保存"
onclick="saveStorage();"> </td></tr>
    </table>
    <hr>
    <h4> 检索已经存入localStorage的json对
象,并且展示原始信息</h4>
    <p>
<input type="text" id="find">
<input type="button" value="检索"
onclick="findStorage('msg');">
    </p>
    <!-- 下面代码用于显示被检索到的信息文本
-->
    <p id ="msg"></p>
    </body>
    </html>
```

02 浏览保存的 html 文件,页面显示效果如图 7-5 所示。

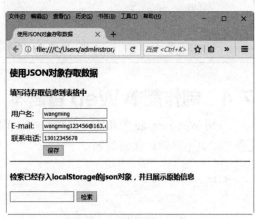

图 7-5 创建存取对象表格

03 案例中用到了 JavaScript 脚本,其中包含两个函数,一个是存数据,一个是取数据,具体的 JavaScript 脚本代码如下:

```
function saveStorage(){
        //创建一个js对象,用于存放当前从表单
获得的数据
        var data = new Object;
//将对象的属性值名依次和用户输入的属性值关联
起来
        data.user=document.
getElementById("user").value;
        data.mail=document.
getElementById("mail").value;
        data.tel=document.
getElementById("tel").value;
        //创建一个json对象,让其对应html文
件中创建的对象的字符串数据形式
        var str = JSON.stringify(data);
```

```
        //将json对象存放到localStorage
上,key为用户输入的NAME,value为这个json字符
串
        localStorage.setItem(data.
user,str);
        console.log("数据已经保存! 被保存
的用户名为: "+data.user);
    }
    //从localStorage中检索用户输入的名称对
应的json字符串,
    //然后把json字符串解析为一组信息,并且打
印到指定位置
    function findStorage(id){
//获得用户的输入,是用户希望检索的名字
        var requiredPersonName =
document.getElementById("find").value;
        //以这个检索的名字来查找
localStorage,得到了json字符串
        var str=localStorage.
getItem(requiredPersonName);
        //解析这个json字符串得到Object对象
        var data= JSON.parse(str);
        //从Object对象中分离出相关属性值,然
后构造要输出的HTML内容
        var result="用户名:"+data.
user+'<br>';
        result+="E-mail:"+data.
mail+'<br>';
        result+="联系电话:"+data.
tel+'<br>';        //取得页面上要输出的容
器
        var target = document.
getElementById(id); //用刚才创建的HTML内容来
填充这个容器
        target.innerHTML = result;
    }
```

04 将 js 文件和 html 文件放在同一目录下,再次打开网页,在表单中依次输入相关内容,单击"保存"按钮,如图 7-6 所示。

图 7-6 输入表格内容

05 在检索文本框中输入已经保存的信息的用户名，单击"检索"按钮，则在页面下方自动显示保存的用户信息，如图 7-7 所示。

图 7-7　检索数据信息

7.3　目前浏览器对 Web 存储的支持情况

不用的浏览器版本对 Web 存储技术的支持情况是不同的，表 7-1 是常见浏览器对 Web 存储的支持情况。

表 7-1　常见浏览器对 Web 存储的支持情况

浏览器名称	支持 Web 存储技术的版本
Internet Explorer	Internet Explorer 8 及更高版本
Firefox	Firefox 3.6 及更高版本
Opera	Opera 10.0 及更高版本
Safari	Safari 4 及更高版本
Chrome	Chrome 5 及更高版本
Android	Android 2.1 及更高版本

7.4　制作简单 Web 留言本

使用 Web Storage 的功能可以制作 Web 留言本，具体制作方法如下。

01 构建页面框架，代码如下：

```
<!DOCTYPE html>
<html>
<head>
<title>本地存储技术之Web留言本</title>
</head>
<body onload="init()">
```

```
    </body>
    </html>
```

02▶ 添加页面文件，主要由表单构成，包括单行文字表单和多行文本表单，代码如下：

```
    <h1>Web留言本</h1>
    <table>
        <tr>
            <td>用户名</td>
            <td><input type="text" name="name" id="name" /></td>
        </tr>
        <tr>
            <td>留言</td>
            <td><textarea name="memo" id="memo" cols ="50" rows = "5"> </
textarea></td>
        </tr>
        <tr>
            <td></td>
            <td>
                <input type="submit" value="提交" onclick="saveData()" />
            </td>
        </tr>
    </table>
    <ht>
    <table id="datatable" border="1"></table>
    <p id="msg"></p>
```

03▶ 为了执行本地数据库的保存及调用功能，需要插入数据库的脚本代码，具体内容如下：

```
<script>
var datatable = null;
var db = openDatabase("MyData","1.0","My Database",2*1024*1024);
function init()
{
    datatable = document.getElementById("datatable");
    showAllData();
}
function removeAllData(){
    for(var i = datatable.childNodes.length-1;i>=0;i--){
        datatable.removeChild(datatable.childNodes[i]);
    }
    var tr = document.createElement('tr');
    var th1 = document.createElement('th');
    var th2 = document.createElement('th');
    var th3 = document.createElement('th');
    th1.innerHTML = "用户名";
    th2.innerHTML = "留言";
    th3.innerHTML = "时间";
    tr.appendChild(th1);
    tr.appendChild(th2);
    tr.appendChild(th3);
    datatable.appendChild(tr);
}
function showAllData()
{
    db.transaction(function(tx){
        tx.executeSql('create table if not exists MsgData(name TEXT,message
                    TEXT,time INTEGER)',[]);
        tx.executeSql('select * from MsgData',[],function(tx,rs){
```

```
                removeAllData();
                for(var i=0;i<rs.rows.length;i++){
                    showData(rs.rows.item(i));
                }
            });
        });
    }
    function showData(row){
        var tr=document.createElement('tr');
        var td1 = document.createElement('td');
        td1.innerHTML = row.name;
        var td2 = document.createElement('td');
        td2.innerHTML = row.message;
        var td3 = document.createElement('td');
        var t = new Date();
        t.setTime(row.time);
        ttd3.innerHTML = t.toLocaleDateString() + " " + t.toLocaleTimeString();
        tr.appendChild(td1);
        tr.appendChild(td2);
        tr.appendChild(td3);
        datatable.appendChild(tr);
    }
    function addData(name,message,time) {
        db.transaction(function(tx){
            tx.executeSql('insert into MsgData values(?,?,?)',[name,message,
                                    time],functionx,rs){
                alert("提交成功。");
            },function(tx,error){
                alert(error.source+"::"+error.message);
            });
        });
    } // End of addData
    function saveData() {
        var name = document.getElementById('name').value;
        var memo = document.getElementById('memo').value;
        var time = new Date().getTime();
        addData(name,memo,time);
        showAllData();
    } // End of saveData
</script>
</head>
<body onload="init()">
    <h1>Web留言本</h1>
    <table>
        <tr>
            <td>用户名</td>
            <td><input type="text" name="name" id="name" /></td>
        </tr>
        <tr>
            <td>留言</td>
                <td><textarea name="memo" id="memo" cols ="50" rows = "5"> </
textarea></td>
        </tr>
        <tr>
            <td></td>
            <td>
                <input type="submit" value="提交" onclick="saveData()" />
            </td>
        </tr>
    </table>
```

```
        <ht>
        <table id="datatable" border="1">
</table>
        <p id="msg"></p>
    </body>
    </html>
```

04 文件保存后，运行效果如图 7-10 所示。

图 7-10　Web 留言本

7.5　新手常见疑难问题

▌疑问 1：不同的浏览器可以读取同一个 Web 中存储的数据吗？

在使用 Web 存储时，不同的浏览器数据将存储在不同的 Web 存储库中。例如，如果用户使用的是 IE 浏览器，那么 Web 存储工作时，所有数据将存储在 IE 的 Web 存储库中；如果用户再次使用火狐浏览器访问该站点，将不能读取 IE 浏览器存储的数据，可见每个浏览器的存储是分开并独立工作的。

▌疑问 2：离线存储站点时是否需要浏览者同意？

和地理定位类似，在网站使用 manifest 文件时，浏览器会提供一个权限提示，提示用户是否将离线设为可用，但是不是每一个浏览器都支持这样的操作。

7.6　实战技能训练营

▌实战：使用 Web Storage 设计一个页面计数器

通过 Web Storage 中的 sessionStorage 和 localStorage 两种方法存储和读取页面的数据并记录页面被打开的次数，运行结果如图 7-11 所示。输入要保存的数据后，单击"session 保存"按钮，然后反复刷新几次页面后，单击"session 读取"按钮，页面就会显示用户输入的内容和刷新页面的次数。

图 7-11　页面计数器

第8章 认识CSS样式表

本章导读

使用 CSS 技术可以对文档进行页面美化。CSS 样式不仅可以对单个页面进行格式化，还可以对多个页面使用相同的样式进行修饰，以达到统一的效果。本章介绍如何使用 CSS 样式表美化网页。

知识导图

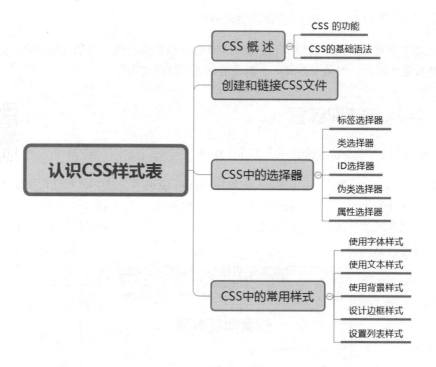

8.1 CSS 概 述

使用 CSS 最大的优势，是在后期维护中，如果一些外观样式需要修改，只需要修改相应的代码即可。

8.1.1 CSS 的功能

随着 Internet 的不断发展，对页面效果的诉求越来越强烈，只依赖 HTML 这种结构化标记来实现样式，已经不能满足网页设计者的需要。其表现有如下几个方面。

（1）维护困难。为了修改某个特殊标记格式，需要花费很多时间，尤其对整个网站而言，后期修改和维护成本较高。

（2）标记不足。HTML 本身的标记十分少，很多标记都是为网页内容服务的，而关于内容样式的标记，例如文字间距、段落缩进，很难在 HTML 中找到。

（3）网页过于臃肿。由于没有统一对各种风格样式进行控制，HTML 页面往往体积过大，占用很多宝贵的宽度。

（4）定位困难。在整体布局页面时，HTML 对于各个模块的位置调整显得捉襟见肘，过多的 table 标记将会导致页面的复杂化和后期维护的困难。

在这种情况下，就需要寻找一种可以将结构化标记与丰富的页面表现相结合的技术。CSS 样式技术就产生了。

CSS（Cascading Style Sheet）称为层叠样式表，也可以称为 CSS 样式表（或样式表），其文件扩展名为 .css。CSS 是用于增强或控制网页样式并允许将样式信息与网页内容分离的一种标记性语言。

引用样式表的目的，是将"网页结构代码"和"网页样式风格代码"分离开，从而使网页设计者可以对网页布局进行更多的控制。利用样式表，可以将整个站点上的所有网页都指向某个 CSS 文件，然后设计者只需要修改 CSS 文件中的某一行，整个网站上对应的样式都会随之发生改变。

8.1.2 CSS 的基础语法

CSS 样式表是由若干条样式规则组成的，这些规则可以应用到不同的元素或文档，来定义它们显示的外观。

每一条样式规则由三部分构成：选择符（selector）、属性（property）和属性值（value），基本格式如下：

```
selector{property: value}
```

（1）selector：选择符可以采用多种形式，可以为文档中的 HTML 标记，例如 <body>、<table>、<p> 等。

（2）property：属性则是选择符指定的标记所包含的属性。

（3）value：指定了属性的值。如果定义选择符的多个属性，则属性和属性值为一组，组与组之间用分号（；）隔开。基本格式如下：

```
selector{property1: value1; property2: value2; ...}
```

例如，下面就给出一条样式规则：

```
p{color: red}
```

该样式规则的选择符是 p，即为段落标记 <p> 提供样式；color 为指定文字颜色属性，red 为属性值。此样式表示标记 <p> 指定的段落文字为红色。

如果要为段落设置多种样式，可以使用如下语句：

```
p{font-family:"隶书"; color:red; font-size:40px; font-weight:bold}
```

8.2 创建和链接 CSS 文件

CSS 文件是纯文本格式文件，在创建 CSS 时，就有了多种选择：可以使用一些简单纯文本编辑工具，例如记事本；同样可以选择专业的 CSS 编辑工具 WebStorm。

使用记事本编写 CSS 文件比较简单。首先需要打开一个记事本，然后在里面输入相应 CSS 代码，保存为 .css 格式的文件即可。

使用 WebStorm 创建 CSS 文件的操作步骤如下。

01 在 WebStorm 主界面中，选择 File → New → Stylesheet 命令，如图 8-1 所示。

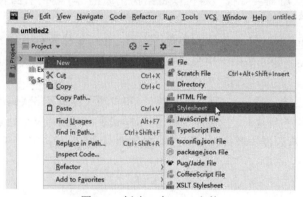

图 8-1　创建一个 CSS 文件

02 打开 New Stylesheet 对话框，输入文件名称为 mytest.css，选择文件类型为 CSS file，如图 8-2 所示。

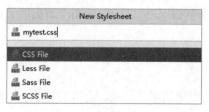

图 8-2　输入文件的名称

03 按 Enter 键即可查看新建的 CSS 文件，接着就可以输入 CSS 文件的内容，如图 8-3 所示。编辑完成后，按 Ctrl+S 快捷键即可保存 CSS 文件。

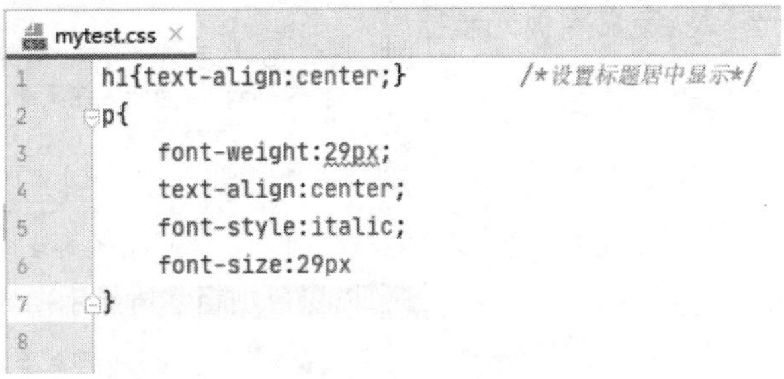

图 8-3　输入 CSS 的内容

如果需要使用 mytest.css，在 HTML 文件中直接进行链接即可。链接语句必须放在页面的 <head> 标记区，如下所示：

```
<link rel="stylesheet" type="text/css" href="mytest.css" />
```

（1）rel：指定链接到样式表，其值为 stylesheet。

（2）type：表示样式表类型为 CSS 样式表。

（3）href：指定了 CSS 样式表所在的位置，此处表示当前路径下名为 mytest.css 的文件。

这里使用的是相对路径。如果 HTML 文档与 CSS 样式表没有在同一路径下，则需要指定样式表的绝对路径或引用位置。

在 HTML 文件中链接 CSS 文件有比较大的优势，它可以将 CSS 代码和 HTML 代码完全分离，并且同一个 CSS 文件能被不同的 HTML 所链接使用。

> 提示：在设计整个网站时，可以将所有页面链接到同一个 CSS 文件，使用相同的样式风格。这样，如果整个网站需要修改样式，只修改 CSS 文件即可。

8.3　CSS 中的选择器

要使用 CSS 对 HTML 页面中的元素实现一对一、一对多或者多对一的控制，需要用到 CSS 选择器。HTML 页面中的元素就是通过 CSS 选择器进行控制的。CSS 中常用的选择器类型包括标记选择器、类选择器、ID 选择器、伪类选择器、属性选择器。

8.3.1　标记选择器

HTML 文档是由多个不同标记组成，而 CSS 选择器就是声明那些标记采用的样式。例如 p 选择器，就是用于声明页面中所有 <p> 标记的样式风格。同样也可以通过 h1 选择器来声明页面中所有 <h1> 标记的 CSS 风格。

标记选择器最基本的形式如下所示：

```
tagName{property:value}
```

主要参数介绍如下。

（1）tagName 表示标记名称，例如 p、h1 等 HTML 标签。

（2）property 表示 CSS 属性。

（3）value 表示 CSS 属性值。

实例1：通过标记选择器定义网页元素显示方式

```
<!DOCTYPE html>
<html>
<head>
<title>标记选择器</title>
<style>
p{
        color:black;            /*设置字
体的颜色为黑色*/
        font-size:20px;         /*设置字
体的大小为20px*/
        font-weight:bolder;    /*设置字体
的粗细*/
    }
</style>
</head>
```

```
<body>
    <p>枯藤老树昏鸦,小桥流水人家,古道西风瘦
马。夕阳西下,断肠人在天涯。</p>
</body>
</html>
```

运行效果如图 8-4 所示，可以看到段落以黑色加粗字体显示，大小为 20px。

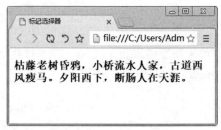

图 8-4　标记选择器显示

> **注意**：CSS 语言对于所有属性和值都有相对的严格要求，如果声明的属性在 CSS 规范中没有，或者某个属性值不符合属性要求，都不能使 CSS 语句生效。

8.3.2　类选择器

在一个页面中，标记选择器会控制该页面中所有此标记的显示样式。如果需要为此类标记中其中一个标记重新设定，此时仅使用标记选择器是不能达到效果的，还需要使用类（class）选择器。

类选择器用来为一系列标记定义相同的呈现方式，常用语法格式如下所示：

```
.classValue {property:value}
```

这里的 classValue 是选择器的名称。

实例2：通过不同的类选择器定义网页元素显示方式

```
<!DOCTYPE html>
<html>
<head>
<title>类选择器</title>
<style>
.aa{
    /*设置字体的颜色为蓝色*/
    color:blue;
    /*设置字体的大小为20px*/
    font-size:20px;
}
.bb{
    /*设置字体的颜色为红色*/
    color:red;
    /*设置字体的大小为22px*/
```

```
    font-size:22px;
}
</style>
</head>
<body>
<h3 class=bb>画鸡</h3>
    <p class="aa">头上红冠不用裁,满身雪白
走将来。</p>
    <p class="bb">平生不敢轻言语,一叫千门
万户开。</p>
</body>
</html>
```

运行效果如图 8-5 所示，可以看到第一个段落以蓝色字体显示，大小为 20px；第二个段落以红色字体显示，大小为 22px；标题同样以红色字体显示，大小为 22px。

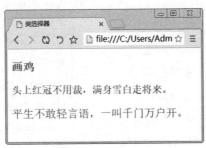

图 8-5 类选择器显示

8.3.3 ID 选择器

ID 选择器和类选择器类似，都是针对特定属性的属性值进行匹配。ID 选择器定义的是某一个特定的 HTML 元素，一个网页文件中只能有一个元素使用某一 ID 的属性值。

定义 ID 选择器的语法格式如下：

```
#idValue{property:value}
```

这里的 idValue 是选择器名称。

例如，下面定义一个 ID 选择器，名称为 fontstyle，代码如下：

```
#fontstyle
{
    color:red;              /*设置字体的颜色为红色*/
    font-weight:bold;       /*设置字体的粗细*/
    font-size:large;        /*设置字体的大小*/
}
```

在页面中，具有 ID 属性的标记才能够使用 ID 选择器定义样式，所以与类选择器相比，使用 ID 选择器是有一定的局限性的。类选择器与 ID 选择器主要有以下两个区别。

（1）类选择器可以给任意数量的标记定义样式，但 ID 选择器在页面的标记中只能使用一次。

（2）ID 选择器比类选择器具有更高的优先级，即当 ID 选择器与类选择器发生冲突时，优先使用 ID 选择器。

实例 3：通过 ID 选择器定义网页元素显示方式

```
<!DOCTYPE html>
<html>
<head>
<title>ID选择器</title>
<style>
#fontstyle{
    color:blue;             /*设置字
体的颜色为蓝色*/
    font-weight:bold;       /*设置字
体的粗细*/
    font-size:22px;         /*设置字
体的大小为22px*/
    }
    #textstyle{
        color:red;              /*设置字
体的颜色为红色*/
        font-weight:bold;       /*设置字
体的粗细*/
        font-size:22px;         /*设置字
体的大小为22px*/
    }
    </style>
    </head>
    <body>
    <h3 id=textstyle>嘲顽石幻相</h3>
    <p  id=textstyle>女娲炼石已荒唐,又向荒
唐演大荒。</p>
```

```
    <p id=fontstyle>失去本来真面目,幻来新
就臭皮囊。</p>
    <p id=textstyle>好知运败金无彩,堪叹时
乖玉不光。</p>
    <p id=font.style>白骨如山忘姓氏,无非公
子与红妆。</p>
    </body>
    </html>
```

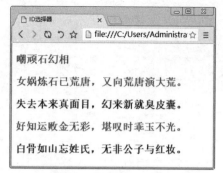

图 8-6　ID 选择器显示

运行效果如图 8-6 所示，可以看到标题、第 1 个和第 3 个段落以红色字体显示，大小为 22px；第 2 个与第 4 个段落以蓝色字体显示，大小为 22px。

从上面代码上可以看出，标题 h3 和第 1 个与 3 个段落都使用了名称 textstyle 的 ID 选择器，并都显示了 CSS 方案，可以看出在很多浏览器下，ID 选择器可以用于多个标记。但这里需要指出的是，将 ID 选择器用于多个标记是错误的，因为每个标记定义的 ID 不只是 CSS 可以调用，JavaScript 等脚本语言同样也可以调用。如果一个 HTML 中有两个相同 ID 标记，那么将会导致 JavaScript 在查找 ID 时出错。

8.3.4　伪类选择器

伪类选择器是 CSS 中已经定义好的选择器，所以用户不能随意命名。主流浏览器都支持的就是超链接的伪类，包括 link、visited、hover 和 active，它表示链接 4 种不同的状态：未访问链接（link）、已访问链接（visited）、鼠标停留在链接上（hover）和激活链接（active）。例如：

```
a:link{color:#FF0000; text-decoration:none}        //未访问链接的样式
a:visited{color:#00FF00; text-decoration:none}      //已访问链接的样式
a:hover{color:#0000FF; text-decoration:underline}   //鼠标停留在链接上的样式
a:active{color:#FF00FF; text-decoration:underline}  //激活链接的样式
```

实例 4：通过伪类选择器定义网页超链接

```
<!DOCTYPE html>
<html>
<head>
    <meta charset="UTF-8">
    <title>伪类</title>
    <style>
            a:link {color: red}
/*未访问时链接的颜色*/
            a:visited {color: green}
/*已访问过链接的颜色*/
            a:hover {color:blue}
/*鼠标移动到链接上的颜色*/
            a:active {color: orange}
/*选定时链接的颜色*/
    </style>
</head>
<body>
```

```
<a href="">链接到本页</a>
<a href="http://www.sohu.com">搜狐</a>
</body>
</html>
```

运行效果如图 8-7 所示，可以看到两个超级链接，第一个超级链接是鼠标停留在上方时显示颜色为蓝色，另一个是访问过后显示颜色为绿色。

图 8-7　伪类选择器显示

8.3.5 属性选择器

直接使用属性控制 HTML 标记样式的选择器，称为属性选择器，属性选择器是根据某个属性是否存在并根据属性值来寻找元素的。从 CSS2 中已经出现了属性选择器，但在 CSS3 版本中，又新加了 3 个属性选择器。也就是说，在 CSS3 中共有 7 个属性选择器，如表 8-1 所示。

表 8-1　CSS3 属性选择器

属性选择器格式	说明
E[foo]	选择匹配 E 的元素，且该元素定义了 foo 属性。注意，E 选择器可以省略，表示选择定义了 foo 属性的任意类型元素
E[foo= "bar "]	选择匹配 E 的元素，且该元素将 foo 属性值定义为 bar。注意，E 选择器可以省略，用法与上一个选择器类似
E[foo~= "bar "]	选择匹配 E 的元素，且该元素定义了 foo 属性，foo 属性值是一个以空格符分隔的列表，其中一个列表的值为 bar。注意，E 选择符可以省略，表示可以匹配任意类型的元素。例如，a[title~= "b1 "] 匹配 <a title= "b1 b2 b3 "></a>，而不匹配 <a title= "b2 b3 b5 "></a>
E[foo|="en"]	选择匹配 E 的元素，且该元素定义了 foo 属性，foo 属性值是一个用连字符（-）分隔的列表，值开头的字符为 en。 注意，E 选择符可以省略，表示可以匹配任意类型的元素。例如，[lang|= "en "] 匹配 <body lang= "en-us "></body>，而不是匹配 <body lang= "f-ag "></body>
E[foo^="bar"]	选择匹配 E 的元素，且该元素定义了 foo 属性，foo 属性值包含了前缀为 bar 的子字符串。注意，E 选择符可以省略，表示可以匹配任意类型的元素。例如，body[lang^= "en "] 匹配 <body lang= "en-us "></body>，而不匹配 <body lang= "f-ag "></body>
E[foo$="bar"]	选择匹配 E 的元素，且该元素定义了 foo 属性，foo 属性值包含后缀为 bar 的子字符串。注意 E 选择符可以省略，表示可以匹配任意类型的元素。例如，img[src$= "jpg "] 匹配 <img src= "p.jpg " />，而不匹配 <img src= "p.gif " />
E[foo*="bar"]	选择匹配 E 的元素，且该元素定义了 foo 属性，foo 属性值包含 bar 的子字符串。注意，E 选择器可以省略，表示可以匹配任意类型的元素。例如，img[src$= "jpg "] 匹配 <img src= "p.jpg " />，而不匹配 <img src= "p.gif " />

实例 5：通过属性选择器定义网页元素显示样式

```
<!DOCTYPE html>
<html>
<head>
    <meta charset="UTF-8">
    <title>属性选择器</title>
    <style>
        [align]{color:red}
            [align="left"]{font-size:20px;font-weight:bolder;}
                [lang^="en"]{color:blue;text-decoration:underline;}
                [src$="jpg"]{border-width:2px;border-color:#ff9900;}
    </style>
</head>
<body>
<p align=center>轻轻地我走了,正如我轻
```

```
轻地来;</p>
    <p align=left>我轻轻地招手,作别西天的
云彩。</p>
    <p lang="en-us">悄悄地我走了,正如我悄
悄地来;</p>
    <p>我挥一挥衣袖,不带走一片云彩。</p>
    <img src="02.jpg" border="0.5"/>
</body>
</html>
```

运行效果如图 8-8 所示，可以看到第 1 个段落使用属性 align 定义样式，其字体颜色为红色。第 2 个段落使用属性值 left 修饰样式，并且大小为 20px，加粗显示，其字体颜色为红色，是因为该段落使用了 align 这个属性。第 3 个段落显示红色，且带有下划线，是因为属性 lang 的值前缀为 en。最后一个图片以边框样式显示，是因为属性值后缀为 gif。

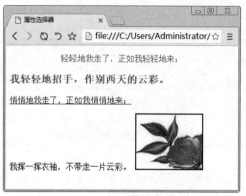

图 8-8　属性选择器显示

8.4　CSS 中的常用样式

下面介绍 CSS 样式中常用的样式属性，包括字体、文本、背景、边框、列表。

8.4.1　使用字体样式

在 HTML 中，CSS 字体属性用于定义文字的字体、大小、粗细的表现等。常用的字体属性包括字体类型、字体大小、字体风格、文字颜色等。

1. 控制字体类型

font-family 属性用于指定文字字体类型，例如宋体、黑体、隶书、Times New Roman 等，即在网页中，展示字体不同的形状。具体的语法格式如下所示：

```
{font-family : name}
```

其中，name 是字体名称，按优先顺序排列，以逗号隔开。如果字体名称包含空格，则应使用引号括起。

▎实例 6：控制字体类型

```
<!DOCTYPE html>
<html>
<style type=text/css>
p{font-family:黑体}
</style>
<body>
<p align=center>天行健,君子应自强不息。</p>
</body>
```

```
</html>
```

运行效果如图 8-9 所示，可以看到文字居中并以黑体显示。

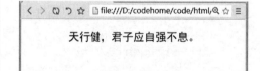

图 8-9　字型显示

2. 定义字体大小

在 CSS 规定中，通常使用 font-size 设置文字大小。其语法格式如下所示：

{font-size ： 数 值 | inherit | xx-small | x-small | small | medium | large | x-large | xx-large | larger | smaller | length}

其中，通过"数值"来定义字体大小，例如用 font-size：10px 的方式定义字体大小为 12

个像素。此外，还可以通过 medium 之类的参数定义字体的大小，其参数含义如表 8-2 所示。

表 8-2   font-size 参数列表

参数	说明
xx-small	绝对字体尺寸。根据对象字体进行调整。最小
x-small	绝对字体尺寸。根据对象字体进行调整。较小
small	绝对字体尺寸。根据对象字体进行调整。小
medium	默认值。绝对字体尺寸。根据对象字体进行调整。正常
large	绝对字体尺寸。根据对象字体进行调整。大
x-large	绝对字体尺寸。根据对象字体进行调整。较大
xx-large	绝对字体尺寸。根据对象字体进行调整。最大
larger	相对字体尺寸。相对于父对象中字体尺寸进行相对增大。使用成比例的 em 单位计算
smaller	相对字体尺寸。相对于父对象中字体尺寸进行相对减小。使用成比例的 em 单位计算
length	百分数或由浮点数字和单位标识符组成的长度值，不可为负值。其百分比取值是基于父对象中字体的尺寸

实例 7：定义字体大小

```
<!DOCTYPE html>
<html>
<body>
<div style="font-size:10pt">霜叶红于
二月花
    <p style="font-size:small">霜叶红
于二月花</p>
    <p style="font-size:larger">霜叶红
于二月花</p>
    <p style="font-size:x-small">霜叶
红于二月花</p>
    <p style="font-size:x-larger">霜叶
红于二月花</p>
    <p style="font-size:50%">霜叶红于
二月花</p>
    <p style="font-size:25pt">霜叶红于
二月花</p>
```

```
</div>
</body>
</html>
```

运行效果如图 8-10 所示，可以看到网页中文字被设置成不同的大小，其设置方式采用了绝对数值、参数和百分比等形式。

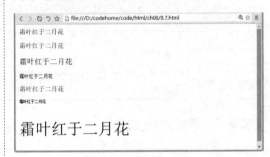

图 8-10   字体大小显示

3. 定义字体风格

font-style 通常用来定义字体风格，即字体的显示样式，语法格式如下所示：

```
font-style : normal | italic | oblique |inherit
```

其属性值有四个，具体含义如表 8-3 所示。

表 8-3   font-style 参数表

属性值	含义
normal	默认值。浏览器显示一个标准的字体样式
italic	浏览器会显示一个斜体的字体样式
oblique	将没有斜体样式的特殊字体，浏览器会显示一个倾斜的字体样式
inherit	规定应该从父元素继承字体样式

实例 8：定义字体风格

```
<!DOCTYPE html>
<html>
<body>
    <p style="font-style:italic">梅花
香自苦寒来</p>
    <p style="font-style:normal">梅花
香自苦寒来</p>
    <p style="font-style:oblique">梅花
香自苦寒来</p>
</body>
```

</html>

运行效果如图 8-11 所示，可以看到文字分别显示不同的样式，例如斜体。

图 8-11　字体风格显示

4. 定义文字的颜色

在 CSS 样式中，通常使用 color 属性来设置颜色，其属性值通常使用下面方式设定，如表 8-4 所示。

表 8-4　color 属性值

属性值	说　　明
color_name	规定颜色值为颜色名称的颜色（例如 red）
hex_number	规定颜色值为十六进制值的颜色（例如 #ff0000）
rgb_number	规定颜色值为 RGB 代码的颜色（例如 rgb(255,0,0)）
inherit	规定应该从父元素继承颜色
hsl_number	规定颜色值为 HSL 代码的颜色（例如 hsl(0,75%,50%)），此为 CSS3 新增加的颜色表现方式
hsla_number	规定颜色只为 HSLA 代码的颜色（例如 hsla(120,50%,50%,1)），此为 CSS3 新增加的颜色表现方式
rgba_number	规定颜色值为 RGBA 代码的颜色（例如 rgba(125,10,45,0.5)），此为 CSS3 新增加的颜色表现方式

实例 9：定义文字的颜色

```
<!DOCTYPE html>
<html>
<head>
<style type="text/css">
body {color:red}
h1 {color:#00ff00}
p.ex {color:rgb(0,0,255)}
p.hs{color:hsl(0,75%,50%)}
p.ha{color:hsla(120,50%,50%,1)}
p.ra{color:rgba(125,10,45,0.5)}
</style>
</head>
<body>
<h1>《青玉案 元夕》</h1>
<p>众里寻他千百度,蓦然回首,那人却在灯火
阑珊处。
</p>
<p class="ex">众里寻他千百度,蓦
```

然回首,那人却在灯火阑珊处。(该段落定义了 class="ex"。该段落中的文本是蓝色的。)</p>
```
    <p class="hs">众里寻他千百度,蓦然回首,
那人却在灯火阑珊处。(此处使用了CSS3中的新增加
的HSL函数,构建颜色。)</p>
    <p class="ha">众里寻他千百度,蓦然回首,
那人却在灯火阑珊处。(此处使用了CSS3中的新增加
的HSLA函数,构建颜色。)</p>
    <p class="ra">众里寻他千百度,蓦然回首,
那人却在灯火阑珊处。(此处使用了CSS3中的新增加
的RGBA函数,构建颜色。)</p>
</body>
</html>
```

运行效果如图 8-12 所示，可以看到文字以不同颜色显示，并采用了不同的颜色取值方式。

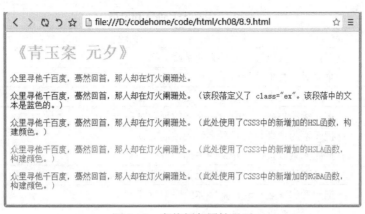

图 8-12　字体颜色属性显示

8.4.2　使用文本样式

在网页中，段落的放置与效果的显示会直接影响页面的布局及风格，CSS 样式表提供了文本属性来实现对页面中段落文本的控制。

1. 设置文本的缩进效果

CSS 中的 text-indent 属性用于设置文本的首行缩进，其默认值为 0；当属性值为负值时，表示首行会被缩进到左边。其语法格式如下所示：

```
text-indent : length
```

其中，length 属性值表示百分比数字或由浮点数字和单位标识符组成的长度值，允许为负值。

▌实例 10：设置文本的缩进效果

```html
<!DOCTYPE html>
<html>
<body>
<p style="text-indent:10mm">
    此处直接定义长度,直接缩进。
</p>
<p style="text-indent:10%">
   此处使用百分比,进行缩进。
</p>
</body>
```

```html
</html>
```

运行效果如图 8-13 所示，可以看到文字以首行缩进方式显示。

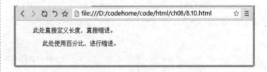

图 8-13　缩进显示窗口

2. 设置垂直对齐方式

vertical-align 属性用于设置内容的垂直对齐方式，其默认值为 baseline，表示与基线对齐。其语法格式如下所示：

```
{vertical-align:属性值}
```

vertical-align 属性值有 9 个预设值可使用，也可以使用百分比。这 9 个预设值和百分比的含义如表 8-5 所示。

表 8-5　vertical-align 属性值

属性值	说明
baseline	默认。元素放置在父元素的基线上
sub	垂直对齐文本的下标
super	垂直对齐文本的上标
top	把元素的顶端与行中最高元素的顶端对齐
text-top	把元素的顶端与父元素字体的顶端对齐
middle	把此元素放置在父元素的中部
bottom	把元素的顶端与行中最低元素的顶端对齐
text-bottom	把元素的底端与父元素字体的底端对齐
length	设置元素的堆叠顺序
%	使用 line-height 属性的百分比值来排列此元素。允许使用负值

▌实例 11：设置垂直对齐方式

```
<!DOCTYPE html>
<html>
<body>
<p>
        世界杯<b style=" font-size:
8pt;vertical-align:super">2014</b>!
        中国队<b style="font-size:
8pt;vertical-align: sub">[注]</b>!
        加油! <img src="1.gif"
style="vertical-align: baseline">
    </p>
    <p><img src="2.gif"
style="vertical-align:middle"/>
        世界杯! 中国队! 加油! <img src="1.
gif" style="vertical-align:top">
    </p>
    <hr/>
    <p ><img src="2.gif" style="vertical-
align:middle"/>
        世界杯! 中国队! 加油! <img src="1.
gif" style="vertical-align:text-top">
    </p>
```

```
    <p><img src="2.gif" style="vertical-
align:middle"/>
        世界杯! 中国队! 加油! <img src="1.
gif" style="vertical-align:bottom">
    </p>
    <hr/>
    <p ><img src="2.gif" style="vertical-
align:middle"/>
        世界杯! 中国队! 加油! <img src="1.gif"
style="vertical-align:text-bottom">
    </p>
    <p>
        世界杯<b style=" font-
size:8pt;vertical-align:100%">2008</b>!
        中国队<b style="font-size:
8pt;vertical-align: -100%">[注]</b>!
        加油! <img src="1.gif"
style="vertical-align: baseline">
    </p>
</body>
</html>
```

运行效果如图 8-14 所示，可以看到文字在垂直方向以不同的对齐方式显示。

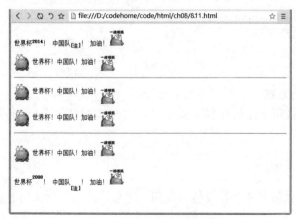

图 8-14　垂直对齐显示

3. 设置水平对齐方式

text-align 属性用于设置内容的水平对齐方式，其默认值为 left（左对齐），其语法格式如下所示：

```
{ text-align: 属性值 }
```

其属性值含义，如表 8-6 所示。

表 8-6　text-align 属性表

属性值	说明
left	文本向行的左边缘对齐。在垂直方向的文本中，文本在 left-to-right 模式下向开始边缘对齐
right	文本向行的右边缘对齐。在垂直方向的文本中，文本在 left-to-right 模式下向结束边缘对齐
center	文本在行内居中对齐
justify	文本根据 text-justify 的属性设置方法分散对齐。即两端对齐，均匀分布

▌实例 12：设置水平对齐方式

```
<!DOCTYPE html>
<html>
<body>
<h1 style="text-align:center">登幽州
台歌</h1>
<h3 style="text-align:left">选自: </
h3>
<h3 style="text-align:right">
  <img src="1.gif" />
  唐诗三百首</h3>
<p style="text-align:justify">
  前不见古人
  后不见来者
    (这是一个测试,这是一个测试,这是一个测
试,)
```

```
</p>
</body>
</html>
```

运行效果如图 8-15 所示，可以看到文字在水平方向上以不同的对齐方式显示。

图 8-15　对齐效果

4. 设置文本的行高

在 CSS 中，line-height 属性用来设置行间距，即行高。其语法格式如下所示：

```
line-height : normal | length
```

其属性值的具体含义，如表 8-7 所示。

表 8-7　行高属性值

属性值	说明
normal	默认行高，即网页文本的标准行高
length	百分比数字或由浮点数字和单位标识符组成的长度值，允许为负值。其百分比取值是基于字体的高度尺寸

实例 13：设置文本的行高

```
<!DOCTYPE html>
<html>
<body>
  <div style="text-indent:10mm;">
    <p style="line-height:50px">
          世界杯(World Cup,FIFA World
Cup),国际足联世界杯,世界足球锦标赛)是世界上
最高水平的足球比赛,与奥运会、F1并称为全球三大
顶级赛事。
    </p>      <p style="line-height:
50%">
          世界杯(World Cup,FIFA World
Cup),国际足联世界杯,世界足球锦标赛)是世界上
最高水平的足球比赛,与奥运会、F1并称为全球三大
```

顶级赛事。
```
    </p>
  </div>
</body>
</html>
```

运行效果如图 8-16 所示，可以看到有段文字重叠在一起，即行高设置较小。

图 8-16　设定文本行高显示

8.4.3　使用背景样式

背景是网页设计时的重要因素之一，一个背景优美的网页，总能吸引不少访问者。使用 CSS 的背景样式可以设置网页背景。

1. 设置背景颜色

background-color 属性用于设定网页背景色，其语法格式为：

```
{background-color : transparent | color}
```

关键字 transparent 是个默认值，表示透明。背景颜色 color 设定方法可以采用英文单词、十六进制、RGB、HSL、HSLA 和 GRBA。

实例 14：设置背景色

```
<!DOCTYPE html>
<html>
<head>
<title>背景色设置</title>
<head>
<body style="background-
color:PaleGreen; color:Blue">
  <p>
        background-color属性设置背景
色,color属性设置字体颜色。
  </p>
```

```
</body>
</html>
```

运行效果如图 8-17 所示，可以看到网页背景色显示浅绿色，而字体颜色为蓝色。

图 8-17　设置背景色

background-color 除可以设置整个网页的背景颜色，还可以指定某个网页元素的背景色，例如设置 h1 标题的背景色，设置段落 p 的背景色。

实例 15：分别设置网页元素的背景色

```
<!DOCTYPE html>
<html>
```

```
<head>
<title>背景色设置</title>
<style>
h1 {
      background-color: red;
```

```
        color: black;
     text-align:center;
}
p{
        background-color:gray;
        color:blue;
        text-indent:2em;
}
</style>
<head>
<body >
    <h1>颜色设置</h1>
    <p>
        background-color属性设置背景
色,color属性设置字体颜色。
    </p>
```

```
</body>
</html>
```

运行效果如图 8-18 所示，可以看到网页中标题区域背景色为红色，段落区域背景色为灰色，并且分别为字体设置了不同的前景色。

图 8-18　设置 HTML 元素背景色

2. 设置背景图片

background-image 属性用于设定标记的背景图片，通常情况下，在标记 <body> 中使用，将图片用于整个主体中。background-image 语法格式如下所示：

```
background-image : none | url (url)
```

其默认属性是无背景图，当需要使用背景图时，可以用 url 进行导入，url 可以使用绝对路径，也可以使用相对路径。

┃ 实例16：设置背景图片

```
<!DOCTYPE html>
<html>
<head>
<title>背景色设置</title>
<style>
body{
        background-image:url(01.jpg)
    }
</style>
```

```
<head>
<body  >
<h1>夕阳无限好,只是近黄昏! </h1>
</body>
</html>
```

运行效果如图 8-19 所示，可以看到网页中显示背景图，如果图片小于整个网页大小时，此时图片为了填充网页背景色，会重复出现并铺满整个网页。

图 8-19　设置背景图片

109

> **提示：** 在设定背景图片时，最好同时也设定背景色，这样当背景图片因某种原因无法正常显示时，可以使用背景色来代替。当然，如果正常显示，背景图片会覆盖背景色的。

在 CSS 中可以通过 background-repeat 属性设置图片的重复方式，包括水平重复、垂直重复和不重复等。各属性值说明如表 8-8 所示。

表 8-8　background-repeat 属性

属性值	描述
repeat	背景图片水平和垂直方向都重复平铺
repeat-x	背景图片水平方向重复平铺
repeat-y	背景图片垂直方向重复平铺
no-repeat	背景图片不重复平铺

background-repeat 属性重复背景图片是从元素的左上角开始平铺，直到水平、垂直或全部页面都被背景图片覆盖。

3. 背景图片位置

使用 background-position 属性可以指定背景图片在页面中所处位置。background-position 的属性值，如表 8-9 所示。

表 8-9　background-position 属性值

属性值	描述
length	设置图片与边距水平和垂直方向的距离长度，后跟长度单位（cm、mm、px 等）
percentage	以页面元素框的宽度或高度的百分比放置图片
top	背景图片顶部居中显示
center	背景图片居中显示
bottom	背景图片底部居中显示
left	背景图片左部居中显示
right	背景图片右部居中显示

> **提示：** 垂直对齐值还可以与水平对齐值一起使用，从而决定图片的垂直位置和水平位置。

┃ 实例 17：使用内嵌样式

```
<!DOCTYPE html>
<html>
<head>
<title>背景位置设定</title>
<style>
body{
        background-image:url(01.jpg);
        background-repeat:no-repeat;
        background-position:top right;
    }
</style>
```

```
<head>
<body  >
</body>
</html>
```

运行效果如图 8-20 所示，可以看到网页中显示背景，其背景是从顶部和右边开始。

图 8-20　设置背景位置

使用垂直对齐值和水平对齐值只能格式化地放置图片，如果在页面中要自由地定义图片的位置，则需要使用确定数值或百分比。此时在上面代码中，将语句：

```
background-position:top right;
```

修改为：

```
background-position:20px 30px
```

其背景从左上角开始，但并不是 (0,0) 位置，而是从 (20,30) 位置开始。

8.4.4　设计边框样式

使用 CSS 中的 border-style、border-width 和 border-color 属性可以设定边框的样式、颜色和宽度。

1. 设置边框样式

border-style 属性用于设定边框的样式，也就是风格，主要用于为页面元素添加边框。其语法格式如下所示：

```
border-style : none | dotted | dashed | solid | double | groove | ridge | inset
| outset
```

CSS 设定了 9 种边框样式，如表 8-10 所示。

表 8-10　边框样式

属性值	描　　述
none	无边框，无论边框宽度设为多大
dotted	点线式边框
dashed	破折线式边框
solid	直线式边框
double	双线式边框

续表

属性值	描　述
groove	槽线式边框
ridge	脊线式边框
inset	内嵌效果的边框
outset	突起效果的边框

实例 18：设置边框样式

```html
<!DOCTYPE html>
<html>
<head>
<title>边框样式</title>
<style>
h1 {
    border-style:dotted;
    color: black;
    text-align:center;
}
p{
    border-style:double;
    text-indent:2em;
}
</style>
<head>
<body >
```

```html
    <h1>带有边框的标题</h1>
    <p>带有边框的段落</p>
</body>
</html>
```

运行效果如图 8-21 所示，可以看到网页中，标题 H1 显示的时候带有边框，其边框样式为点线式边框；同样段落也带有边框，其边框样式为双线式边框。

图 8-21　设置边框

2. 设置边框颜色

border-color 属性用于设定边框颜色。如果不想边框与页面元素的颜色相同，则可以使用该属性为边框定义其他颜色。border-color 的语法格式如下所示：

```
border-color : color
```

color 表示指定颜色，其颜色值通过十六进制和 RGB 等方式获取。

实例 19：设置边框颜色

```html
<!DOCTYPE html>
<html>
<head>
<title>设置边框颜色</title>
<style>
p{
    border-style:double;
    border-color:red;
    text-indent:2em;
}
</style>
<head>
<body >
    <p>边框颜色设置</p>
     <p style="border-style:solid;
border-color:red blue yellow green">
```

```html
        分别定义边框颜色
    </p>
</body>
</html>
```

运行效果如图 8-22 所示，可以看到网页中，第一个段落边框颜色设置为红色，第二个段落边框颜色分别设置为红、蓝、黄和绿。

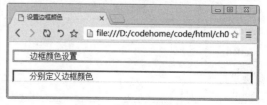

图 8-22　设置边框颜色

3. 设置边框线宽

在 CSS 中，可以通过设定边框宽度来增强边框效果。border-width 属性就是用来设定边框宽度，其语法格式如下所示：

```
border-width : medium | thin | thick | width
```

其中预设有三种属性值：medium、thin 和 thick，另外还可以自行设置宽度（width）。如表 8-11 所示。

表 8-11　border-width 属性

属性值	描述
medium	缺省值，中等宽度
thin	比 medium 细
thick	比 medium 粗
width	自定义宽度

▌实例 20：设置边框线宽

```
<!DOCTYPE html>
<html>
<head>
<title>设置边框宽度</title>
<head>
<body >
    <p style="border-style:dotted;
border-width:medium;">边框宽度设置</p>
        <p style="border-
style:dashed;border-width:thin;">边框宽
度设置</p>
        <p style="border-style:solid;
border-width:12px;">
        分别定义边框宽度</p>
```

```
</body>
</html>
```

运行效果如图 8-23 所示，可以看到网页中，三个段落边框以不同的粗细显示。

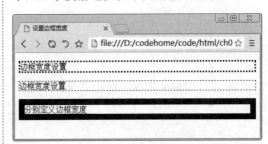

图 8-23　设置边框线宽

4. 设置边框复合属性

border 属性集合了上述所介绍的三种属性，可为页面元素设定边框的宽度、样式和颜色。语法格式如下所示：

```
border : border-width | border-style | border-color
```

▌实例 21：设置边框复合属性

```
<!DOCTYPE html>
<html>
<head>
<title>边框复合属性设置</title>
<head>
<body >
<p style="border:dashed  red 12px">
边框复合属性设置</p>
</body>
</html>
```

运行效果如图 8-24 所示，可以看到网页中，段落边框样式以破折线显示，颜色为红色，宽带为 12 像素。

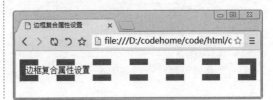

图 8-24　设置边框复合属性

8.4.5　设置列表样式

在网页设计中，项目列表用来罗列一系列相关的文本信息，包括有序、无序和自定义列表等。当引入 CSS 后，就可以使用 CSS 来设置项目列表的样式了。

1. 设置无序列表

无序列表 <ul> 是网页中常见元素之一，使用 <li> 标记罗列各个项目，并且每个项目前面都带有特殊符号，例如黑色实心圆等。在 CSS 中，可以通过 list-style-type 属性来定义无序列表前面的项目符号。对于无序列表，其语法格式如下所示：

```
list-style-type : disc | circle | square | none
```

其中 list-style-type 参数值含义，如表 8-12 所示。

表 8-12　无序列表常用符号

参　　数	说　　明
disc	实心圆
circle	空心圆
square	实心方块
none	不使用任何标号

> **提示：** 可以通过设置不同的参数值，为 list-style-type 设置不同的特殊符号，从而改变无序列表的样式。

实例 22：设置无序列表样式

```html
<!DOCTYPE html>
<html>
<head>
<title>设置无序列表</title>
<style>
* {
    margin:0px;
    padding:0px;
    font-size:12px;
}
p {
    margin:5px 0 0 5px;
    color:#3333FF;
    font-size:14px;
    font-family:"幼圆";
}
div{
    width:300px;
    margin:10px 0 0 10px;
    border:1px #FF0000 dashed;
}
div ul {
    margin-left:40px;
    list-style-type: disc;
}
div li {
    margin:5px 0 5px 0;
    color:blue;
    text-decoration:underline;
}
</style>
</head>
<body>
<div class="big01">
    <p>娱乐焦点</p>
    <ul>
        <li>网络安全攻防实训课程 </li>
        <li>网站前端开发实训课程</li>
        <li>人工智能开发实训课程</li>
        <li>大数据分析实训课程</li>
        <li>PHP网站开发实训课程</li>
    </ul>
</div>
</body>
</html>
```

运行效果如图 8-25 所示，可以看到显示了一个导航栏，导航栏中有不同的导航信息，每条导航信息前面都是使用实心圆作为信息开始。

图 8-25 无序列表样式

2. 设置有序列表

有序列表标记 <ol> 可以创建具有顺序的列表，例如每条信息前面加上 1，2，3，4 等。如果要改变有序列表前面的符号，同样需要利用 list-style-type 属性，只不过属性值不同。

对于有序列表，list-style-type 语法格式如下所示：

```
list-style-type : decimal | lower-roman | upper-roman | lower-alpha | upper-alpha | none
```

其中 list-style-type 参数值含义，如表 8-13 所示。

表 8-13 有序列表常用符号

参　数	说　明
decimal	阿拉伯数字
lower-roman	小写罗马数字
upper-roman	大写罗马数字
lower-alpha	小写英文字母
upper-alpha	大写英文字母
none	不使用项目符号

▍实例 23：设置有序列表样式

```
<!DOCTYPE html>
<html>
<head>
<title>设置有序列表</title>
<style>
* {
   margin:0px;
   padding:0px;
      font-size:12px;
}
p {
   margin:5px 0 0 5px;
   color:#3333FF;
   font-size:14px;
      font-family:"幼圆";
      border-bottom-width:1px;
      border-bottom-style:solid;
```

```
}
div{
   width:300px;
   margin:10px 0 0 10px;
   border:1px #F9B1C9 solid;
}
div ol {
   margin-left:40px;
   list-style-type: decimal;
}
div li {
   margin:5px 0 5px 0;
              color:blue;
}
</style>
</head>
<body>
<div class="big">
  <p>热点课程排行榜</p>
  <ol>
    <li>网络安全攻防实训课程 </li>
```

```
        <li>网站前端开发实训课程</li>
        <li>人工智能开发实训课程</li>
        <li>大数据分析实训课程</li>
        <li>PHP网站开发实训课程</li>
    </ol>
</div>
</body>
</html>
```

运行效果如图 8-26 所示，可以看到显示了一个导航栏，导航信息前面都带有相应的数字，表示其顺序。导航栏具有红色边框，并用一条蓝线将题目和内容分开。

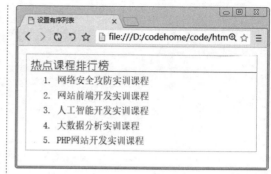

图 8-26　有序列表样式

> **注意**：上面代码中，使用 list-style-type: decimal 语句定义了有序列表前面的符号。严格来说，无论 <ul> 标记还是 <ol> 标记，都可以使用相同的属性值，而且效果完全相同，即二者通过 list-style-type 可以通用。

8.5　新手常见疑难问题

▎疑问 1：CSS 的行内样式、内嵌样式和链接样式可以在一个网页中混用吗？

3 种用法可以混用，且不会造成混乱。这就是它被称为"层叠样式表"的原因，浏览器在显示网页时是这样处理的：先检查有没有行内插入式 CSS，有就执行，针对本句的其他 CSS 就不管它了；其次检查内嵌方式的 CSS，有就执行；在前两者都没有的情况下，再检查外连文件方式的 CSS。因此可看出，三种 CSS 的执行优先级是：行内样式、内嵌样式、链接样式。

▎疑问 2：文字导航和图片导航速度，哪个快？

使用文字作导航栏速度最快。文字导航不仅速度快，而且更稳定。比如，有些用户上网时会关闭图片。在处理文本时，不要在普通文本上添加颜色。除非特别需要，否则不要为普通文字添加下划线。用户需要识别哪些文字能点击，不应让其将本不能点击的文字误认为能够点击。

8.6　实战技能训练营

▎实战 1：设计一个公司的主页

结合前面学习的背景和边框知识，创建一个简单的商业网站，运行结果如图 8-27 所示。

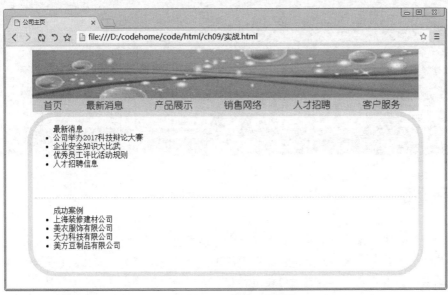

图 8-27　有序列表制作菜单

实战 2：设计一个在线商城的酒类爆款推荐效果

结合所学知识，为在线商城设计酒类爆款推荐效果，运行结果如图 8-28 所示。

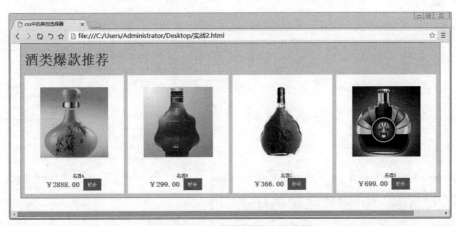

图 8-28　设计酒类爆款推荐效果

第9章 设计图片、链接和菜单的样式

本章导读

在网页设计中，图片具有重要的作用，它能够美化页面，传递更丰富的信息，提升浏览者审美感受。图片是直观、形象的，一张好的图片会给网页带来很高的点击率。链接和菜单是网页的灵魂，各个网页都是通过链接进行相互访问的，链接完成了页面的跳转。通过 CSS 属性定义链接和菜单样式，可以设计出美观大方、具有不同外观和样式的链接，从而提高网页浏览的效果。本章就来介绍使用 CSS 设置图片、链接和菜单样式的方法。

知识导图

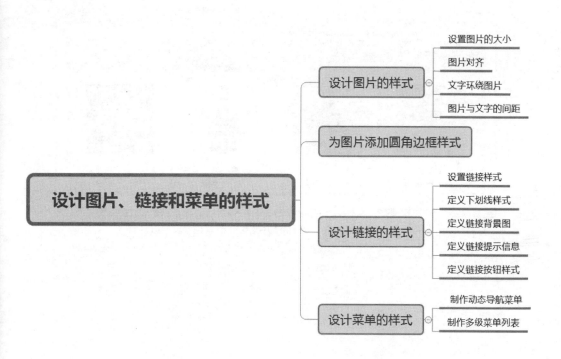

9.1 设计图片的样式

通过 CSS3 统一管理，不但可以更加精确地调整图片的各种属性，还可以实现很多特殊的图片效果。

9.1.1 设置图片的大小

默认情况下，网页中的图片以图片原始大小显示。如果要对网页进行排版，通常情况下，还需要对图片进行大小的重新设定。

> **注意**：如果对图片设置不恰当，会造成图片的变形和失真，所以一定要保持宽度和高度的比例适中。

使用 CSS 设置图片的大小，可以采用以下两种方式完成。

1. 使用 CSS 中的 max-width 和 max-height 缩放图片

max-width 和 max-height 分别用来设置图片宽度最大值和高度最大值。在定义图片大小时，如果图片默认尺寸超过了定义的大小，那么就以 max-width 所定义的宽度值显示，而图片高度将同比例变化；如果定义的是 max-height，以此类推。如果图片的尺寸小于最大宽度或者高度，那么图片就按原尺寸大小显示。max-width 和 max-height 的值一般是数值类型。

举例说明如下：

```
img{
    max-height:180px;
}
```

实例 1：等比例缩放图片

```
<!DOCTYPE html>
<html>
<head>
<title>缩放图片</title>
<style>
img{
    /*设置图片的最大高度*/
    max-height:300px;
}
</style>
</head>
<body>
<img src="01.jpg" >
</body>
</html>
```

运行效果如图 9-1 所示，可以看到网页显示了一张图片，其显示高度是 300 像素，宽度将做同比例缩放。

图 9-1 同比例缩放图片

在本例中，也可以只设置 max-width 来定义图片最大宽度，而让高度自动缩放。

2. 使用 CSS 中的 width 和 height 属性缩放图片

在 CSS3 中，可以使用属性 width 和 height 来设置图片宽度和高度，从而达到对图片的缩放效果。

实例 2：以指定大小缩放图片

```
<!DOCTYPE html>
<html>
<head>
<title>缩放图片</title>
</head>
<body>
<img src="01.jpg" >
<img src="01.jpg" style="width:150p
x;height:100px" >    /*设置图片的宽度与高度
*/
</body>
</html>
```

运行效果如图 9-2 所示，可以看到网页

显示了两张图片，第一张图片以原大小显示，第二张图片以指定大小显示。

图 9-2　CSS 指定图片大小

> **注意**：当仅仅设置了图片的 width 属性，而没有设置 height 属性时，图片本身会自动等纵横比例缩放；如果只设定 height 属性，也是一样的道理。只有同时设定 width 和 height 属性时，才会不等比例缩放图片。

9.1.2　图片对齐

一个图文并茂、排版格式整洁简约的页面，更容易让网页浏览者接受，可见图片的对齐方式非常重要。使用 CSS3 属性可以定义图片的水平对齐方式和垂直对齐方式。

1. 设置图片水平对齐

图片水平对齐与文字的水平对齐方法相同，不同的是图片水平对齐方式包括左对齐、居中对齐、右对齐三种，需要通过设置图片的父元素的 text-align 属性来实现，这是因为 <img> 标记本身没有对齐属性。

实例 3：设计 <P> 标记内的图片水平对齐方式

```
<!DOCTYPE html>
<html>
<head>
<title>图片水平对齐</title>
</head>
<body>
<p style="text-align:left"><img
src="02.jpg" style="max-width:140px;">
图片左对齐</p>
<p style="text-align:center"><img
src="02.jpg" style="max-width:140px;">
```

```
图片居中对齐</p>
<p style="text-align:right"><img
src="02.jpg" style="max-width:140px;">
图片右对齐</p>
</body>
</html>
```

运行效果如图 9-3 所示，可以看到网页上显示三张图片，大小一样，但对齐方式分别是左对齐、居中对齐和右对齐。

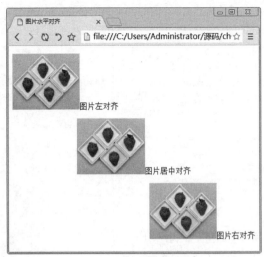

图 9-3　图片水平对齐方式

2. 设置图片垂直对齐

图片的垂直对齐方式主要是在垂直方向上和文字进行搭配。通过对图片垂直方向上的设置，可以设定图片和文字的高度一致。在 CSS3 中，对于图片垂直对齐方式的设置，通常使 vertical-align 属性来定义。其语法格式为：

```
vertical-align : baseline |sub | super |top |text-top |middle |bottom |text-
bottom |length
```

上面参数含义如表 9-1 所示。

表 9-1　参数含义表

参数名称	说　明
baseline	将支持 valign 特性的对象的内容与基线对齐
sub	垂直对齐文本的下标
super	垂直对齐文本的上标
top	将支持 valign 特性的对象的内容与对象顶端对齐
text-top	将支持 valign 特性的对象的文本与对象顶端对齐
middle	将支持 valign 特性的对象的内容与对象中部对齐
bottom	将支持 valign 特性的对象的内容与对象底端对齐
text-bottom	将支持 valign 特性的对象的文本与对象底端对齐
length	由浮点数字和单位标识符组成的长度值或者百分数。可为负数。定义由基线算起的偏移量。基线对于数值来说为 0，对于百分数来说就是 0%

实例 4：比较图片的不同垂直对齐方式显示效果

```
<!DOCTYPE html>
<html>
<head>
```

```
<title>图片垂直对齐</title>
<style>
img{
max-width:100px;
}
</style>
</head>
<body>
```

```
<p>垂直对齐方式:baseline<img src=02.
jpg style="vertical-align:baseline"></
p>
    <p>垂直对齐方式:bottom<img src=02.jpg
style="vertical-align:bottom"></p>
    <p>垂直对齐方式:middle<img src=02.jpg
style="vertical-align:middle"></p>
    <p>垂直对齐方式:sub<img src=02.jpg
style="vertical-align:sub"></p>
    <p>垂直对齐方式:super<img src=02.jpg
style="vertical-align:super"></p>
    <p>垂直对齐方式:数值定义<img src=02.
jpg style="vertical-align:20px"></p>
    </body>
    </html>
```

运行效果如图 9-4 所示，可以看到网页显示 6 张图片，垂直方向上分别是 baseline、bottom、middle、sub、super 和数值对齐。

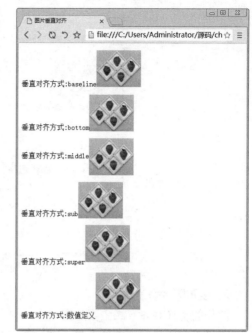

图 9-4　图片垂直对齐

> **提示**：仔细观察图片和文字的不同对齐方式，可以深刻理解各种垂直对齐方式的不同之处。

9.1.3　文字环绕图片

在网页中进行排版时，可以将文字设置成环绕图片的形式，即文字环绕。在 CSS3 中，可以使用 float 属性定义文字环绕图片效果。float 属性主要定义元素在哪个方向浮动，一般情况下这个属性应用于图像，使文本围绕在图像周围。float 属性语法格式如下所示：

```
float : none | left |right
```

其中 none 表示默认值，对象不漂浮；left 表示文本流向对象的右边，right 表示文本流向对象的左边。

▌实例 5：文字环绕图片显示效果

```
<!DOCTYPE html>
<html>
<head>
<title>文字环绕图片</title>
<style>
img{
    max-width:250px;    /*设置图片的最
大宽度*/
    float:left;         /*设置图片浮动
居左显示*/
}
</style>
</head>
```

```
<body>
<p>
美丽的长寿花。
<img src="03.jpg">
长寿花是一种多肉植物，花色很多，开花时，花团锦簇，非常具有观赏价值。长寿花寓意"大吉大利、长命百岁"，非常适合家庭养殖并赠送亲朋好友。种植长寿花很简单，但是养护却需要下一定的功夫。
长寿花不喜欢高温和低温，最适宜的温度是15~25度，高于30度时进入半休眠期，低于5度时停止生长。0度以下容易冻死，因此，长寿花要顺利地越冬，一定要注意保暖，尤其不能经霜打，否则很容易被冻死。
长寿花非常喜欢阳光，每天的光照应该不低于三个小时，长寿花才能够生长健壮，有时候在室内也能
```

生长,但是长寿花会变得茎细、叶薄,开花少,颜色比较淡,如果长期不接受阳光的照射,还有可能会不开花。因此,家庭养殖长寿花时应给予充足的光照,夏季可以适当地遮阴。

```
        </p>
        </body>
        </html>
```

运行效果如图 9-5 所示,可以看到图片被文字所环绕,并在文字的左方显示。如果将 float 属性的值设置为 right,其图片会在文字右方显示并环绕,如图 9-6 所示。

图 9-5 图片在文字左侧环绕效果

图 9-6 图片在文字右侧环绕效果

9.1.4 图片与文字的间距

如果需要设置图片和文字之间的距离,即图片与文字之间存在一定间距,不是紧紧环绕,可以使用 CSS3 中的 padding 属性来设置。其语法格式如下所示:

```
padding :padding-top | padding-right | padding-bottom | padding-left
```

其参数值 padding-top 用来设置距离顶部的内边距;padding-right 用来设置距离右侧的内边距;padding-bottom 用来设置距离底部的内边距;padding-left 用来设置距离左侧的内边距。

实例 6:图片与文字的间距设置

```
<!DOCTYPE html>
<html>
<head>
<title>图片与文字的间距设置</title>
<style>
img{
    max-width:250px;              /*
设置图片的最大宽度*/
    float:left;                   /*
设置图片的居中方式*/
    padding-top:10px;             /*
设置图片距离顶部的内边距*/
    padding-right:50px;           /*
设置图片距离右侧的内边距*/
    padding-bottom:10px;          /*
设置图片距离底部的内边距*/
    }
```

```
</style>
</head>
<body>
<p>
美丽的长寿花。
<img src="03.jpg">
长寿花是一种多肉植物,花色很多,开花时,花团锦簇,非常具有观赏价值。长寿花寓意"大吉大利、长命百岁",非常适合家庭养殖并赠送亲朋好友。种植长寿花很简单,但是养护却需要下一定的功夫。
长寿花不喜欢高温和低温,最适宜的温度是15~25度,高于30度时进入半休眠期,低于5度时停止生长。0度以下容易冻死,因此,长寿花要顺利地越冬,一定要注意保暖,尤其不能经霜打,否则很容易被冻死。
长寿花非常喜欢阳光,每天的光照应该不低于三个小时,长寿花才能够生长健壮,有时候在室内也能生长,但是长寿花会变得茎细、叶薄,开花少,颜色比较淡,如果长期不接受阳光的照射,还有可能会不开花。因此,家庭养殖长寿花时应给予充足的光照,夏
```

123

季可以适当地遮阴。

```
</p>
</body>
</html>
```

运行效果如图 9-7 所示，可以看到图片被文字所环绕，并且文字和图片右边间距为 50 像素，上下各为 10 像素。

图 9-7　设置图片和文字边距

9.2　为图片添加圆角边框样式

在制定 CSS3 标准之前，如果想要实现圆角效果，需要花费很大的精力。在 CSS3 标准推出之后，网页设计者可以使用 border-radius 轻松实现圆角效果。

在 CSS3 中，可以使用 border-radius 属性定义边框的圆角效果，从而大大降低了圆角开发成本。border-radius 的语法格式如下所示：

```
border-radius: none | <length>{1,4} [ / <length>{1,4} ]?
```

其中，none 为默认值，表示元素没有圆角。<length> 表示由浮点数字和单位标识符组成的长度值，不可为负值。border-radius 属性可以包含两个参数值：第一个参数表示圆角的水平半径，第二个参数表示圆角的垂直半径，两个参数通过斜线（"/"）隔开。如果仅含一个参数值，则第二个值与第一个值相同。如果参数值中包含 0，则这个值就是矩形，不会显示为圆角。

通过外半径和边框宽度的不同设置，可以绘制出不同形状的内边框，例如绘制内直角、小内圆角、大内圆角和圆。

实例 7：为网页图片指定不同种类的圆角边框效果

```
<!DOCTYPE html>
<html>
<head>
<title>不同种类的圆角边框效果</title>
<style>
```

```
.pic1{
    border:70px solid blue;
    height:100px;
    border-radius:40px;
  }
.pic2{
    border:10px solid blue;
    height:100px;
    border-radius:40px;
  }
```

```
    .pic3{
        border:10px solid blue;
        height:100px;
        border-radius:60px;
    }
    .pic4{
        border:5px solid blue;
        height:200px;
        width:200px;
        border-radius:50px;
    }
</style>
</head>
<body>
<img src="images/09.jpg"
class="pic1"/><br />
<img src="images/10.jpg"
class="pic2"/><br />
<img src="images/11.jpg"
class="pic3"/><br />
<img src="images/12.jpg"
class="pic4"/>
</body>
```

```
</html>
```

运行效果如图9-8所示，可以看到网页中，第一个边框内角为直角，第二个边框内角为小圆角，第三个边框内角为大圆角，第四个边框为圆。

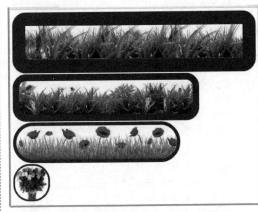

图 9-8　绘制不同种类的圆角边框效果

9.3　设计链接的样式

一般情况下，网页中的链接由 <a></a> 标记组成，链接可以是文字或图片。添加了链接的文字具有自己的样式，可以与其他文字区别，其默认链接样式为蓝色文字，有下划线。不过，通过 CSS3 属性，可以修饰链接样式，以达到美化的目的。

9.3.1　设置链接样式

使用类型选择器 a 可以很容易设置链接的样式，CSS3 为 a 元素提供了 4 个状态伪类选择器来定义链接样式，如表 9-2 所示。

表 9-2　状态伪类选择器

名　称	说　明
a: link	链接默认的样式
a: visited	链接已被访问过的样式
a: hover	鼠标在链接上的样式
a: active	点击链接时的样式

> **提示**：如果要定义未被访问超级链接的样式，可以通过 a:link 来实现；如果要设置被访问过的链接样式，可以通过定义 a:visited 来实现；如果要定义悬浮和激活时的样式，可以通过 hover 和 active 来实现。

伪类只是提供一种途径来修饰链接，而对链接真正起作用的还是文本、背景和边框等属性。

▍实例 8：创建具有图片链接样式的网页

在网上购物，购买者首先查看物品图片，如果满意，则单击图片进入详细信息介绍页面，在这些页面中通常是以图片作为链接对象的。下面就创建一个具有图片链接样式的网页。

01 创建一个 HTML 5 页面，包括图片和介绍信息。其代码如下所示：

```
<!DOCTYPE html>
<html>
<head>
<title>图片链接样式</title>
</head>
<body>
<p>
<a href="#" title="单击图片,会进入更详
细页面介绍"><img src=images/m1.jpg></a>
雪莲是一种珍贵的中药,在中国的新疆、西藏、
青海、四川、云南等地都有出产。中医将雪莲花全草
入药,主治雪盲、牙痛等病症。此外,中国民间还有
用雪莲花泡酒来治疗风湿性关节炎的方法,不过,由
于雪莲花中含有有毒成分秋水仙碱,所以用雪莲花泡
的酒切不可多服。
</p>
</body>
</html>
```

02 添加 CSS 代码，修饰图片和段落，具体代码如下：

```
<style>
img{
    width:200px;
```

```
                        /*设置图片的宽度*/
        height:180px;
                        /*设置图片的高度*/
        border:1px solid #ffdd00;
/*设置图片的边框和颜色*/
        float:left;
                        /*设置图片的环绕方式为
文字在图片右边*/
    }
    p{
        font-size:20px;
/*设置文字的大小*/
        font-family:"黑体";
/*设置字体为黑体*/
        text-indent:2em;
/*设置文本首行缩进*/
    }
    </style>
```

03 运行效果如图 9-9 所示，将鼠标指针放置在图片上，可以看到鼠标指针变成了手形状，这就说明图片链接添加完成。

图 9-9　图片链接样式

9.3.2　定义下划线样式

定义下划线样式的方法很多。常用的有三种，分别是：使用 text-decoration 属性、使用 border 属性、使用 background 属性。

例如在下面的代码中取消了默认的 text-decoration：underline 下划线，使用 border-bottom：1px dotted #000 底部边框点线来模拟下划线样式。当鼠标指针停留在链接上或激活链接时，这条线变成实线，从而为用户提供更强的视觉反馈。代码如下：

```
a:link,a:visited{
    text-decoration:none;
    border-bottom:1px dotted #000;
}
a:hover,a:active{
    border-bottom-style:solid;
}
```

实例 9：定义网页链接下划线的样式

```html
<!DOCTYPE html>
<html>
<head>
<title>定义下划线样式</title>
<style type="text/css">
body {
    font-size:23px;
}
a {
    text-decoration:none;
    color:#666;
}
a:hover {
    color:#f00;
    font-weight:bold;
}

.underline1 a {
    text-decoration:none;
}
.underline1 a:hover {
    text-decoration:underline;
}

.underline2 a {
    /* 红色虚下划线效果 */
    border-bottom:dashed 1px red;
    /* 解决IE浏览器无法显示问题 */
    zoom:1;
}
.underline2 a:hover {
    /* 改变虚下划线的颜色 */
    border-bottom:solid 1px #000;
}
</style>
</head>
<body>
<h2>设计下划线样式</h2>
<ol>
    <li class="underline1">
        <p>使用text-decoration属性定
```

```html
义下划线样式</p>
        <ul>
            <li><a href="#">首页</a></li>
            <li><a href="#">论坛</a></li>
            <li><a href="#">博客</a></li>
        </ul>
    </li>
    <li class="underline2">
        <p>使用border属性定义下划线样
式</p>
        <ul>
            <li><a href="#">首页</a></li>
            <li><a href="#">论坛</a></li>
            <li><a href="#">博客</a></li>
        </ul>
    </li>
</ol>
</body>
</html>
```

运行效果如图 9-10 所示，将鼠标指针放置在链接文本上，可以看到其下划线的样式。

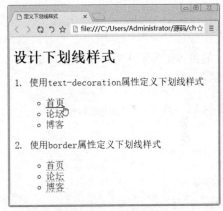

图 9-10　定义下划线样式

9.3.3　定义链接背景图

一个普通超级链接，要么是文本显示，要么是图片显示，显示样式很单一。此时可以将图片作为背景图添加到链接里，这样链接会更加精美。使用 background-image 属性可以为超级链接添加背景图片。

实例 10：定义网页链接背景图

```html
<!DOCTYPE html>
<html>
```

```html
<head>
<title>设置链接的背景图</title>
<style>
body{
    font-size:20px;
```

```
}
a{
    /* 添加链接的背景图*/
    background-image:url(images/
m2.jpg);
    width:90px;
    height:30px;
    color:#005799;
    text-decoration:none;
}
a:hover{
    /* 添加链接的背景图*/
    background-image:url(images/
m3.jpg);
    color:#006600;
    text-decoration:underline;
}
</style>
</head>
<body>
<a href="#">品牌特卖</a>
```

```
<a href="#">服饰精选</a>
<a href="#">食品保健</a>
</body>
</html>
```

运行效果如图 9-11 所示，可以看到显示了 3 个链接，当鼠标指针停留在一个超级链接上时，其背景图就会显示为绿色并带有下划线；当鼠标指针不在超级链接上时，背景图显示为黄色，并且不带下划线。

图 9-11　设置链接背景图

> **提示**：在上面的代码中，使用 background-image 引入背景图，使用 text-decoration 设置超级链接是否带有下划线。

9.3.4　定义链接提示信息

在网页中，有时一个链接并不能说明这个链接背后的含义，通常还要为这个链接加上一些介绍性信息，即提示信息。此时可以通过链接 a 提供的描述标记 title 实现这个效果。title 属性的值就是提示内容，当鼠标指针停留在链接上时，就会出现提示内容，并且不会影响页面排版的整洁。

实例 11：定义网页链接提示内容

```
<!DOCTYPE html>
<html>
<head>
<title>链接提示内容</title>
<style>
a{
    color:#005799;
    text-decoration:none;
}
a:link{
    color:#545454;
    text-decoration:none;
}
a:hover{
    color:#f60;
    text-decoration:underline;
}
a:active{
    color:#FF6633;
    text-decoration:none;
}
```

```
</style>
</head>
<body>
<a href="" title="这是一个优秀的团队">
了解我们</a>
</body>
</html>
```

运行效果如图 9-12 所示，可以看到当鼠标指针停留在超级链接上方时，链接的显示颜色为黄色，带有下划线，并且有一个提示信息"这是一个优秀的团队"。

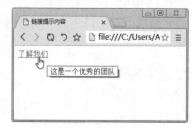

图 9-12　设置链接提示信息

9.3.5 定义链接按钮样式

有时为了增强链接效果，会将链接模拟成按钮，即当鼠标指针移到一个链接上时，链接的文本或图片就会像被按下一样，有一种凹陷的效果。其实现方式通常是利用 CSS3 中的 a:hover 伪类，当鼠标指针经过链接时，将链接向下、向右各移一个像素，这时显示效果就像按钮被按下一样。

实例 12：定义网页链接为按钮效果

```
<!DOCTYPE html>
<html>
<head>
<title>设置链接的按钮效果</title>
<style>
a{
    font-family:"幼圆";
    font-size:2em;
    text-align:center;
    margin:3px;
}
a:link,a:visited{
    color:#ac2300;
    padding:4px 10px 4px 10px;
    background-color:#CCFFFF;
    text-decoration:none;
    border-top:1px solid #EEEEEE;
    border-left:1px solid #EEEEEE;
        border-bottom:1px solid
#717171;
    border-right:1px solid #717171;
}
a:hover{
```

```
    color:#821818;
    padding:5px 8px 3px 12px;
    background-color:#FFFF99;
    border-top:1px solid #717171;
    border-left:1px solid #717171;
        border-bottom:1px solid
#EEEEEE;
    border-right:1px solid #EEEEEE;
}
</style>
</head>
<body>
<a href="#">首页</a>
<a href="#">团购</a>
<a href="#">品牌特卖</a>
<a href="#">服饰精选</a>
<a href="#">食品保健</a>
</body>
</html>
```

运行效果如图 9-13 所示，可以看到显示了五个链接，当鼠标指针停留在一个链接上时，其背景色显示黄色并具有凹陷的感觉，而当鼠标不在链接上时，背景显示浅蓝色。

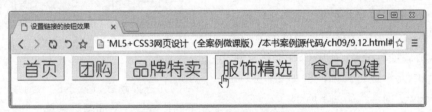

图 9-13　设置链接为按钮效果

> **提示：** 上面 CSS 代码中，需要对 a 标签进行整体控制，同时加入了 CSS3 的 2 个伪类属性。对于普通链接和单击过的链接采用同样的样式，并且边框的样式要模拟按钮效果。而对于鼠标指针经过时的链接，相应地改变文本颜色、背景色、位置和边框，从而模拟按下的效果。

9.4　设计菜单的样式

使用 CSS3 可以用于设置不同显示效果的菜单样式。

9.4.1 制作动态导航菜单

在使用 CSS3 制作导航菜单之前，需要将 list-style-type 的属性值设置为 none，即去掉列表前的项目符号。下面制作一个动态导航菜单。

实例 13：制作网页动态导航菜单

下面一步步来分析动态导航菜单是如何设计的。

01 创建 HTML 文档，添加一个无序列表，列表中的选项表示各个菜单。具体代码如下：

```
<!DOCTYPE html>
<html>
<head>
<title>动态导航菜单</title>
</head>
<body>
<div>
<ul>
  <li><a href="#">网站首页</a></li>
  <li><a href="#">产品大全</a></li>
  <li><a href="#">下载专区</a></li>
  <li><a href="#">购买服务</a></li>
  <li><a href="#">服务类型</a></li>
</ul>
</div>
</body>
</html>
```

02 上面代码中，创建一个 div 层，在层中放置了一个 ul 无序列表，列表中各个选项就是将来所使用的菜单。运行效果如图 9-14 所示，可以看到显示了一个无序列表，每个选项带有一个实心圆项目符号。利用 CSS 相关属性，对 HTML 中元素进行修饰，例如 div 层、ul 列表和 body 页面。代码如下所示：

```
<style>
<!--
body{
   background-color:#84BAE8;
}
div {
   width:200px;
   font-family:"黑体";
}
div ul {
   /*将项目符号设置为不显示*/
   list-style-type:none;
   margin:0px;
   padding:0px;
}
```

```
-->
</style>
```

03 运行效果如图 9-15 所示，可以看到项目列表变成一个普通的超级链接列表，无项目符号并带有下划线。

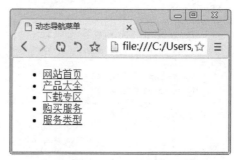

图 9-14　显示项目列表

图 9-15　链接列表

04 使用 CSS3 对列表中的各个选项进行修饰，例如去掉超级链接下的下划线，并增加 li 下的边框线，从而增强菜单的实际效果：

```
div li {
   border-bottom:1px solid #ED9F9F;
}
div li a{
   display:block;
   padding:5px 5px 5px 0.5em;
   text-decoration:none;
/*设置文本不带有下划线*/
   border-left:12px solid #6EC61C;
/*设置左边框样式*/
   border-right:1px solid #6EC61C;
/*设置右边框样式*/
}
```

05 运行效果如图 9-16 所示，可以看到每个选项中，超级链接的左方显示了蓝色条，右方显示了蓝色线。每个链接下方显示了一个黄色边框。使用 CSS3 设置动态菜单效果，即当鼠标悬浮在导航菜单上，显示另外一种样式，具体的代码如下：

```css
div li a:link, div li a:visited{
    background-color:#F0F0F0;
    color:#461737;
}
div li a:hover{
    background-color:#7C7C7C;
    color:#ffff00;
}
```

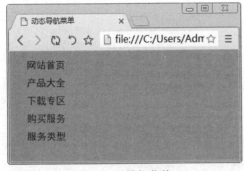

图 9-16 导航菜单

06 上面代码设置了鼠标链接样式、访问后样式和悬浮时的样式。运行效果如图 9-17 所示，可以看到鼠标悬浮在菜单上时，会显示为灰色。

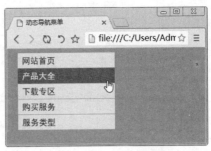

图 9-17 动态导航菜单

07 在实际网页设计中，根据题材或业务需求不同，垂直导航菜单有时不能满足要求，这时就需要导航菜单水平显示。例如常见的百度首页，其导航菜单就是水平显示。通过 CSS3 属性，不但可以创建垂直导航菜单，还可以创建水平导航菜单。上面的例子可以继续优化，利用 CSS 的属性 float 将菜单列表设置为水平显示，代码如下所示：

```css
div li {
    border-bottom:1px solid #ED9F9F;
    float:left;
    width:150px;
}
```

08 当 float 属性值为 left 时，导航栏为水平显示。最终运行结果如图 9-18 所示。

图 9-18 水平菜单显示

9.4.2 制作多级菜单列表

多级下拉菜单在企业网站中应用比较广泛，其优点是在导航结构繁多的网站中使用方便，可节省版面。下面就来制作一个简单的多级菜单列表。

实例 14：制作多级菜单列表

01 创建 HTML 5 网页，搭建网页基本结构，代码如下：

```html
<!DOCTYPE html>
<html>
<head>
<title>多级菜单</title>
```

```html
</head>
<body>
<div class="menu">
    <ul>
        <li><a href="#">女装</a>
            <ul>
                <li><a href="#">半身
裙</a></li>
                <li><a href="#">连衣
裙</a></li>
```

```
                    <li><a href="#">沙滩
裙</a></li>
                </ul>
            </li>
            <li><a href="#">男装</a>
                <ul>
                    <li><a href="#">商务
装</a></li>
                    <li><a href="#">休闲
装</a></li>
                    <li><a href="#">运动
装</a></li>
                </ul>
            </li>
            <li><a href="#">童装</a>
                <ul>
                    <li><a href="#">女童
装</a></li>
                    <li><a href="#">男童
装</a></li>
                </ul>
            </li>
            <li><a href="#">童鞋</a>
                <ul>
                    <li><a href="#">女童
鞋</a></li>
                    <li><a href="#">男童
鞋</a></li>
                    <li><a href="#">运动
鞋</a></li>
                </ul>
            </li>
        </ul>
        <div class="clear"> </div>
    </div>
    </body>
    </html>
```

02 定义网页的 menu 容器样式，并定义一级菜单中的列表样式。代码如下：

```
<style type="text/css">
.menu {
    font-family: arial, sans-serif;
/*设置字体类型*/
    width:440px;
    margin:0;
}
.menu ul {
    padding:0;
    margin:0;
    list-style-type: none;       /*
不显示项目符号*/
}
.menu ul li {
    float:left;                  /*
列表横向显示*/
    position:relative;
}
</style>
```

03 以上代码定义了一级菜单的样式，其中 <li> 标记通过 "float:left;" 语句使原本竖向显示的列表项横向显示，并用 "position: relative" 语句设置相对定位，定位包含框，这样包含的二级列表结构可以以当前列表项目作为参照进行定位。设置一级菜单中的 <a> 标记的样式和 <a> 标记在已访问过时和鼠标悬停时的样式。代码如下：

```
.menu ul li a, .menu ul li a:visited
{
    display:block;
    text-align:center;
    text-decoration:none;
    width:104px;
    height:30px;
    color:#000;
    border:1px solid #fff;
    border-width:1px 1px 0 0;
    background:#5678ee;
    line-height:30px;
    font-size:14px;
}
.menu ul li:hover a {
    color:#fff;
}
```

04 在以上代码中，首先定义 a 为块级元素，"border:1px solid #fff;" 语句虽然定义了菜单项的边框样式，但由于 "border-width:1px 1px 0;" 语句的作用，所以在这里只显示上边框和右边框，下边框和左边框由于宽度为 0，所以不显示任何效果。程序运行效果如图 9-19 所示。设置二级菜单样式，代码如下：

```
.menu ul li ul {
    display: none;
}
.menu ul li:hover ul {
    display:block;
    position:absolute;
    top:31px;
    left:0;
    width:105px;
}
```

05 在浏览器中预览效果如图 9-20 所示。在以上代码中，首先定义了二级菜单的 <ul> 标记样式，语句 "display: none;" 的作用是将其所有内容隐藏，并且使其不再占用文档中的空间；然后定义一级菜单中 <li> 标记的伪类，当鼠标经过一级菜单时，二级菜单开始显示。设置二级菜单的链接样式和鼠标悬停时的效果，代码如下：

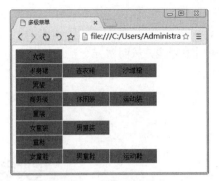

图 9-19　修饰二级菜单

图 9-20　修改二级菜单鼠标经过效果

```
.menu ul li:hover ul li a {
    display:block;
    background:#ff4321;
    color:#000;
}
.menu ul li:hover ul li a:hover {
    background:#dfc184;
    color:#000;
}
```

06 在浏览器中预览效果如图 9-21 所示。在以上代码中，设置了二级菜单的背景色、字体颜色，以及鼠标悬停时的背景色、字体颜色。至此，就完成了多级菜单的制作。

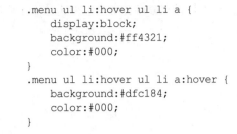

图 9-21　修改链接样式与鼠标经过效果

9.5　新手常见疑难问题

▌疑问 1：在进行图文排版时，哪些是必须做的？

在进行图文排版时，通常有以下 5 个方面需要网页设计者考虑。

（1）首行缩进：段落的开头应该空两格，HTML 中空格键不起作用。当然，可以用"nbsp;"来代替一个空格，但这不是理想的方式，可以用 CSS3 设置首行缩进，其大小为 2em。

（2）图文混排：在 CSS3 中，可以用 float 属性定义元素向哪个方向浮动。这个属性经常应用于图像，使文本围绕在图像周围。

（3）设置背景色：设置网页背景，增强效果。此内容会在后面介绍。

（4）文字居中：可以用 CSS3 的 text-align 属性设置文字居中。

（5）显示边框：可使用 border 属性为图片添加一个边框。

▌疑问 2：设置文字环绕时，float 元素为什么失去作用？

很多浏览器在显示未指定 width 的 float 元素时会有错误。所以不管 float 元素的内容如何，一定要为其指定 width 属性。

▌疑问 3：如何设置链接的下划线根据需要自动隐藏或显示？

很多设计师不喜欢链接的下划线，因为下划线让页面看上去比较乱。如果想去掉链接的下划线，可以让链接文字显示为粗体，这样链接文本看起来会很醒目。代码如下：

```
a:link,a:visited{
    text-decoration:none;
    font-weight:bold;
}
```

当鼠标停留在链接上或激活链接时，可以重新应用下划线，从而增强交互性，代码如下：

```
a:hover,a:active{
    text-decoration:underline;
}
```

9.6　实战技能训练营

┃实战 1：设计一个图文混排网页

在一个网页中，出现最多的就是文字和图片，二者放在一起，图文并茂，能够生动地表达新闻主题。设计一个图文混排网页，运行结果如图 9-22 所示。

图 9-22　图文混排网页

┃实战 2：设计一个房产宣传页面

结合前面学习的边框样式知识，创建一个简单的房产宣传页面。运行结果如图 9-23 所示。

图 9-23　房产宣传页面

实战 3：模拟制作 SOSO 导航栏

结合前面学习的菜单样式的知识，创建一个 SOSO 导航栏。运行结果如图 9-24 所示。

图 9-24　SOSO 导航栏

第10章　设计表格和表单的样式

本章导读

　　表格是网页中常见的元素，通常用来显示数据，还可以用来排版。与表格一样，表单也是网页中比较常见的对象，表单作为客户端和服务器交流的窗口，可以获取客户端信息，并反馈给服务器端。表单样式设计的主要目的是让表单更美观、更好用，从而提升用户的交互体验。本章就来介绍使用 CSS3 设计表格和表单样式的基本方法和应用技巧。

知识导图

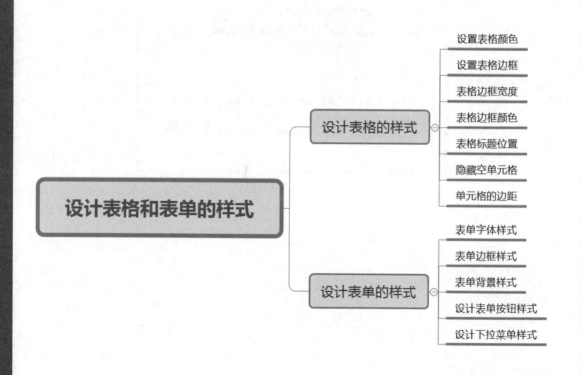

10.1 设计表格的样式

使用表格排版网页，可以使网页更美观，条理更清晰，更易于维护和更新。CSS 表格样式包括表格边框宽度、表格边框颜色、表格边框样式、表格背景、单元格背景等效果，也可以使用 CSS 控制表格显示特性等。

10.1.1 设置表格颜色

表格颜色包括背景色与前景色，CSS 使用 color 属性设置表格文本的颜色（表格文本颜色也称为前景色）；使用 background-color 属性设置表格、行、列或单元格的背景颜色。

▌实例 1：定义表格背景色与前景色

```
<!DOCTYPE html>
<html>
<head>
    <meta charset="UTF-8">
        <title>定义表格背景色与前景色</title>
    <style type="text/css">
        table{
            /*设置表格背景颜色*/
                background-
color:#CCFFFF;
            /*设置表格文本颜色*/
            color:#FF0000;
        }
    </style>
</head>
<body>
<h3>学生信息表</h3>
/*设置表格宽度*/
<table width="400" border="1">
    <tr>
        <th>学号</th>
        <th>姓名</th>
        <th>专业</th>
    </tr>
    <tr>
        <td>202101</td>
        <td>王尚宇</td>
        <td>临床医学</td>
    </tr>
    <tr>
        <td>202102</td>
        <td>张志成</td>
        <td>土木工程</td>
    </tr>
    <tr>
        <td>202103</td>
```

```
        <td>李雪</td>
        <td>护理学</td>
    </tr>
    <tr>
        <td>202105</td>
        <td>李尚旺</td>
        <td>临床医学</td>
    </tr>
    <tr>
        <td>202106</td>
        <td>石浩宇</td>
        <td>中医药学</td>
    </tr>
</table>
</body>
</html>
```

运行效果如图 10-1 所示。在上述代码中，用 <table> 标记创建了一个表格，设置表格的宽度为 400，表格的边框宽度为 1，这里没有设置单位，默认为 px。使用 <tr> 和 <td> 标记创建了一个 6 行 3 列的表格，并使用 CSS 设置了表格背景颜色和字体颜色。

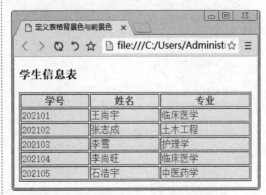

图 10-1 设置表格背景色与字体颜色

137

10.1.2 设置表格边框

在显示表格数据时，通常都带有表格边框，用来界定不同单元格的数据。如果 table 表格的描述标记 border 值大于 0，显示边框；如果 border 值为 0，则不显示边框。边框显示之后，可以使用 CSS3 的 border-collapse 属性对边框进行修饰。其语法格式为：

```
border-collapse : separate | collapse
```

其中 separate 是默认值，表示边框会被分开，此时不会忽略 border-spacing 和 empty-cells 属性。而 collapse 属性表示边框会合并为一个单一的边框，此时会忽略 border-spacing 和 empty-cells 属性。

▌实例2：制作一个家庭季度支出表

```html
<!DOCTYPE html>
<html>
<head>
<title>家庭季度支出表</title>
<style>
<!--
.tabelist{
/*表格边框*/
    border:1px solid #429fff;
    font-family:"宋体";
    /*边框重叠*/
    border-collapse:collapse;
}
.tabelist caption{
    padding-top:3px;
    padding-bottom:2px;
    font-weight:bolder;
    font-size:15px;
    font-family:"幼圆";
    /* 表格标题边框 */
    border:2px solid #429fff;
}
.tabelist th{
    font-weight:bold;
    text-align:center;
}
.tabelist td{
    /* 单元格边框*/
    border:1px solid #429fff;
    text-align:right;
    padding:4px;
}
</style>
</head>
<body>
<table class="tabelist">
    <caption class="tabelist">2020年
第3季度</caption>
    <tr>
        <th>月份</th>
        <th>07月</th>
        <th>08月</th>
        <th>09月</th>
    </tr>
    <tr>
        <td>收入</td>
        <td>8000元</td>
        <td>9000元</td>
        <td>7500元</td>
    </tr>
    <tr>
        <td>吃饭</td>
        <td>600元</td>
        <td>570元</td>
        <td>650元</td>
    </tr>
    <tr>
        <td>购物</td>
        <td>1000元</td>
        <td>800元</td>
        <td>900元</td>
    </tr>
    <tr>
        <td>买衣服</td>
        <td>300元</td>
        <td>500元</td>
        <td>200元</td>
    </tr>
    <tr>
        <td>看电影</td>
        <td>85元</td>
        <td>100元</td>
        <td>120元</td>
    </tr>
    <tr>
        <td>买书</td>
        <td>120元</td>
        <td>67元</td>
        <td>90元</td>
    </tr>
</table>
</body>
</html>
```

运行效果如图 10-2 所示，可以看到表格带有边框显示，其边框宽带为 1 像素，直线显示，并且边框进行合并。表格标题"2020 年第 3 季度"也带有边框显示，字体大小为 15 像素并加粗显示。表格中每个单元格都以 1 像素、直线的方式显示边框，并将显示对象右对齐。

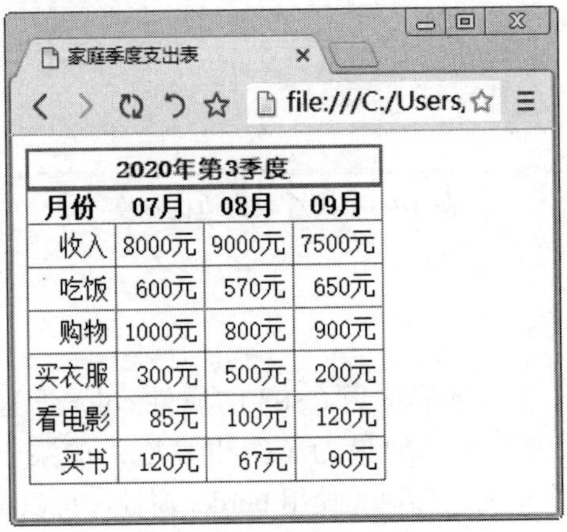

图 10-2　设置表格边框样式

10.1.3　表格边框宽度

在 CSS3 中，用户可以使用 border-width 属性来设置表格边框宽度，从而美化边框。如果需要单独设置某一个边框宽度，可以使用 border-width 的衍生属性设置，例如 border-top-width 和 border-left-width 等。

▌实例 3：制作表格并设置边框宽度

```
<!DOCTYPE html>
<html>
<head>
<title>表格边框宽度</title>
<style>
table{
    text-align:center;
    width:500px;
    border-width:3px;
    border-style:double;
    color: blue;
    font-size:22px;
}
td{
    border-width:2px;
    border-style:dashed;
    }
</style>
</head>
<body>
<table border=1 cellspacing="3"
cellpadding="0">
    <tr>
        <td>姓名</td>
        <td>性别</td>
```

```
        <td>年龄</td>
    </tr>
    <tr>
        <td>王俊丽</td>
        <td>女</td>
        <td>31</td>
    </tr>
    <tr>
        <td>李煜</td>
        <td>男</td>
        <td>28</td>
    </tr>
    <tr>
        <td>胡明月</td>
        <td>女</td>
        <td>22</td>
    </tr>
</table>
</body>
</html>
```

运行效果如图 10-3 所示，可以看到表格带有边框，宽度为 3 像素，双线显示，表格中字体颜色为蓝色。单元格边框宽度为 3 像素，显示样式是破折线式。

139

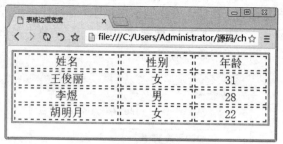

图 10-3 设置表格边框宽度

10.1.4 表格边框颜色

表格颜色设置非常简单，通常使用 CSS3 的属性 color 设置表格中文本颜色，使用 background-color 设置表格背景色。如果为了突出表格中的某一个单元格，还可以使用 background-color 设置某一个单元格颜色。使用 border 属性，可以设置边框的颜色。

实例 4：设置表格边框与单元格的颜色

```html
<!DOCTYPE html>
<html>
<head>
<title>设置表格边框颜色</title>
<style>
*{
  padding:0px;
  margin:0px;
}
body{
    font-family:"黑体";
    font-size:20px;
}
table{
    background-color:yellow;
    text-align:center;
    width:500px;
    border:2px solid green;
}
td{
    border:2px solid green;
    height:30px;
    line-height:30px;
}
.tds{
    background-color:#CCFFFF;
    }
</style>
</head>
<body>
```

```html
<table  cellspacing="3"
cellpadding="0">
    <tr>
        <td>姓名</td>
        <td class=tds>性别</td>
        <td>年龄</td>
    </tr>
    <tr>
        <td>张三</td>
        <td>男</td>
        <td>32</td>
    </tr>
    <tr>
        <td>小丽</td>
        <td>女</td>
        <td>28</td>
    </tr>
</table>
</body>
</html>
```

运行效果如图 10-4 所示，可以看到表格带有边框，边框显示为绿色，表格背景色为黄色，其中一个单元格背景色为蓝色。

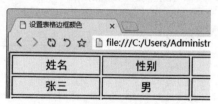

图 10-4 设置表格边框颜色

10.1.5 表格标题位置

使用 CSS3 中的 caption-side 属性，可以设置表格标题（<caption> 标记）显示的位置，用法如下：

```
caption-side:top|bottom
```

其中 top 为默认值，表示标题在表格上边显示，bottom 表示标题在表格下边显示。

实例 5：制作一个标题在下方显示的表格

```
<!DOCTYPE html>
<html>
<head>
<title>家庭季度支出表</title>
<style>
<!--
.tabelist{
    border:1px solid #429fff;
    font-family:"宋体";
    border-collapse:collapse;
}
.tabelist caption{
    padding-top:3px;
    padding-bottom:2px;
    font-weight:bolder;
    font-size:15px;
    font-family:"幼圆";
    border:2px solid #429fff;
    caption-side:bottom;
}
.tabelist th{
    font-weight:bold;
    text-align:center;
}
.tabelist td{
    border:1px solid #429fff;
    text-align:right;
    padding:4px;
}
</style>
</head>
<body>
<table class="tabelist">
    <caption class="tabelist">2020年
第3季度</caption>
    <tr>
        <th>月份</th>
        <th>07月</th>
        <th >08月</th>
        <th>09月</th>
    </tr>
    <tr>
        <td>收入</td>
        <td>8000元</td>
        <td>9000元</td>
        <td>7500元</td>
    </tr>
    <tr>
        <td>吃饭</td>
```

```
        <td>600元</td>
        <td>570元</td>
        <td>650元</td>
    </tr>
    <tr>
        <td>购物</td>
        <td>1000元</td>
        <td>800元</td>
        <td>900元</td>
    </tr>
    <tr>
        <td>买衣服</td>
        <td>300元</td>
        <td>500元</td>
        <td>200元</td>
    </tr>
    <tr>
        <td>看电影</td>
        <td>85元</td>
        <td>100元</td>
        <td>120元</td>
    </tr>
    <tr>
        <td>买书</td>
        <td>120元</td>
        <td>67元</td>
        <td>90元</td>
    </tr>
</table>
</body>
</html>
```

运行效果如图 10-5 所示，可以看到标题在表格的下方显示。

图 10-5 表格标题在下方显示

10.1.6 隐藏空单元格

使用 CSS3 中的 empty-cells 属性，可以设置空单元格的显示方式，用法如下：

```
empty-cells:hide|show
```

其中 hide 表示当表格的单元格无内容时，隐藏该单元格的边框，show 表示当表格的单元格无内容时，显示该单元格的边框。

实例 6：制作一个表格并隐藏表格中的空单元格

```html
<!DOCTYPE html>
<html>
<head>
    <meta charset="UTF-8">
        <title>隐藏表格中的空单元格</title>
    <style type="text/css">
        table{
                    background-color:#CCFFFF;
            color:#FF0000;
            /*隐藏空单元格*/
            empty-cells:hide;
            border-spacing:5px;
        }
        caption{
        padding:6px ;
        font-size:24px;
        color:red;
        th,td{
                border : blue solid 1px;
        }
    </style>
</head>
<body>
<h3>学生信息表</h3>
<table width="400" border="1">
    <tr>
        <th>学号</th>
        <th>姓名</th>
        <th>专业</th>
    </tr>
    <tr>
        <td>202101</td>
        <td>王尚宇</td>
        <td>临床医学</td>
    </tr>
    <tr>
        <td>202102</td>
        <td>张志成</td>
        <td>土木工程</td>
    </tr>
    <tr>
```

```html
        <td>202103</td>
        <td>李雪</td>
        <td>护理学</td>
    </tr>
    <tr>
        <td>202105</td>
        <td>李尚旺</td>
        <td>临床医学</td>
    </tr>
    <tr>
        <td>202106</td>
        <td>石浩宇</td>
        <td>中医药学</td>
    </tr>
    <tr>
        <td></td>
        <td></td>
        <td align="right"><a href="#">影视制作</a></td>
    </tr>
</table>
</body>
</html>
```

运行效果如图 10-6 所示，可以看到表格中的空单元格的边框已经被隐藏。

图 10-6　隐藏表格中的空单元格

10.1.7 单元格的边距

使用 CSS3 中 border-spacing 属性,可以设置单元格之间的间距,包括横向和纵向上的间距。表格不支持使用 margin 来设置单元格的间距。border-spacing 属性用法如下:

```
border-spacing:length
```

length 的取值可以为一个或两个长度值。如果提供两个值,第一个作用于水平方向的间距,第二个作用于垂直方向上的间距。如果只提供一个值,这个值将同时作用于水平方向和垂直方向上的间距。

注意,只有当表格边框独立,即 border-collapse 属性值为 separate 时,border-spacing 属性才起作用。

实例 7:制作一个表格并设置单元格的边距

```html
<!DOCTYPE html>
<html>
<head>
    <meta charset="UTF-8">
    <title>设置单元格的边距</title>
    <style type="text/css">
        table{
                        background-
color:#CCFFFF;
            color:#FF0000;
            /*设置单元格的边距*/
                border-spacing:8px
15px;
        }
    </style>
</head>
<body>
<h3>学生信息表</h3>
<table width="400" border="1">
    <tr>
        <th>学号</th>
        <th>姓名</th>
        <th>专业</th>
    </tr>
    <tr>
        <td>202101</td>
        <td>王尚宇</td>
        <td>临床医学</td>
    </tr>
    <tr>
        <td>202102</td>
        <td>张志成</td>
        <td>土木工程</td>
    </tr>
    <tr>
        <td>202103</td>
        <td>李雪</td>
        <td>护理学</td>
```
```html
    </tr>
    <tr>
        <td>202105</td>
        <td>李尚旺</td>
        <td>临床医学</td>
    </tr>
    <tr>
        <td>202106</td>
        <td>石浩宇</td>
        <td>中医药学</td>
    </tr>
</table>
</body>
</html>
```

运行效果如图 10-7 所示,可以看到表格中单元格的边框发生了改变。

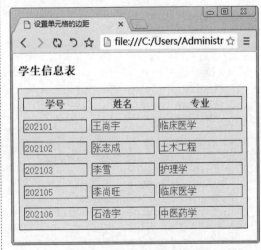

图 10-7 设置单元格的边距

10.2 设计表单的样式

表单可以用来向 Web 服务器发送数据，经常用在主页，让用户输入信息然后发送到服务器中。在 HTML 5 中，常用的表单标记有 form、input、textarea、select 和 option 等。

10.2.1 表单字体样式

表单对象上的显示值一般为文本或一些提示性文字，使用 CSS3 修改表单对象上的字体样式，能够使表单更加美观。CSS3 中并没有针对表单字体样式的属性，不过使用 CSS3 中的字体样式可以修改表单字体样式。

实例 8：创建一个网站会员登录页面并设置表单字体样式

```
<!DOCTYPE html>
<html>
<head>
<meta charset="UTF-8">
<title>表单字体样式</title>
<style type="text/css">
#form1 #bold{
/*加粗字体表单样式*/
    font-weight: bold;
    font-size: 15px;
    font-family:"宋体";
     }

#form1 #blue{
/*蓝色字体表单样式*/
    font-size: 15px;
    color: #0000ff;
   }

#form1 select{
/*定义下拉菜单字体*/
    font-size: 15px;
    color: #ff0000;
    font-family: verdana,arial;
  }
#form1 textarea {
/*定义文本区域内显示字符为蓝色下划线样式*/
    font-size: 14px;
    color: #000099;
    text-decoration: underline;
    font-family: verdana, arial;
}
#form1 #submit {
/*定义登录按钮字体颜色为绿色*/
    font-size: 16px;
    color: green;
    font-family: "黑体";
}
</style>
</head>
```

```
<body>
<form name="form1" action="#" method="post" id="form1">
    网站会员登录
    <br/>
    用户名称
    <input maxlength="10" size="10" value="加粗" name="bold" id="bold"m>
    <br/>
    用户密码
    <input type="password" maxlength="12" size="8" name="blue" id="blue">
    <br>
    选择性别
    <select name="select" size="1">
      <option value="2" selected>男</option>
      <option value="1">女</option>
    </select>
    <br>
    自我简介
    <br>
    <textarea name="txtarea" rows="5" cols="30" align="right">下划线样式</textarea>
    <br>
    <input type="submit" value="登录" name="submit" id="submit">
    <input type="reset" value="取消" name="reset">
</form>
</body>
</html>
```

运行效果如图 10-8 所示。在上述代码中，用 <form> 标记创建了一个表单，并添加了相应的表单对象，同时设置了表单对象字体样式的显示方法，如用户名称的显示方式为加粗、选择列表框的字体为红色、登录按钮的字体为绿色、多行文本框字体样式为蓝色加下划线显示等。

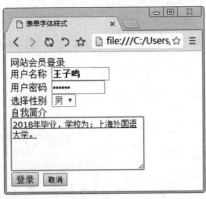

图 10-8　设置表单字体样式

10.2.2　表单边框样式

表单的边框样式包括边框的显示方式以及各个表单对象之间的间距。在表单设计中，通过重置表单对象的边框和边距效果，可以让表单与页面更加融合，使表单对象操作起来更加容易。使用 CSS3 中的 border 属性，可以定义表单对象的边框样式；使用 CSS3 中的 padding 属性，可以调整表单对象的边距大小。

实例 9：制作一个个人信息注册页面

```
<!doctype html>
<head>
<meta charset="UTF-8">
<title>个人信息注册页面</title>
<style type=text/css>
body {                    /*定义
网页背景色,并居中显示*/
    background: #CCFFFF;
    margin: 0;
    padding:0;
    font-family: "宋体";
    text-align: center;
}

    #form1 {              /*定义
表单边框样式*/
        width:450px;      /*固定
表单宽度*/
        background:#fff;  /*定义
表单背景为白色*/
        text-align:left;  /*表单
对象左对齐*/
        padding:12px 32px; /*定义
表单边框边距*/
        margin:0 auto;
        font-size:12px;    /*统一
字体大小*/
    }
    #form1 h3 {           /*定义
表单标题样式,并居中显示*/
```

```
        border-bottom:dotted 1px #ddd;
        text-align:center;
        font-weight:bolder;
        font-size: 20px;
        }
    ul {
        padding:0;
        margin:0;
        list-style-type:none;
        1}
    input {
        border:groove #ccc 1px;


        }
    .field6 {
        color:#666;
        width:32px;
        }
    .label {
        font-size:13px;
        font-weight:bold;
        margin-top:0.7em;
        }
    </style>
    </head>
    <body>
    <form id=form1 action=#public
method=post enctype=multipart/form-
data>
        <h3>个人信息注册页面</h3>
        <ul>
        <li class="label">姓名
        <li>
```

145

```
                <input id=field1 size=20
name=field1>
            <li class="label">职业
            <li>
                <input name=field2
id=field2 size="25">
            <li class="label">详细地址
            <li>
                <input name=field3
id=field3 size="50">
            <li class="label">邮编
            <li>
                <input name=field4
id=field4 size="12" maxlength="12">
            <li class="label">省市
            <li>
                <input id=field5
name=field5>
            <li class="label">Email
            <li>
                <input id=field7
maxlength=255 name=field11>
            <li class="label">电话
            <li>
                <input maxlength=3
size=6 name=field8>
                    -
                <input maxlength=8
size=16 name=field8-1>
```

```
            <li class="label">
                <input id=saveform
type=submit value=提交>
            </li>
        </ul>
    </form>
    </body>
    </html>
```

运行效果如图 10-9 所示。

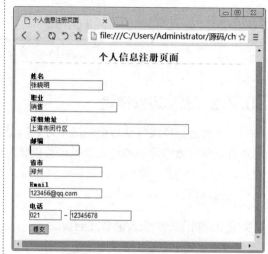

图 10-9　设置表单边框样式

10.2.3　表单背景样式

在网页中，表单元素的背景色默认都是白色的。通过 background-color 属性，可以定义表单元素的背景色。

实例 10：制作一个注册页面并设置表单的背景颜色

```
<!DOCTYPE html>
<html>
<head>
<meta charset="UTF-8">
<title>设置表单背景色</title>
<style>
<!--
input{
/* 所有input标记 */
    color: #000;
}
input.txt{
/* 文本框单独设置 */
    border: 1px inset #cad9ea;
    background-color: #ADD8E6;
}
```

```
input.btn{
/* 按钮单独设置 */
    color: #00008B;
    background-color: #ADD8E6;
    border: 1px outset #cad9ea;
    padding: 1px 2px 1px 2px;
}
select{
    width: 80px;
    color: #00008B;
    background-color: #ADD8E6;
    border: 1px solid #cad9ea;
}
textarea{
    width: 200px;
    height: 40px;
    color: #00008B;
    background-color: #ADD8E6;
    border: 1px inset #cad9ea;
}
-->
```

```
</style>
</head>
<BODY>
<h3>注册页面</h3>
<table border="1" width=400px>
<form method="post">
<tr><td width="30%">昵称:</
td><td><input class=txt>1—20个字符<div
id="qq"></div></td></tr>
<tr><td>密码:</td><td><input
type="password" >长度为6~16位</td></tr>
<tr><td>确认密码:</td><td><input
type="password" ></td></tr>
<tr><td>真实姓名: </td><td><input
name="username1"></td></tr>
<tr><td>性别:</
td><td><select><option>男</
option><option>女</option></select></
td></tr>
<tr><td>E-mail地址:</td><td><input
value="sohu@sohu.com"></td></tr>
<tr><td>备注:</td><td><textarea
cols=35 rows=10></textarea></td></tr>
<tr><td><input type="button"
value="提交" class=btn /></td><td><input
type="reset" value="重填"/></td></tr>
</form>
</table>
</body>
</html>
```

运行效果如图 10-10 所示,可以看到表单中"昵称"输入框、"性别"下拉列表框和"备注"文本框中都显示了指定的背景颜色。

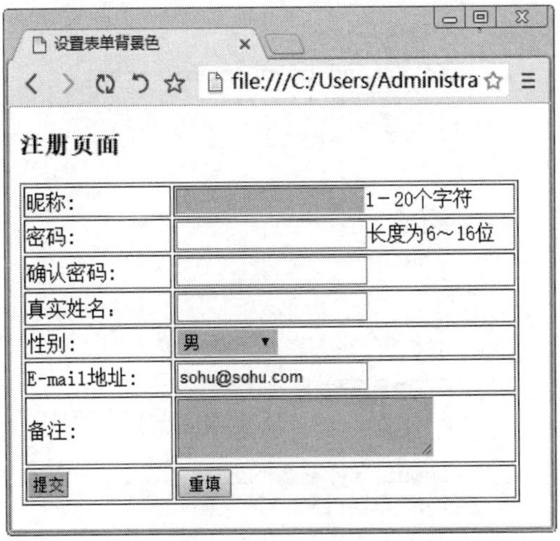

图 10-10 美化表单元素

在上面的代码中,首先使用 input 标记选择符定义了 input 表单元素的字体输入颜色;接着分别定义了两个类 txt 和 btn,txt 用来修饰输入框样式,btn 用来修饰按钮样式;最后分别定义了 select 和 textarea 的样式,其样式定义主要涉及边框和背景色。

10.2.4 设计表单按钮样式

通过对表单元素背景色的设置,可以在一定程度上起到美化提交按钮的作用,例如使用 background-color 属性,将其值设置为 transparent(透明色),就是最常见的一种美化提交按钮的方式。使用方法如下所示:

```
background-color:transparent;      /* 背景色透明 */
```

▍实例 11:设置表单按钮为透明样式

```
<!DOCTYPE html>
<html>
<head>
<meta charset="UTF-8">
<title>美化提交按钮</title>
<style>
<!--
form{
    margin:0px;
padding:0px;
```

```
font-size:14px;
}
input{
    font-size:14px;
    font-family:"幼圆";
}
.t{
    /* 下划线效果 */
    border-bottom:1px solid #005aa7;

    color:#005aa7;
    border-top:0px; border-left:0px;
    border-right:0px;
    /* 背景色透明 */
```

```
        background-color:transparent;
      }
      .n{
        /* 背景色透明 */
        background-color:transparent;
        /* 边框取消 */
        border:0px;
      }
      -->
    </style>
      </head>
    <body>
    <center>
    <h1>签名页</h1>
    <form method="post">
        值班主任: <input   id="name"
class="t">
        <input type="submit" value="提交
上一级签名>>" class="n">
    </form>
```

```
    </center>
    </body>
    </html>
```

运行效果如图 10-11 所示，可以看到输入框只剩下一个下边框显示，其他边框被去掉了，"提交"按钮只剩下显示文字，而且常见矩形形式被去掉了。

图 10-11　设置表单按钮样式

10.2.5　设计下拉菜单样式

在网页设计中，有时为了突出效果，会对文字进行加粗、添加颜色等设定。同样，也可以对表单元素中的文字进行这种修饰。使用 CSS3 的 font 相关属性，就可以美化下拉菜单中的文字，例如 font-size，font-weight 等。对于颜色，可以采用 color 和 background-color 属性设置。

实例 12：设置表单下拉菜单样式

```
<!DOCTYPE html>
<html>
<head>
<meta charset="UTF-8">
<title>美化下拉菜单</title>
<style>
<!--
.blue{
  background-color:#7598FB;
  color: #000000;
    font-size:15px;
    font-weight:bolder;
    font-family:"幼圆";
}
.red{
  background-color:#E20A0A;
  color: #ffffff;
    font-size:15px;
    font-weight:bolder;
    font-family:"幼圆";
}
.yellow{
  background-color:#FFFF6F;
  color: #000000;
    font-size:15px;
```

```
    font-weight:bolder;
    font-family:"幼圆";
}
.orange{
  background-color:orange;
  color:#000000;
    font-size:15px;
    font-weight:bolder;
    font-family:"幼圆";
}
-->
</style>
</head>
<body>
<form>
<p>
<label>选择暴雪预警信号级别:</label>
  <select>
  <option>请选择</option>
  <option value="blue"
class="blue">暴雪蓝色预警信号</option>

  <option value="yellow"
class="yellow">暴雪黄色预警信号</option>
  <option value="orange"
class="orange">暴雪橙色预警信号</option>
  <option value="red" class="red">暴
雪红色预警信号</option>
```

```
    </select>
    </p>
    <p><input type="submit" value="提交
"></p>
    </form>
    </body>
    </html>
```

运行效果如图 10-12 所示，可以看到下
拉菜单的每个菜单项显示不同的背景色。

图 10-12　设置下拉菜单样式

10.3　新手常见疑难问题

▌疑问 1：在使用表格时，会发生一些变形，这是什么原因引起的呢？

其中一个原因是表格排列设置在不同分辨率下所出现的错位。例如在 800×600 的分辨
率下一切正常，而到了 1024×800 时，则表格有的居中，有的却左排列或右排列。

表格有左、中、右三种排列方式，如果没进行特别设置，则默认为居左排列。在
800×600 的分辨率下，表格恰好就有编辑区域那么宽，不容易察觉；而到了 1024×800 的时
候，就出现了问题。解决的办法比较简单，即都设置为居中、居左或居右。

▌疑问 2：使用 <thead>、<tbody> 和 <tfoot> 标记对行进行分组有什么意义？

在 HTML 文档中增加 <thead>、<tbody> 和 <tfoot> 标记虽然从外观上不能看出任何变化，
但是它们却使文档的结构更加清晰。使用 <thead>、<tbody> 和 <tfoot> 标记除了使文档更加
清晰外，还有一个更重要的意义，就是方便使用 CSS 样式对表格的各个部分进行修饰，从而
制作出更炫的表格。

▌疑问 3：使用 CSS 修饰表单元素时，是使用默认值好，还是使用 CSS 修饰好？

各个浏览器之间出现显示的差异，其中一个原因就是各个浏览器对部分 CSS 属性的默认
值不同，通常的解决办法就是指定该值，而不让浏览器使用默认值。

10.4　实战技能训练营

▌实战 1：制作大学一年级的课程表

结合前面学习的 HTML 表格标记，以及使用 CSS 设计表格样式的知识，来制作一个课
程表。运行效果如图 10-13 所示。

	星期一	星期二	星期三	星期四	星期五
第一节	高等数学	高等数学	大学英语	大学英语	线性代数
第二节	大学英语	线性代数	C语言基础	计算机基础	高等数学
第三节	编程思想	高等数学	线性代数	编程思想	大学英语
第四节	计算机基础	编程思想	编程思想	高等数学	C语言基础
第五节	大学英语	大学英语	体育	C语言基础	计算机基础
第六节	体育	线性代数	大学英语	体育	编程思想
第七节	C语言基础	计算机基础	计算机基础	C语言基础	体育

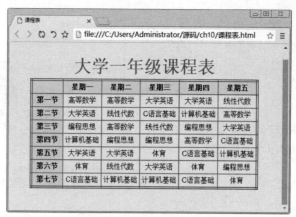

图 10-13　大学课程表

实战 2：制作一个企业加盟商通讯录

结合前面学习的 HTML 表格标记，以及使用 CSS 设计表格样式的知识，来制作一个企业加盟商通讯录。运行效果如图 10-14 所示。

姓名	加盟时间	电话	地址
王子言	2019年8月5日	123xxxxxxxx	北京市海淀区
李香丽	2019年8月9日	100xxxxxxxx	北京市朝阳区
张艳雨	2020年9月10日	133xxxxxxxx	郑州市金水区
刘岩松	2020年9月20日	139xxxxxxxx	郑州市惠济区
陈艳艳	2020年10月5日	135xxxxxxxx	上海市闽东区
杜小双	2020年10月9日	136xxxxxxxx	上海市黄浦区
刘尚宇	2020年11月20日	135xxxxxxxx	深圳市龙岗区
杨夏琳	2020年11月25日	130xxxxxxxx	深圳市坂田区
杨小燕	2020年12月3日	131xxxxxxxx	广州市中山区
张小光	2020年12月30日	134xxxxxxxx	北京市房山区

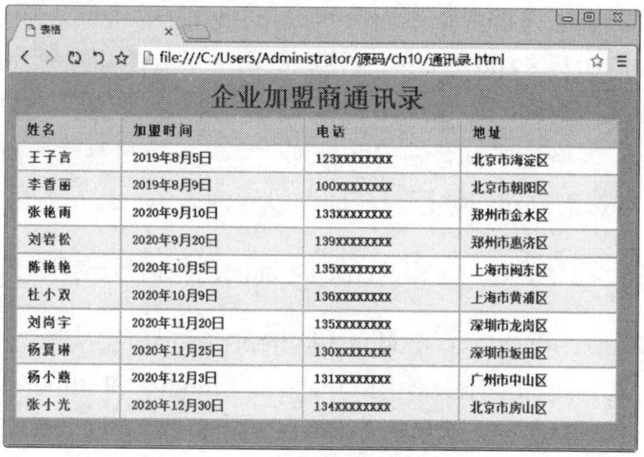

图 10-14　企业加盟商通信录

实战 3：制作一个用户注册页面

结合前面学习的知识，创建一个用户注册页面，运行效果如图 10-15 所示，可以看到表单元素带有背景色，其输入字体颜色为蓝色，边框颜色为浅蓝色。按钮带有边框，按钮上字体颜色为蓝色。

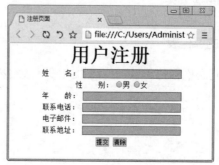

图 10-15　用户注册页面

第11章 使用CSS3布局网页版式

📖 **本章导读**

使用 CSS+DIV 布局可以使网页结构清晰化，并将内容、结构与表现相分离，以方便设计人员对网页进行改版和引用数据。本章就来对固定宽度网页布局进行剖析，并制作相关的网页布局样式。

📘 **知识导图**

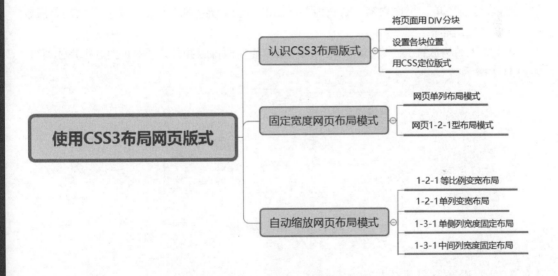

11.1 认识 CSS3 布局版式

DIV 在 CSS+DIV 页面排版中是一个块的概念，DIV 的起始标记和结束标记之间的所有内容都是用来构成这个块的，其中所包含元素特性由 DIV 标记属性来控制，或者是通过使用样式表格式化这个块来进行控制。CSS+DIV 页面排版思想是首先在整体上进行 <div> 标记的分块，然后对各个块进行 CSS 定位，最后在各个块中添加相应的内容。

11.1.1 将页面用 DIV 分块

使用 DIV+CSS 页面排版布局，需要对网页有一个整体构思，即网页可以划分几个部分，例如上、中、下结构，还是左右两列结构，还是三列结构。这时就可以根据网页构思，将页面划分几个 DIV 块，用来存放不同的内容。当然，大块中还可以存放不同的小块。最后，通过 CSS 属性，对这些 DIV 进行定位。

在现在的网页设计中，一般的网站都是上中下结构，即上面是页面头部，中间是页面内容，最下面是页脚，整个上中下结构最后放到一个 DIV 容器中，方便控制。页面头部一般用来存放 Logo 和导航菜单，页面内容包含页面要展示的信息、链接和广告等，页脚存放的是版权信息和联系方式等。

将上中下结构放置到一个 DIV 容器中，可以方便后面排版并且方便对页面进行整体调整，如图 11-1 所示。

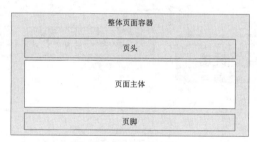

图 11-1　上中下结构图

11.1.2 设置各块位置

复杂的网页布局，不会是单纯的一种结构，而是会包含多种网页结构，例如总体上是上中下，中间又分为两列布局等，如图 11-2 所示为网页左中右结构。

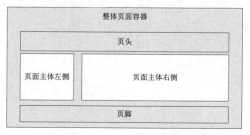

图 11-2　左中右结构图

页面总体结构确认后，一般情况下，页头和页脚变化就不大了。会发生变化的，就是页面主体，此时需要根据页面展示的内容，决定中间布局采用什么样式，如三列水平分布还是两列分布等。

11.1.3 用 CSS 定位版式

页面版式确定后，就可以利用 CSS 对 DIV 进行定位，使其在指定位置出现，从而实现对页面的整体规划，然后向各个页面添加内容。

下面创建一个总体为上中下布局，页面主体布局为左右布局的页面的 CSS 定位案例。

实例 1：创建上中下布局的网页版式

1. 创建 HTML 页面，使用 DIV 构建层

首先构建 HTML 网页，使用 DIV 划分最基本的布局块，其代码如下所示：

```
<!DOCTYPE html>
<html>
<head>
<title>CSS排版</title><body>
<div id="container">
  <div id="banner">页面头部</div>
  <div id=content >
      <div id="right">页面主体右侧</div>
      <div id="left">页面主体左侧</div>
  </div>
  <div id="footer">页脚</div>
</div>
</body>
</html>
```

上面代码中，创建了 5 个层，其中 ID 名称为 container 的 DIV 层，是一个布局容器，即所有的页面结构和内容都是在这个容器内实现；名称为 banner 的 DIV 层，是页头部分；名称为 footer 的 DIV 层，是页脚部分。名称为 content 的 DIV 层，是中间主体，该层包含了两个层，一个是 right 层，一个 left 层，分别放置不同的内容。

运行效果如图 11-3 所示，可以看到网页

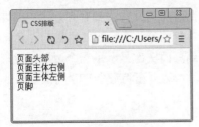

图 11-3　使用 DIV 构建层

中显示了这几个层，从上到下依次排列。

2. CSS 设置网页整体样式

其次需要对 body 标记和 container 层（布局容器）进行 CSS 修饰，从而对整体样式进行定义，代码如下所示：

```
<style type="text/css">
<!--
body {
    margin:0px;
    font-size:16px;
    font-family:"宋体";
}
#container{
    position:relative;
    width:100%;
}
-->
</style>
```

上面代码只是设置了文字大小、字形、布局容器 container 的宽度、层定位方式，布局容器撑满整个浏览器。

运行效果如图 11-4 所示，可以看到此时相比较上一个显示页面，发生的变化不大，只不过字形和字体大小发生了变化，因为 container 没有带边框和背景色，无法显示该层。

图 11-4　设置网页整体样式

3. CSS 定义页头部分

接下来就可以使用 CSS 对页头进行定位，即 banner 层，使其在网页上显示，代码如下：

```
#banner{
    height:80px;
    border:1px solid #000000;
    text-align:center;
    background-color:#a2d9ff;
    padding:10px;
    margin-bottom:2px;
}
```

上面代码首先设置了 banner 层的高度为 80 像素，接着设置了边框样式、字体对齐方式、背景色、内边距等。

运行效果如图 11-5 所示，可以看到在页面顶部显示了一个浅绿色的边框，边框充满整个浏览器，中间显示了一个"页面头部"文本信息。

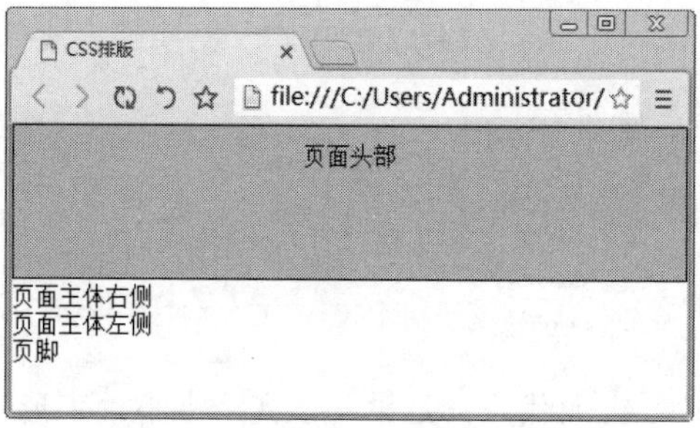

图 11-5　定义网页头部

4. CSS 定义页面主体

在页面主体中，如果两个层并列显示，需要使用 float 属性，将一个层设置到左边，一个层设置到右边。其代码如下所示：

```
#right{
    float:right;
    text-align:center;
    width:80%;
    border:1px solid #ddeecc;
    margin-left:1px;
    height:200px;
}
#left{
    float:left;
    width:19%;
    border:1px solid #000000;
    text-align:center;
```

```
    height:200px;
    background-color:#bcbcbc;
}
```

上面代码设置了这两个层的宽度，right 层占有空间的 80%，left 层占有空间的 19%，并分别设置了两个层的边框样式、对齐方式、背景色等。

运行效果如图 11-6 所示，可以看到页面主体部分，分为两个层并列显示：左侧背景色为灰色，占有空间较小；右侧背景色为白色，占有空间较大。

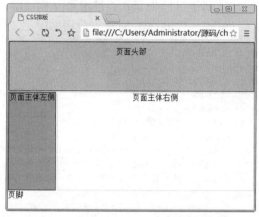

图 11-6　定义网页主体

5. CSS 定义页脚

最后需要设置页脚部分，页脚通常在主体下面。因为页面主体中使用了 float 属性设置层浮动，所以需要在页脚层设置 clear 属性，使其不受浮动的影响。其代码如下所示：

```
#footer{
    clear:both;              /* 不受float
影响 */
    text-align:center;
    height:30px;
    border:1px solid #000000;
    background-color:#ddeecc;
}
```

上面代码设置页脚对齐方式、高度、边框和背景色等。运行效果如图 11-7 所示，可以看到页面底部显示了一个边框，背景色为浅绿色，边框充满整个 DIV 布局容器。

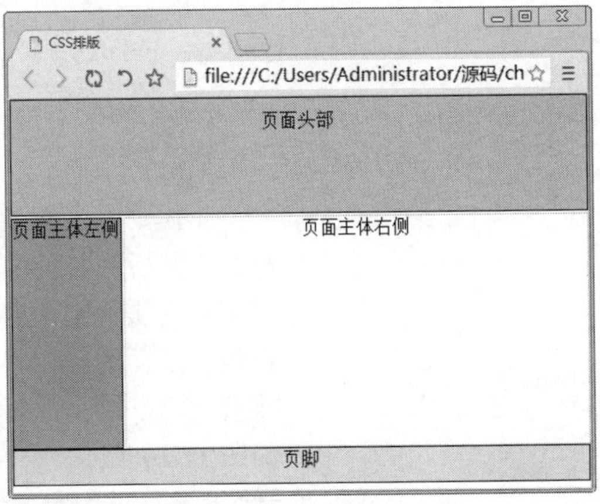

图 11-7　定义网页页脚

11.2　固定宽度网页布局模式

　　CSS 的排版是一种全新的排版理念，与传统的表格排版布局完全不同，首先在页面上分块，然后应用 CSS属性重新定位。在本节中，我们就固定宽度布局进行深入的讲解，使读者能够熟练掌握这些方法。

11.2.1　网页单列布局模式

　　网页单列布局模式是最简单的一种布局形式，也被称为"网页 1-1-1 型布局模式"。如图 11-8 所示为网页单列布局模式示意图。

图 11-8　网页单列布局模式示意图

实例 2：创建单列布局的网页版式

01 新建 11.2.html 文件，输入如下代码，该段代码的作用是在页面中放置第一个圆角矩形框：

```
<!DOCTYPE html>
<html>
<head>
    <title>单列网页布局</title>
</head>
<body>
<div class="rounded">
    <h2>页头</h2>
    <div class="main">
        <p>锄禾日当午,汗滴禾下土<br />
锄禾日当午,汗滴禾下土</p>
    </div>
    <div class="footer">
        <p></p>
    </div>
</div>
```

```
</body>
</html>
```

　　代码中 <div></div> 之间的内容是固定结构，其作用就是实现一个可以变化宽度的圆角框。运行效果如图 11-9 所示。
02 设置圆角框的 CSS 样式。为了实现圆角框效果，加入如下样式代码：

```
<style>
body {
    background: #FFF;
    font: 14px 宋体;
    margin:0;
    padding:0;
}

.rounded {
    background: url(images/left-top.gif) top left no-repeat;
    width:100%;
```

155

```
    }
.rounded h2 {
    background:
    url(images/right-top.gif)
    top right no-repeat;
    padding:20px 20px 10px;
    margin:0;


}
.rounded .main {
    background:
    url(images/right.gif)
    top right repeat-y;
    padding:10px 20px;
    margin:-20px 0 0 0;
}
.rounded .footer {
    background:url(images/left-
bottom.gif);
    bottom left no-repeat;
}
.rounded .footer p {
    color:red;
    text-align:right;
    background:url(images/right-
bottom.gif) bottom right no-repeat;
    display:block;
```

```
    padding:10px 20px 20px;
    margin:-20px 0 0 0;
    font:0/0;
}
</style>
```

在代码中定义了页面的样式，如文字大小等，其后的 5 段以 .rounded 开头的 CSS 样式都是为实现圆角框进行的设置。这段 CSS 代码在后面的制作中，都不需要调整，直接放置在 <style></style> 之间即可，运行效果如图 11-10 所示。

03 设置网页固定宽度。为该圆角框单独设置一个 ID，把针对它的 CSS 样式放到这个 ID 的样式定义部分。设置 margin 为在页面中居中，并用 width 属性确定固定宽度，代码如下：

```
#header {
    margin:0 auto;
    width:760px;}
```

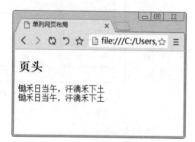

图 11-9　添加网页圆角框

图 11-10　设置圆角框的 CSS 样式

注意：这个宽度不要设置在 ".rounded" 相关的 CSS 样式中，因为该样式会被页面中的各个部分公用。如果设置了固定宽度，其他部分就不能正确显示了。

另外，在 HTML 部分的 <div class="rounded"></div> 的外面套一个 div，代码如下：

```
<div id="header">
    <div class="rounded">
        <h2>页头</h2>
        <div class="main">
            <p>
                锄禾日当午,汗滴禾下土
<br/>
                锄禾日当午,汗滴禾下土
</p>
        </div>
        <div class="footer">
```

```
            <p></p>
        </div>
    </div>
</div>
```

运行效果如图 11-11 所示。

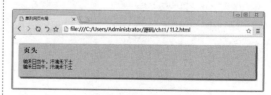

图 11-11　设置网页固定宽度

04 设置其他圆角矩形框。将放置的圆角框复制出两个，并分别设置 ID 为 content 和 pagefooter，分别代表"内容"和"页脚"。完整的页面框架代码如下：

```
<div id="header">
    <div class="rounded">
        <h2>页头</h2>
        <div class="main">
            <p>
                    锄禾日当午,汗滴禾下土
<br/>
                    锄禾日当午,汗滴禾下土
</p>
        </div>
        <div class="footer">
            <p></p>
        </div>
    </div>
</div>
<div id="content">
    <div class="rounded">
        <h2>正文</h2>
        <div class="main">
            <p>
                    锄禾日当午,汗滴禾下土
<br />
                    锄禾日当午,汗滴禾下土
</p>
        </div>
        <div class="footer">
            <p>
                    查看详细信息&gt;&gt;
            </p>
        </div>
    </div>
</div>
```

```
<div id="pagefooter">
    <div class="rounded">
        <h2>页脚</h2>
        <div class="main">
            <p>
                    锄禾日当午,汗滴禾下土
</p>
        </div>
        <div class="footer">
            <p></p>
        </div>
    </div>
</div>
```

修改 CSS 样式代码如下：

```
#header,#pagefooter,#content{
    margin:0 auto;
    width:760px;}
```

从 CSS 代码中可以看到，3 个 DIV 的宽度都设置为固定值 760 像素，并且通过设置 margin 值来实现居中放置，即左右 margin 都设置为 auto。运行效果如图 11-12 所示。

图 11-12　添加其他网页圆角框

11.2.2　网页 1-2-1 型布局模式

网页 1-2-1 型布局模式是网页制作之中最常用的一个模式，模式结构如图 11-13 所示。在布局结构中，增加了一个 side 栏。但是在通常状况下，两个 DIV 只能竖直排列。为了让 content 和 side 能够水平排列，必须把它们放到另一个 DIV 中，然后使用浮动或者绝对定位的方法，使 content 和 side 并列。

Header	
content	side
pagefooter	

图 11-13　网页 1-2-1 型布局模式示意图

┃ 实例3：创建1-2-1型布局的网页版式

01 修改网页单列布局的结果代码。以上节完成的结果作为素材，在 HTML 中把 content 部分复制出一个新的，这个新的 ID 设置为 side。然后在它们的外面套一个 DIV，命名为 container，修改部分的框架代码如下：

```
<div id="container">
    <div id="content">
        <div class="rounded">
            <h2>正文1</h2>
            <div class="main">
                <p>
                    锄禾日当午,汗滴禾
下土<br />
                    锄禾日当午,汗滴禾
下土</p>
            </div>
            <div class="pagefooter">
                <p>
                    查看详细信息
&gt;&gt;
                </p>
            </div>
        </div>
    </div>
    <div id="side">
        <div class="rounded">
            <h2>正文2</h2>
            <div class="main">
                <p>
                    锄禾日当午,汗滴禾
下土<br />
                    锄禾日当午,汗滴禾
下土</p>
            </div>
            <div class="pagefooter">
                <p>
                    查看详细信息
&gt;&gt;
                </p>
            </div>
        </div>
    </div>
</div>
```

修改 CSS 样式代码如下：

```
#header,#pagefooter,#container{
    margin:0 auto;
    width:760px;}
#content{}
#side{}
```

从上述代码中可以看出，#container、#header、#pagefooter 并列使用相同的样式，#content、#side 的样式暂时先空着，这时的效果如图 11-14 所示。

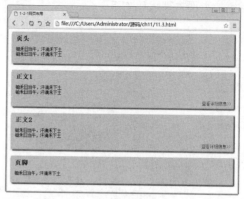

图 11-14　修改网页单列布局样式

02 实现"正文 1"与"正文 2"的并列排列。这里有两种方法来实现。

第一种方法是使用绝对定位法，具体的代码如下：

```
#header,#pagefooter,#container{
    margin:0 auto;
    width:760px;}
#container{
    position:relative; }
#content{
    position:absolute;
    top:0;
    left:0;
    width:500px;
}
#side{
    margin:0 0 0 500px;
}
```

在上述代码中，为了让 #content能够使用绝对定位，必须考虑用哪个元素作为它的定位基准。显然应该是 container 这个 DIV。因此将 #contatiner 的 position 属性设置为 relative，使它成为下级元素的绝对定位基准，然后将 #content 这个 DIV 的 position 设置为 absolute，即绝对定位，这样它就脱离了标准流；#side 就会向上移动，占据原来 #content 所在的位置。将 #content 的宽度和 #side 的左 margin 设置为相同的数值，就正好可以保证它们并列紧挨着放置，且不会相互重叠。运行结果如图 11-15 所示。

图 11-15 使用绝对定位的效果

第二种方法是使用浮动法。在 CSS 样式部分，稍做修改，加入如下样式代码：

```
#content{
    float:left;
    width:500px;
```

```
}
#side{
    float:left;
    width:260px;
}
```

使用浮动法修改正文布局模式非常灵活。例如，要 side 从页面右边移至左边，即交换与 content 的位置，只需要稍微修改一下 CSS 代码，即可以实现。代码如下：

```
#content{
    float:right;
    width:500px;
}
#side{ float:left;
    width:260px;
}
```

11.3 自动缩放网页布局模式

对于一个 1-2-1 变宽度的布局样式，会产生两种不同的情况：第一是这两列按照一定的比例同时变化；第二是一列固定，另一列变化。

11.3.1 1-2-1 等比例变宽布局

对于等比例变宽布局样式，可以在前面制作的固定宽度网页布局样式中的 1-2-1 浮动法布局的基础上完成。原来的 1-2-1 浮动布局中的宽度都是用像素数值确定的固定宽度，下面就来对它进行改造，使它能够自动调整各个模块的宽度。

实例 4：创建 1-2-1 等比例变宽布局的网页版式

CSS 的代码如下：

```
#header,#pagefooter,#container{
    margin:0 auto;
    width: 768px; /*删除原来的固定宽度
    width: 85%; } /*改为比例宽度*/
#content{
    float:right;
     width:500px;  /*删除原来的固定宽度
*/
    width: 66%; } /*改为比例宽度*/
#side{
    float:left;
     width:260px;  /*删除原来的固定宽度
*/
    width:33%; } /*改为比例宽度*/
```

运行效果如图 11-16 所示。在这个页面

中，网页内容的宽度为浏览器窗口宽度的 85%，页面中左侧的边栏的宽度和右侧的内容栏的宽度保持 1∶2 的比例，可以看到无论浏览器窗口宽度如何变化，它们都等比例变化。这样，各个 DIV 的宽度就会等比例适应浏览器窗口。

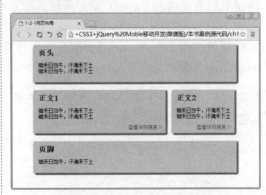

图 11-16 网页 1-2-1 布局样式

> **注意**：在实际应用中还需要注意以下两点。
> （1）确保不要使一列或多个列的宽度太大，以至于其内部的文字行宽太宽，造成阅读困难。
> （2）圆角框的最宽宽度的限制。这种方法制作的圆角框，如果超过一定宽度就会出现裂缝。

11.3.2 1-2-1 单列变宽布局

1-2-1 单列变宽布局样式是常用的网页布局样式，用户可以通过 margin 属性变通地实现单列变宽布局。

实例 5：创建 1-2-1 单列变宽布局的网页版式

这里仍然在 1-2-1 浮动法布局的基础上进行修改，修改之后的代码如下：

```css
#header,#pagefooter,#container{
    margin:0 auto;
    width:85%;
    min-width:500px;
    max-width:800px;
}
#contentWrap{
    margin-left:-260px;
    float:left;
    width:100%;
}
#content{
    margin-left:260px;
}
#side{
```

```css
    float:right;
    width:260px;
}
#pagefooter{
    clear:both;
}
```

运行效果如图 11-17 所示。

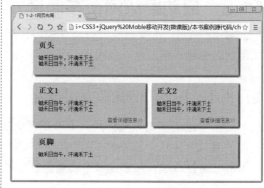

图 11-17　网页 1-2-1 单列变宽布局

11.3.3 1-3-1 单侧列宽度固定布局

对于一列固定、其他两列按比例适应宽度的情况，可以使用浮动方法进行制作。解决的方法同 1-2-1 单列固定一样，这里把活动的两列看成一列，在容器里面再套一个 DIV，即将原来的一个包裹（wrap）变为两层，分别叫作 outerWrap 和 innerWrap。这样，outerWrap 就相当于 1-2-1 方法中的 wrap 容器。新增加的 innerWrap 是以标准流方式存在的，宽度会自然伸展。由于左侧 margin 设置为 200 像素，因此它的宽度就是总宽度减去 200 像素。innerWrap 里面的 navi 和 content 就会都以这个新宽度为宽度基准。

实例 6：创建 1-3-1 单侧列宽度固定布局的网页版式

实现的具体代码如下。

```html
<!DOCTYPE html>
<html>
```

```html
<head>
<title>1-3-1单侧列宽度固定的变宽布局</title>
<style type="text/css">
body {
    background: #FFF;
    font: 14px 宋体;
    margin:0;
```

```
        padding:0;
    }
    .rounded {
         background: url(images/left-
top.gif)    top left no-repeat;
         width:100%;
    }
    .rounded h2 {
        background:
        url(images/right-top.gif)
        top right no-repeat;
        padding:20px 20px 10px;
        margin:0;
    }
    .rounded .main {
        background:
        url(images/right.gif)
        top right repeat-y;
        padding:10px 20px;
        margin:-20px 0 0 0;
    }
    .rounded .footer {
        background:
        url(images/left-bottom.gif)
        bottom left no-repeat;
    }
    .rounded .footer p {
        color:red;
        text-align:right;
         background:url(images/right-
bottom.gif) bottom right no-repeat;
        display:block;
        padding:10px 20px 20px;
        margin:-20px 0 0 0;
        font:0/0;
    }
    #header,#pagefooter,#container{
        margin:0 auto;
        width:85%;
    }
    #outerWrap{
        float:left;
        width:100%;
        margin-left:-200px;
    }
    #innerWrap{
        margin-left:200px;
    }
    #left{
        float:left;
        width:40%;
    }
    #content{
        float:right;

    }
    #content img{
        float:right;
    }
```

```
    #side{
        float:right;
        width:200px;
    }
    #pagefooter{
        clear:both;}
</style>
</head>
<body>
<div id="header">
    <div class="rounded">
        <h2>页头</h2>
        <div class="main">
        <p>
        锄禾日当午,汗滴禾下土</p>
        </div>
        <div class="footer">
        <p></p>
        </div>
    </div>
</div>
<div id="container">
<div id="outerWrap">
<div id="innerWrap">
<div id="left">
    <div class="rounded">
        <h2>正文</h2>
        <div class="main">
        <p>
             锄禾日当午,汗滴禾下土<br/>
             锄禾日当午,汗滴禾下土</p>

        </div>
        <div class="footer">
        <p>
        查看详细信息&gt;&gt;
        </p>
        </div>
    </div>
</div>
<div id="content">
    <div class="rounded">
        <h2>正文1</h2>
        <div class="main">
         <p>
             锄禾日当午,汗滴禾下土</p>

        </div>
        <div class="footer">
        <p>
        查看详细信息&gt;&gt;
        </p>
        </div>
    </div>
</div>
</div>
</div>
<div id="side">
    <div class="rounded">
```

```
    <h2>正文2</h2>
    <div class="main">
    <p>
            锄禾日当午,汗滴禾下土<br/>
            锄禾日当午,汗滴禾下土</p>
    </div>
    <div class="footer">
    <p>
    查看详细信息&gt;&gt;
    </p>
    </div>
    </div>
    </div>
    </div>

<div id="pagefooter">
    <div class="rounded">
        <h2>页脚</h2>
        <div class="main">
        <p>
        锄禾日当午,汗滴禾下土
        </p>
        </div>
        <div class="footer">
```

```
    <p>
    </p>
    </div>
    </div>
    </div>
</body>
</html>
```

在浏览器中浏览，当页面收缩时，可以看到如图 11-18 所示的运行结果。

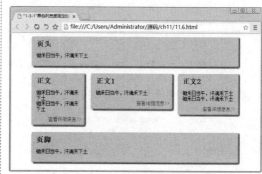

图 11-18　网页 1-3-1 单侧列宽固定的变宽布局

11.3.4　1-3-1 中间列宽度固定布局

这种布局的形式是固定列被放在中间，它的左右各有一列，并按比例适应总宽度，这是一种很少见的布局形式。

实例 7：创建 1-3-1 中间列宽度固定布局的网页版式

实现 1-3-1 中间列宽度固定布局的代码如下：

```
<!DOCTYPE html>
<head>
<title>1-3-1中间列宽度固定的布局</title>
<style type="text/css">
body {
    background: #FFF;
    font: 14px 宋体;
    margin:0;
    padding:0;
}

.rounded {
        background: url(images/left-top.gif)  top left no-repeat;
    width:100%;
    }
.rounded h2 {
    background:
```

```
    url(images/right-top.gif)
    top right no-repeat;
    padding:20px 20px 10px;
    margin:0;
}
.rounded .main {
    background:
    url(images/right.gif)
    top right repeat-y;
    padding:10px 20px;
    margin:-20px 0 0 0;
}
.rounded .footer {
    background:
    url(images/left-bottom.gif)
    bottom left no-repeat;
}
.rounded .footer p {
    color:red;
    text-align:right;
        background:url(images/right-bottom.gif) bottom right no-repeat;
    display:block;
    padding:10px 20px 20px;
    margin:-20px 0 0 0;
    font:0/0;
}
```

```css
#header,#pagefooter,#container{
    margin:0 auto;
    width:85%;
 }

#naviWrap{
    width:50%;
    float:left;
    margin-left:-150px;
}

#left{margin-left:150px; }

#content{
    float:left;
    width:300px;
}
#content img{
    float:right;
    }

#sideWrap{
    width:49.9%;
    float:right;
    margin-right:-150px;}
#side{
    margin-right:150px;}
#pagefooter{
    clear:both;
}

</style>
</head>
<body>
 <div id="header">
   <div class="rounded">
     <h2>页头</h2>
     <div class="main">
     <p>
     锄禾日当午,汗滴禾下土</p>
     </div>
     <div class="footer">
     <p></p>
     </div>
   </div>
</div>
<div id="container">
<div id="naviWrap">
<div id="left">
   <div class="rounded">
     <h2>正文</h2>
     <div class="main">
     <p>
     锄禾日当午,汗滴禾下土</p>

     </div>
     <div class="footer">
     <p>
     查看详细信息&gt;&gt;
```

```html
     </p>
     </div>
   </div>
</div>
</div>
<div id="content">
   <div class="rounded">
     <h2>正文1</h2>
     <div class="main">
       <p>
       锄禾日当午,汗滴禾下土</p>

     </div>
     <div class="footer">
     <p>
     查看详细信息&gt;&gt;
     </p>
     </div>
   </div>
</div>
<div id="sideWrap">
<div id="side">
   <div class="rounded">
     <h2>正文2</h2>
     <div class="main">
     <p>
     锄禾日当午,汗滴禾下土
     </p>
     </div>
     <div class="footer">
     <p>
     查看详细信息&gt;&gt;
     </p>
     </div>
   </div>
</div>
</div>
</div>
<div id="pagefooter">
   <div class="rounded">
     <h2>页脚</h2>
     <div class="main">
     <p>
     锄禾日当午,汗滴禾下土
     </p>
     </div>
     <div class="footer">
     <p>
     </p>
     </div>
   </div>
</div>
</body>
</html>
```

　　运行效果如图 11-19 所示。在上述代码中，页面中间列的宽度是 300 像素，两边列等宽（不等宽的道理是一样的），即总宽度减去 300 像素后剩余宽度的 50%，制作的关键是如何实现"（100%-300px）/2"的宽度。现在需要在 left 和 side 两个 DIV 外面分别套一层 DIV，把它们"包裹"起来，依靠嵌套两个 DIV，实现相对宽度和绝对宽度的结合。

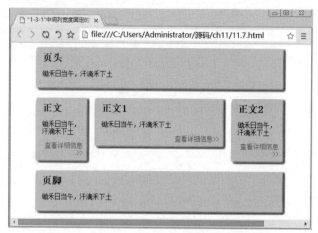

图 11-19　1-3-1 中间列宽度固定的变宽布局

11.4　新手常见疑难问题

▌疑问 1：如何把多于 3 个的 DIV 都紧靠页面的侧边？

在实际网页制作中，经常需要解决这样的问题。方法很简单，只需要修改几个 DIV 的 margin 值即可：如果要使它们紧贴浏览器窗口左侧，可以将 margin 设置为"0 auto 0 0"；如果要使它们紧贴浏览器窗口右侧，可以将 margin 设置为"0 0 0 auto"。

▌疑问 2：DIV 层的高度设置好，还是不设置好？

在 IE 浏览器中，如果设置了高度值，当网页内容过多时，会超出所设置的高度，这时浏览器就会自己撑开高度，以达到显示全部内容的效果，不受所设置的高度值限制。而在 Firefox 浏览器中，如果固定了高度的值，那么容器的高度就会被固定住，就算网页内容过多，它也不会撑开，不过会显示全部内容；如果容器下面还有内容的话，那么这一块就会与下一块内容重合。

这个问题的解决办法是，不要设置高度的值，这样浏览器会根据内容自动判断高度，就不会出现内容重合的问题了。

11.5　实战技能训练营

▌实战 1：制作一个个人网站页面

CSS3 结合 HTML 文档，可以创建出各种版式的网页，本实例结合所学网页版式的知识，创建一个个人网站页面，运行效果如图 11-20 所示。

图 11-20　个人网站页面

实战 2：制作一个图片版式页面

结合本章所学知识，模拟百度图片中图片的显示样式，制作一个图片版式页面，分为显示图片区域和图片列表区域，该网页布局样式为左右版式。实例完成后，效果如图 11-21 所示。

图 11-21　图片版式页面效果

第12章 JavaScript和jQuery

📖 本章导读

JavaScript 是一种可以给网页增加交互性的脚本语言，拥有近二十年的发展历史。它的简单、易学易用特性，使其立于不败之地。jQuery 是 JavaScript 的函数库，简化了 HTML 与 JavaScript 之间复杂的处理程序，同时解决了跨浏览器的问题。

📘 知识导图

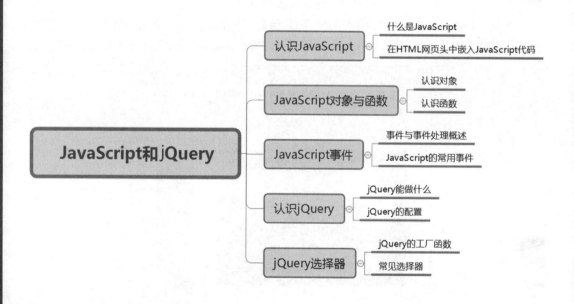

12.1 认识 JavaScript

JavaScript 是一种客户端的脚本程序语言，用于 HTML 网页制作，主要作用是为 HTML 网页增加动态效果。

12.1.1 什么是 JavaScript

JavaScript 最初由网景公司的 Brendan Eich 设计，是一种动态、弱类型、基于原型的语言，内置支持类。经过近二十年的发展，它已经成为健壮的基于对象和事件驱动并具有相对安全性的客户端脚本语言，同时也是一种广泛用于客户端 Web 开发的脚本语言，常用来给 HTML 网页添加动态功能，比如响应用户的各种操作。

JavaScript 可以弥补 HTML 的缺陷，实现 Web 页面客户端动态效果，其主要作用如下。

（1）动态改变网页内容。

HTML 是静态的，一旦编写，内容是无法改变的。JavaScript 可以弥补这种不足，可以将内容动态地显示在网页中。

（2）动态改变网页的外观。

JavaScript 通过修改网页元素的 CSS 样式，可动态地改变网页的外观，如修改文本的颜色、大小等属性，动态改变图片的位置等。

（3）验证表单数据。

为了提高网页的效率，用户在填写表单时，可以在客户端对数据进行合法性验证，验证成功之后才能提交到服务器上，进而减少服务器的负担和网络带宽的压力。

（4）响应事件。

JavaScript 是基于事件的语言，因此可以影响用户或浏览器产生的事件。只有事件产生时才会执行某段 JavaScript 代码，如用户单击计算按钮时，程序才显示运行结果。

12.1.2 在 HTML 网页头中嵌入 JavaScript 代码

JavaScript 脚本一般放在 HTML 网页头部的 <head> 与 </head> 标记对之间。这样，不会因为 JavaScript 影响整个网页的显示结果。

在 HTML 网页头部的 <head> 与 </head> 标记对之间嵌入 JavaScript 的格式如下：

```
<html>
<head>
<title>在HTML网页头中嵌入JavaScript代码<title>
<script language="JavaScript " >
<!—
…
JavaScript脚本内容
…
//-->
</script>
</head>
<body>
```

```
    …
    </body>
    </html>
```

在 `<script>` 与 `</script>` 标记对中添加相应的 JavaScript 脚本，就可以直接在 HTML 文件中调用 JavaScript 代码，以实现相应的效果。

实例1：在 HTML 网页头中嵌入 Java Script 代码

```
<!DOCTYPE html>
<html>
<head>
<script language = "javascript">
        document.write("欢迎来到
javascript动态世界");
</script>
</head>
<body>
    <p>学习javascript！！！
</body>
```

```
</html>
```

运行效果如图 12-1 所示，可以看到网页输出了两句话，其中第一句就是 JavaScript 中输出语句。

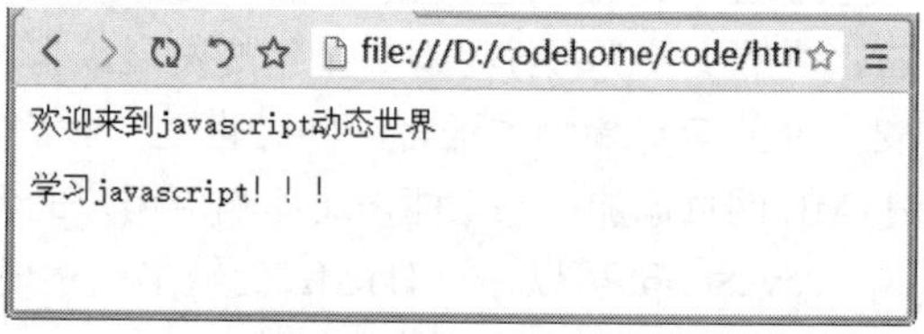

欢迎来到javascript动态世界

学习javascript！！！

图 12-1 嵌入 JavaScript 代码

注意： 在 JavaScript 的语法中，分号 ";" 是 JavaScript 程序一个语句结束的标识符。

12.2 JavaScript 对象与函数

下面介绍 JavaScript 对象与函数的使用方法。

12.2.1 认识对象

在 JavaScript 中，对象包括内置对象、自定义对象等多种类型，使用这些对象可大大简化 JavaScript 程序的设计，并提供直观、模块化的方式进行脚本程序开发。

对象（object）是一件事、一个实体、一个名词，可以获得的东西，可以想象有自己的标识的任何东西。

凡是能够提取一定度量数据，并能通过某种方式对度量数据实施操作的客观存在，都可以构成一个对象。同时，可以用属性来描述对象的状态，使用方法和事件来处理对象的各种行为。

（1）属性：用来描述对象的状态，通过定义属性值来定义对象的状态。

（2）方法：针对对象行为的复杂性，对象的某些行为可以用通用的代码来处理，这些代码就是方法。

（3）事件：由于对象行为的复杂性，对象的某些行为不能使用通用的代码来处理，需要用户根据实际情况来编写处理该行为的代码，该代码称为事件。JavaScript 中常见内部对象如表 12-1 所示。

表 12-1　JavaScript 中常见内部对象

对象名	功　能	静态动态性
Object 对象	使用该对象可以在程序运行时为 JavaScript 对象随意添加属性	动态对象
String 对象	用于处理或格式化文本字符串以及确定和定位字符串中的子字符串	动态对象
Date 对象	使用 Date 对象执行各种日期和时间的操作	动态对象
Event 对象	用来表示 JavaScript 的事件	静态对象
FileSystemObject 对象	主要用于实现文件操作功能	动态对象
Drive 对象	主要用于收集系统中的物理或逻辑驱动器资源中的内容	动态对象
File 对象	用于获取服务器端指定文件的相关属性	静态对象
Folder 对象	用于获取服务器端指定文件夹的相关属性	静态对象

12.2.2　认识函数

所谓函数，是指在程序设计中，可以将一段经常使用的代码"封装"起来，在需要时直接调用，这种"封装"叫函数。JavaScript 中可以使用函数来响应网页中的事件。

使用函数前，必须先定义函数，定义函数使用关键字 function。定义函数的语法格式如下：

```
function 函数名([参数1,参数2…]){
    //函数体语句

    [return 表达式]
}
```

上述代码的含义如下。

（1）function 为关键字，在此用来定义函数。

（2）"函数名"必须是唯一的，要通俗易懂，最好能看名知意。

（3）[ ] 中是可选部分，可有可无。

（4）可以使用 return 将值返回。

（5）参数是可选的，可以不带一个参数，也可以带多个参数，多个参数之间用逗号隔开。即使不带参数，也要在方法名后加一对圆括号。

实例 2：计算一元二次方程函数

编写函数 calcF，计算一元二次函数 $f(x)=4x^2+3x+2$ 的结果。单击"计算"按钮，用户通过输入框输入 x 的值，单击"确定"按钮，在页面中显示相应的计算结果。

01 创建 HTML 文档，结构如下：

```
<!DOCTYPE html>
<html>
<head>
<title>计算一元二次方程函数</title>
</head>
<body>
  <input type="button" value="计 算">
</body>
```

```
</html>
```

02 在 HTML 文档的 head 部分，增加如下 JavaScript 代码：

```
<script type="text/javascript">
    function calcF(x){
    var result;           //
声明变量,存储计算结果
    result=4*x*x+3*x+2;        //
计算一元二次方程值
    alert("计算结果: "+result);   //输
出运算结果
    }
    </script>
```

03 为"计算"按钮添加 onclick（单击）事件，调用 calcF 函数。将 HTML 文件中 <input

type="button" value=" 计算 "> 代码修改如下：

```
<input type="button" value="计    算
" onClick="calcF(prompt('请输入一个数值:
'))">
```

本例需要用到参数，这样就可以计算任意数的一元二次函数值。如果没有该参数，函数的功能将会非常单一。prompt 是系统内置的调用输入框的方法，该方法可以带参数，也可以不带参数。

04 运行代码，即可显示如下页面效果，如图 12-2 所示。

图 12-2　加载网页效果

05 单击"计算"按钮，弹出一个输入框，在其中输入一个数值，如图 12-3 所示。

图 12-3　输入数值

06 单击"确定"按钮，即可得出计算结果，如图 12-4 所示。

图 12-4　显示计算结果

12.3　JavaScript 事件

JavaScript 是基于对象（Object-based）的语言，它的一个最基本特征就是采用事件驱动，这可以使图形界面环境下的一切操作变得简单化。通常，鼠标或热键的动作称为事件；由鼠标或热键引发的一连串程序动作，称为事件驱动；而对事件进行处理的程序或函数，称为事件处理程序。

12.3.1　事件与事件处理概述

事件由浏览器动作如浏览器载入文档或用户动作如敲击键盘、滚动鼠标等触发，而事件处理程序则说明一个对象如何响应事件。在早期支持 JavaScript 脚本的浏览器中，事件处理程序是作为 HTML 标记的附加属性加以定义的，其形式如下：

```
<input type="button" name="MyButton" value="Test Event" onclick="MyEvent()">
```

大部分事件的命名都是描述性的，如 click、submit、mouseover 等，通过其名称就可以知道其含义。但是也有少数事件的名字不易理解，如 blur 在英文中的含义是"模糊的"，而在这里表示的是一个域或者一个表单失去焦点。在一般情况下，事件处理器名称是在事件名称之前添加前缀，如对于 click 事件，其处理器名为 onclick。

事件不仅仅局限于鼠标和键盘操作，也包括浏览器的状态改变，如绝大部分浏览器支持类似 resize 和 load 这样的事件等。load 事件在浏览器载入文档时被触发，如果某事件要在文档载入时被触发，一般应该在 <body> 标记中加入语句 onload="MyFunction()"；而 resize 事件在用户改变浏览器窗口的大小时触发，当用户改变窗口大小时，有时需要改变文档页面的内容布局，从而使其以恰当、友好的方式显示给用户。

在现代事件模型中，引入了 Event 对象，它包含其他对象使用的常量和方法的集合。当事件发生后，产生临时的 Event 对象实例，而且还附带当前事件的信息，如鼠标定位、事件类型等，然后将其传递给相关的事件处理器进行处理。待事件处理完毕后，该临时 Event 对象实例所占据的内存空间被释放，浏览器等待其他事件出现并进行处理。如果短时间内发生的事件较多，浏览器按事件发生的顺序将这些事件排序，然后按照排好的顺序依次执行这些事件。

事件可以发生在很多场合，包括浏览器本身的状态和页面中的按钮、链接、图片、层等。同时根据 DOM 模型，文本也可以作为对象，并响应相关的动作，如点击鼠标、文本被选择等。事件的处理方法甚至结果同浏览器的环境有很大的关系，浏览器的版本越新，所支持的事件处理器就越多，支持也就越完善。所以在编写 JavaScript 脚本时，要充分考虑浏览器的兼容性，这样才可以编写出适合大多数浏览器的安全脚本。

12.3.2　JavaScript 的常用事件

JavaScript 的常用事件如表 12-2 所示。

表 12-2　常用事件

事　件	说　明
onmousedown	按下鼠标时触发此事件
onclick	鼠标单击时触发此事件
onmouseover	鼠标移到目标的上方触发此事件
onmouseout	鼠标移出目标的上方触发此事件
onload	网页载入时触发此事件
onunload	离开网页时触发此事件
onfocus	网页上的元素获得焦点时触发此事件
onmove	浏览器的窗口被移动时触发此事件
onresize	当浏览器的窗口大小被改变时触发此事件
onScroll	浏览器的滚动条位置发生变化时触发此事件
onsubmit	提交表单时触发此事件

下面以鼠标的 onclick 事件为例进行讲解。

实例 3：通过按钮变换背景颜色

```
<!DOCTYPE html >
<html>
<head>
<title>通过按钮变换背景颜色</title>
</head>
<body>
<script language="javascript">
var Arraycolor=new Array("olive",
"teal","red","blue","maroon","navy",
```

```
"lime","fuschia","green","purple","gray
","yellow","aqua","white","silver");
    var n=0;
    function turncolors(){
    if (n==(Arraycolor.length-1))
n=0;
    n++;
    document.bgColor = Arraycolor[n];
    }
    </script>
<form name="form1" method="post"
action="">
```

```
    <p>
        <input type="button"
name="Submit" value="变换背景"
onclick="turncolors()">
    </p>
        <p>用按钮随意变换背景颜色.</p>
    </form>
</body>
```

```
</html>
```

运行上述代码，预览效果如图 12-5 所示，单击"变换背景"按钮，就可以动态地改变页面的背景颜色；当用户再次单击该按钮时，页面背景将以不同的颜色进行显示，如图 12-6 所示。

图 12-5　预览效果

图 12-6　改变背景颜色

12.4　认识 jQuery

　　jQuery 是一套开放原始代码的 JavaScript 函数库，它的核心理念是写得更少，做得更多。如今，jQuery 已经成为最流行的 JavaScript 函数库。

12.4.1　jQuery 能做什么

　　最开始时，jQuery 所提供的功能非常有限，仅仅能增强 CSS 的选择器功能。如今 jQuery 已经发展到集 JavaScript、CSS、DOM 和 Ajax 于一体的优秀框架，其模块化的使用方式使开发者可以很轻松地开发出功能强大的静态网页或动态网页。目前，很多网站的动态效果就是利用 jQuery 脚本库制作出来的，如中国网络电视台、CCTV、京东商城等。

　　下面来介绍京东商城应用的 jQuery 效果。访问京东商城的首页时，在右侧有话费、旅行、彩票、游戏等栏目，这里就应用 jQuery 实现了标签页的效果。将鼠标指针移动到"话费"栏目上，标签页中将显示手机话费充值的相关内容，如图 12-7 所示；将鼠标指针移动到"游戏"栏目上，标签页中将显示游戏充值的相关内容，如图 12-8 所示。

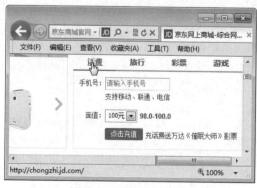

图 12-7　"话费"栏目

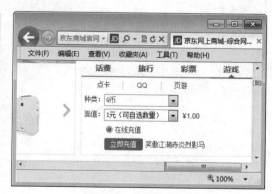

图 12-8　"游戏"栏目

12.4.2　jQuery 的配置

　　要想在开发网站的过程中应用 jQuery 库，需要配置它。jQuery 是一个开源的脚本库，可以从其官方网站（http://jquery.com）中下载。将 jQuery 库下载到本地计算机后，还需要在项目中配置 jQuery 库，即将下载的后缀名为 .js 文件放置到项目的指定文件夹中（通常放置在 JS 文件夹中），然后根据需要在应用 jQuery 的页面中使用下面的语句，将其引用到文件中：

```
<script src="jquery.min.js"type="text/javascript" ></script>
```

　　或者：

```
<script Language="javascript" src="jquery.min.js"></script>
```

> **注意**：引用 jQuery 的 <script> 标记，必须放在所有自定义脚本的 <script> 之前，否则在自定义的脚本代码中不能应用 jQuery 脚本库。

12.5　jQuery 选择器

　　在 JavaScript 中，要想获取元素的 DOM 元素，必须使用该元素的 ID 和 TagName，但是在 jQuery 库中却提供了许多功能强大的选择器帮助开发人员获取页面上的 DOM 元素，而且获取到的每个对象都以 jQuery 包装集的形式返回。

12.5.1　jQuery 的工厂函数

　　"$" 是 jQuery 中最常用的一个符号，用于声明 jQuery 对象。可以说，在 jQuery 中，无论使用哪种类型的选择器，都需要从一个 "$" 符号和一对 "()" 开始。在 "()" 中，通常使用字符串参数，参数中可以包含任何 CSS 选择符表达式。其通用语法格式如下：

```
$(selector)
```

　　"$" 常用的用法有以下几种。

　　（1）在参数中使用标记名，如：$("div")，用于获取文档中全部的 DIV。

　　（2）在参数中使用 ID，如：$("#usename")，用于获取文档中 ID 属性值为 usename 的一个元素。

　　（3）在参数中使用 CSS 类名，如：$(".btn_grey")，用于获取文档中使用 CSS 类名为 btn_grey 的所有元素。

实例 4：选择文本段落中的奇数行

```
<!DOCTYPE html >
<html>
<head>
    <title>$符号的应用</title>
        <script language="javascript"
src="jquery.min.js"></script>
        <script language="javascript">
            window.onload = function(){
                var oElements =
$("p:odd");        //选择匹配元素
                for(var
i=0;i<oElements.length;i++)
                    oElements[i].
innerHTML = i.toString();
                }
        </script>
    </head>
    <body>
    <div id="body">
```

173

```
    <p>第一行</p>
    <p>第二行</p>
    <p>第三行</p>
    <p>第四行</p>
    <p>第五行</p>
</div>
</body>
</html>
```

运行结果如图 12-9 所示。

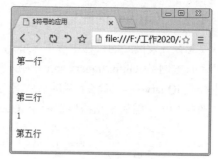

图 12-9　$ 符号的应用

12.5.2　常见选择器

在 jQuery 中，常见的选择器如下。

1. 基本选择器

jQuery 的基本选择器是应用最广泛的选择器，是其他类型选择器的基础，是 jQuery 选择器中最为重要的部分。jQuery 的基本选择器包括 ID 选择器、元素选择器、类别选择器、复合选择器等。

2. 层级选择器

层级选择器是根据 DOM 元素之间的层次关系来获取特定的元素，例如后代元素、子元素、相邻元素和兄弟元素等。

3. 过滤选择器

jQuery 过滤选择器主要包括简单过滤器、内容过滤器、可见性过滤器、表单对象的属性选择器和子元素选择器等。

4. 属性选择器

属性选择器是将元素的属性作为过滤条件来进行筛选对象的选择器，常见的属性选择器主要有 [attribute]、[attribute=value]、[attribute!=value]、[attribute$=value] 等。

5. 表单选择器

表单选择器用于选取经常在表单内出现的元素，不过，选取的元素并不一定在表单之中。jQuery 提供的表单选择器主要包括：input 选择器、text 选择器、password 选择器、radio 选择器、checkbox 选择器、submit 选择器、reset 选择器、button 选择器、image 选择器、file 选择器。

下面以表单选择器为例讲解使用选择器的方法。

实例5：为表单元素添加背景色

```
<!DOCTYPE html >
<html>
<head>
    <script type="text/javascript"
src="jquery.min.js"></script>
    <script type="text/javascript">
            $(document).
ready(function(){
                $(":file").
css("background-color","#B2E0FF");
        });
    </script>
```

```
</head>
<body>
<form action="">
    姓名: <input type="text" name="
姓名" />
    <br />
    密码: <input type="password"
name="密码" />
    <br />
    <button type="button">按钮1</
button>
    <input type="button" value="按钮
2" />
    <br />
    <input type="reset" value="重置
```

```
" />
        <input type="submit" value="提交
" />
        <br />
        文件域: <input type="file">
</form>
</body>
</html>
```

　　运行结果如图 12-10 所示，可以看到网页中表单类型为 file 的元素被添加了背景色。

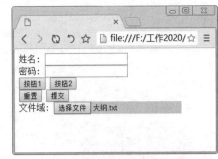

图 12-10　表单选择器的应用

12.6　新手常见疑难问题

▎疑问 1：JavaScript 支持的对象主要包括哪些？

　　JavaScript 支持的对象主要包括如下类型。

　　（1）JavaScript 核心对象：包括同基本数据类型相关的对象（如 String、Boolean、Number）、允许创建用户自定义和组合类型的对象（如 Object、Array）和其他能简化 JavaScript 操作的对象（如 Math、Date、RegExp、Function）。

　　（2）浏览器对象：包括不属于 JavaScript 语言本身但被绝大多数浏览器所支持的对象，如控制浏览器窗口和用户交互界面的 Window 对象、提供客户端浏览器配置信息的 Navigator 对象。

　　（3）用户自定义对象：Web 应用程序开发者用于完成特定任务而创建的自定义对象，可自由设计对象的属性、方法和事件处理程序，编程灵活性较大。

　　（4）文本对象：由文本域构成的对象，在 DOM 中定义，同时赋予很多特定的处理方法，如 insertData()、appendData() 等。

▎疑问 2：如何查看浏览器的版本？

　　使用 Javascript 代码，可以轻松地实现查看浏览器版本的目的，具体代码如下：

```
<script type="text/javascript">
  var browser=navigator.appName
  var b_version=navigator.appVersion
  var version=parseFloat(b_version)
  document.write("浏览器名称: "+ browser)
  document.write("<br />")
  document.write("浏览器版本: "+ version)
</script>
```

12.7　实战技能训练营

▎实战 1：设计一个商城计算器

　　编写能对两个操作数进行加、减、乘、除运算的简易计算器。例如，加运算效果如图 12-11 所示。

实战 2：设计动态显示当前时间的页面

结合所学知识，制作一个动态时钟，实现动态显示当前时间。运行结果如图 12-12 所示。

图 12-11　商城计算器

图 12-12　动态时钟

第13章 jQuery Mobile快速入门

本章导读

jQuery Mobile 是用于创建移动 Web 应用的前端开发框架。jQuery Mobile 框架应用于智能手机与平板电脑，可以解决不同移动设备上网页显示界面不统一的问题。本章将重点学习 jQuery Mobile 的基础知识和使用方法。

知识导图

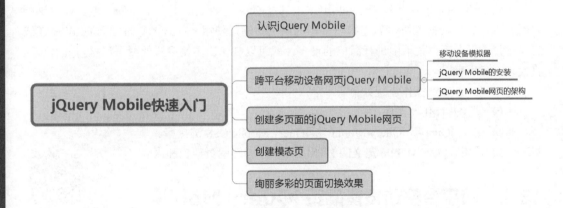

13.1　认识 jQuery Mobile

jQuery Mobile 是 jQuery 在手机和平板设备上的版本。jQuery Mobile 不仅给主流移动平台带来 jQuery 核心库，而且发布了一个完整统一的 jQuery 移动 UI 框架。利用 jQuery Mobile 制作出来的网页，能够支持全球主流的移动平台，而且在浏览网页时，能够拥有操作应用软件一样的触碰和滑动效果。

jQuery Mobile 的优势如下所示。

（1）简单易用：jQuery Mobile 简单易用。页面开发主要使用标记，无须或仅需要很少 JavaScript。jQuery Mobile 通过 HTML 5 标记和 CSS3 规范来配置和美化页面，对于已经熟悉 HTML 5 和 CSS3 的读者来说，上手非常容易，架构清晰。

（2）跨平台：目前大部分的移动设备浏览器都支持 HTML 5 标准和 jQuery Mobile，所以可以实现跨不同的移动设备，例如 Android、Apple iOS、BlackBerry、Windows Phone、Symbian 和 MeeGo 等。

（3）提供丰富的函数库：对于常见的键盘、触碰功能，开发人员不用编写代码，只需要简单的设置，就可以实现需要的功能，大大减少了程序开发的时间。

（4）丰富的布景主题和 ThemeRoller 工具：jQuery Mobile 提供了布局主题，通过这些主题，可以轻轻松松地快速创建绚丽多彩的网页。通过使用 jQuery UT 的 ThemeRoller 在线工具，只需要在下拉菜单中进行简单的设置，就可以制作出丰富多彩的网页风格，并且可以将代码下载后应用。

jQuery Mobile 的操作流程如下。

（1）创建 HTML 5 文件。

（2）载入 jQuery、jQuery Mobile 和 jQuery Mobile CSS 链接库。

（3）使用 jQuery Mobile 定义的 HTML 标准，编写网页架构和内容。

13.2　跨平台移动设备网页 jQuery Mobile

学习移动设备的网页设计开发，遇到的最大难题是跨浏览器支持的问题。为了解决这个问题，jQuery 推出了新的函数库 jQuery Mobile，它主要用于统一当前移动设备的用户界面。

13.2.1　移动设备模拟器

网页制作完成后，需要在移动设备上预览最终的效果。为了方便预览效果，用户可以使用移动设备模拟器，常见的移动设备模拟器是 Opera Mobile Emulator。

Opera Mobile Emulator 是一款针对电脑桌面开发的模拟移动设备的浏览器，几乎完全模拟 opera mobile 手机浏览器的使用效果，可自行设置需要模拟的不同型号的手机和平板电脑配置，然后在电脑上模拟各类手机等移动设备访问网站。

Opera Mobile Emulator 的下载网址为 http://www.opera.com/zh-cn/developer/mobile-emulator/，根据不同的系统选择不同的版本，这里选择 Windows 系统下的版本，如图 13-1 所示。

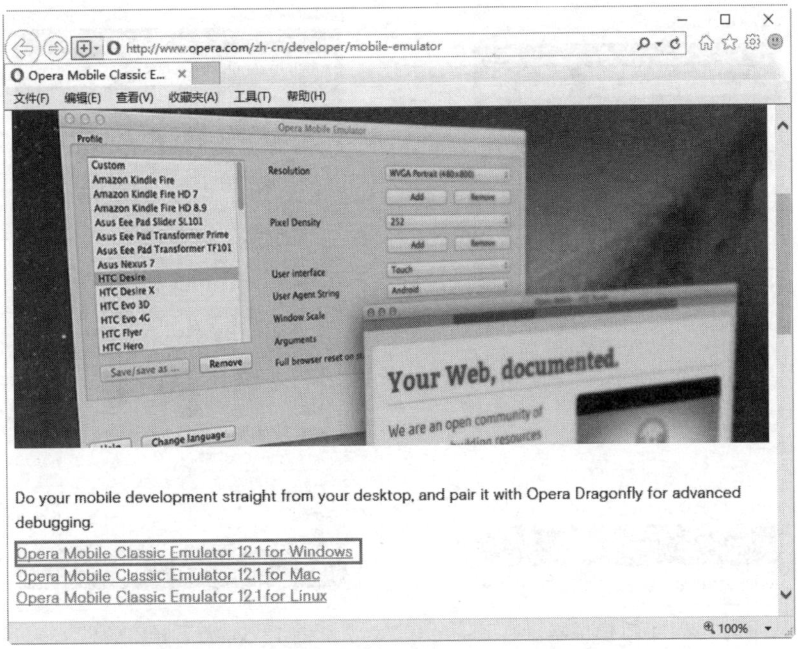

图 13-1　Opera Mobile Emulator 的下载页面

下载并安装之后启动 Opera Mobile Emulator，打开如图 13-2 所示的窗口，在"资料"列表中选择移动设备的类型，这里选择 LG Optimus 3D 选项，单击"启动"按钮。

打开欢迎界面，用户可以单击不同的链接，查看该软件的功能，如图 13-3 所示。

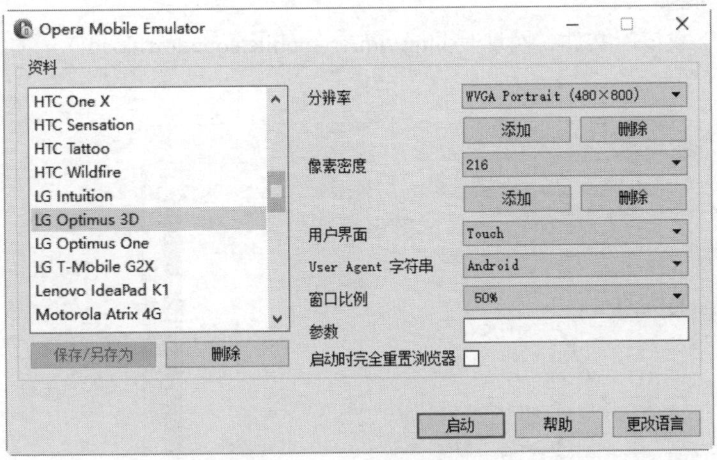

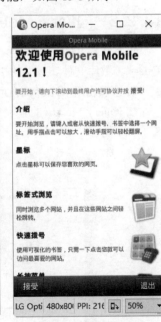

图 13-2　参数设置界面　　　　　　　　　图 13-3　欢迎界面

单击"接受"按钮，打开手机模拟器窗口，在"输入网址"文本框中输入需要查看网页效果的地址，如图 13-4 所示。

例如，这里直接单击"当当网"图标，即可查看当当网在该移动设备模拟器中的效果，如图 13-5 所示。

图 13-4　手机模拟器窗口　　　　　　图 13-5　查看预览效果

Opera Mobile Emulator 不仅可以查看移动网页的效果，还可以任意调整窗口的大小，从而可以查看不同屏幕尺寸的效果，这一点也是 Opera Mobile Emulator 与其他移动设备模拟器相比最大的优势。

13.2.2　jQuery Mobile 的安装

想要开发 jQuery Mobile 网页，必须引用 JavaScript 函数库（.js）、CSS 样式表和配套的 jQuery 函数库文件。常见的引用方法有以下两种。

1. 直接引用 jQuery Mobile 库文件

从 jQuery Mobile 的官网下载该库文件（网址是 http://jquerymobile.com/download/），如图 13-6 所示。

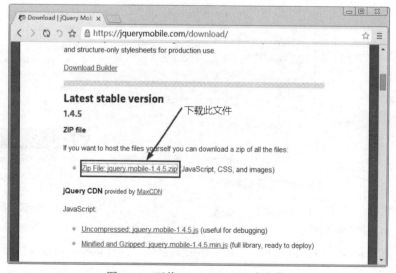

图 13-6　下载 jQuery Mobile 库文件

下载完成后解压，然后直接引用文件即可，代码如下：

```
<head>
<meta name="viewport" content="width=device-width, initial-scale=1">
<link rel="stylesheet" href="jquery.mobile/jquery.mobile-1.4.5.css">
<script src="jquery.min.js"></script>
<script src="jquery.mobile/jquery.mobile-1.4.5.js"></script>
</head>
```

> **注意**：将下载的文件解压到和网页相同的目录下，并且命名文件夹为 jquery.mobile，否则会因无法引用而报错。

细心的读者会发现，在 <script> 标记中没有插入 type="text/javascript"，这是因为所有浏览器中 HTML 5 的默认脚本语言都是 JavaScript，所以在 HTML 5 中已经不再需要该属性。

2. 从 CDN 中加载 jQuery Mobile

CDN 的全称是 Content Delivery Network，即内容分发网络。其基本思路是尽可能避开互联网上有可能影响数据传输速度和稳定性的瓶颈和环节，使内容传输得更快、更稳定。

使用 CDN 中加载 jQuery Mobile，用户不需要在电脑上安装任何东西，仅需要在网页中加载层叠样式（.css）和 JavaScript 库（.js），就能够使用 jQuery Mobile。

用户可以从 jQuery Mobile 官网中查找引用路径，网址是 http://jquerymobile.com/download/，进入该网站后，找到 jQuery Mobile 的引用链接，将其复制后添加到 HTML 文件 <head> 标记中即可，如图 13-7 所示。

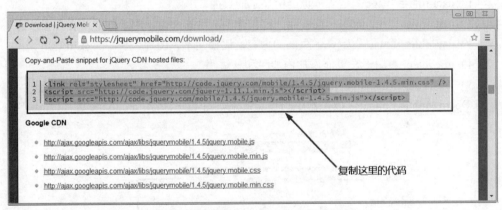

图 13-7 复制 jQuery Mobile 的引用链接

将代码复制到 <head> 标记块内，代码如下所示：

```
<head>
<!-- meta使用viewport以确保页面可自由缩放 -->
<meta name="viewport" content="width=device-width, initial-scale=1">
<!-- 引入 jQuery Mobile 样式 -->
  <link rel="stylesheet" href="http://code.jquery.com/mobile/1.4.5/jquery.mobile-1.4.5.min.css">
  <!-- 引入 jQuery 库 -->
  <script src="http://code.jquery.com/jquery-1.11.1.min.js"></script>
  <!-- 引入 jQuery Mobile 库 -->
  <script src="http://code.jquery.com/mobile/1.4.5/jquery.mobile-1.4.5.min.js"></script>
  </head>
```

注意: 由于 jQuery Mobile 函数库仍然在开发中，所以引用的链接中的版本号可能会与本书不同，请使用官方提供的最新版本。只要按照上述方法将代码复制下来进行引用即可。

13.2.3　jQuery Mobile 网页的架构

jQuery Mobile 网页是由 header、main 与 footer 3 个区域组成的架构，利用 <div> 标记加上 HTML 5 自定义属性 "data-*" 来定义移动设备网页组件样式。最基本的属性 data-role 可以用来定义移动设备的页面架构，语法格式如下：

```
<div data-role="page">
    <!—开始一个page-->
    <div data-role="header">
        <h1>这个是标题</h1>
    </div>
    <div data-role="main" class="ui-content">
        <p>这里是内容</p>
    </div>
    <div data-role="footer">
        <h1>底部文本</h1>
    </div>
</div>
```

上述代码分析如下。

（1）data-role= "page" 是在浏览器中显示的页面。

（2）data-role= "header" 是在页面顶部创建的工具条，通常用于标题或者搜索按钮。

（3）data-role= "main" 定义了页面的内容，比如文本、图片、表单、按钮等。

（4）ui-content 类用于在页面添加内边距和外边距。

（5）data-role= "footer" 用于创建页面底部工具条。

在 Opera Mobile Emulator 模拟器中的预览效果如图 13-8 所示。

图 13-8　程序预览效果

从结果可以看出，jQuery Mobile 网页以页（page）为单位，一个 HTML 页面可以放一个页面，也可以放多个页面，只是浏览器每次只会显示一页。如果有多个页面，需要在页面中添加超链接，从而实现多个页面的切换。

13.3 创建多页面的 jQuery Mobile 网页

本实例将制作一个多页面的 jQuery Mobile 网页，并创建多个页面，使用不同的 ID 属性可区分不同的页面。

实例 1：创建多页面的 jQuery Mobile 网页

```
<!DOCTYPE html>
<html>
<head>
    <meta charset="UTF-8">
        <meta name="viewport"
content="width=device-width, initial-
scale=1">
        <link rel="stylesheet"
href="jquery.mobile/jquery.mobile-
1.4.5.min.css">
        <script src="jquery.min.js"></
script>
        <script src="jquery.mobile/
jquery.mobile-1.4.5.min.js"></script>
    </head>
    <body>
    <div data-role="page" id="first">
        <div data-role="header">
            <h1>老码识途课堂</h1>
        </div>
        <div data-role="main"
class="ui-content">
            <h3>网络安全对抗训练营</h3>
            <p>网络安全对抗训练营在剖析用户
进行黑客防御中迫切需要或想要用到的技术时，力求
对其进行"傻瓜"式的讲解，使学生对网络防御技术有
一个系统的了解，能够更好地防范黑客的攻击。</p>
```

```
            <a href="#second">下一页</a>
        </div>
        <div data-role="footer">
            <h1>打造经典IT课程</h1>
        </div>
    </div>
    <div data-role="page" id="second">
        <div data-role="header">
            <h1>老码识途课堂</h1>
        </div>
        <div data-role="main"
class="ui-content">
            <h3>网站前端开发训练营</h3>
            <p>网站前端开发的职业规划包括网
页制作、网页制作工程师、前端制作工程师、网站重
构工程师、前端开发工程师、资深前端工程师、前端
架构师。</p>
            <a href="#first">上一页</a>
        </div>
        <div data-role="footer">
            <h1>打造经典IT课程</h1>
        </div>
    </div>
    </body>
</html>
```

在 Opera Mobile Emulator 模拟器中的预览效果如图 13-9 所示。单击"下一页"超链接，即可进入第二页，如图 13-10 所示。单击"上一页"超链接，即可返回到第一页中。

图 13-9　程序预览效果

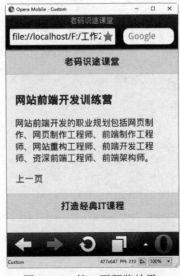

图 13-10　第二页预览效果

13.4　创建模态页

jQuery Mobile 模态页面也称为模态对话框，它是一个带有圆角标题栏和关闭按钮的浮动层，以独占方式打开，背景被遮罩层覆盖，只有关闭模态页后才能执行其他操作。

jQuery Mobile 通过 data-dialog 属性来创建模态页，代码如下：

```
data-dialog="true"
```

实例 2：创建模态页

```
<!DOCTYPE html>
<html>
<head>
  <meta charset="UTF-8">
  <meta name="viewport"
content="width=device-width, initial-
scale=1">
  <link rel="stylesheet"
href="jquery.mobile/jquery.mobile-
1.4.5.min.css">
  <script src="jquery.min.js"></
script>
  <script src="jquery.mobile/
jquery.mobile-1.4.5.min.js"></script>
</head>
<body>
<div data-role="page" id="first">
  <div data-role="header">
     <h1>老码识途课堂</h1>
  </div>
   <div data-role="main" class="ui-
content">
       <h3>1.网络安全对抗训练营  <a
href="#second">课程详情</a></h3>
        <h3>2.网站前端开发训练营<a
href="#third">课程详情</a></h3>
       <h3>3.Python爬虫智能训练营<a
href="#Fourth">课程详情</a></h3>
     </div>
     <div data-role="footer">
       <h1>打造经典IT课程</h1>
     </div>
  </div>
  <div data-role="page" data-
dialog="true" id="second">
  <div data-role="header">
     <h1>网络安全课程 </h1>
  </div>

     </div>
     <div data-role="footer">
       <h1>打造经典IT课程</h1>
     </div>
  </div>
  <div data-role="page" data-
dialog="true" id="third">
```

```
  <div data-role="header">
     <h1>网站前端课程 </h1>
  </div>
     <div data-role="main" class="ui-
content">
       <p>网站前端开发的职业规划包括网页制
作、网页制作工程师、前端制作工程师、网站重构工
程师、前端开发工程师、资深前端工程师、前端架构
师。</p>
       <a href="#first">上一页</a>
     </div>
     <div data-role="footer">
       <h1>打造经典IT课程</h1>
     </div>
  </div>
  <div data-role="page" data-
dialog="true" id="Fourth">
     <div data-role="header">
       <h1>Python课程 </h1>
     </div>
       <div data-role="main" class="ui-
content">
       <p>人工智能时代的来临,随着互联网数
据越来越开放,越来越丰富。基于大数据来做的事也
越来越多。数据分析服务、互联网金融、数据建模、
医疗病例分析、自然语言处理、信息聚类,这些都是
大数据的应用场景,而大数据的来源都是利用网络爬
虫来实现。</p>
       <a href="#first">上一页</a>
     </div>
     <div data-role="footer">
       <h1>打造经典IT课程</h1>
     </div>
  </div>
  </body>
  </html>
```

在 Opera Mobile Emulator 模拟器中的预览效果如图 13-11 所示。单击任意一个课程右侧的"课程详情"链接，即可打开一个课程详情的模态页，如图 13-12 所示。

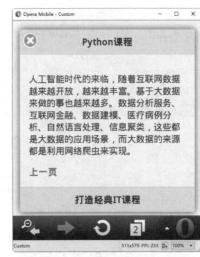

<table>
<tr><td>图 13-11　程序预览效果</td><td>图 13-12　模态页预览效果</td></tr>
</table>

从结果可以看出，模态页与普通页面不同，它显示在当前页面上，但又不会填充完整的页面，顶部  图标用于关闭模态页；单击"上一页"链接也可以关闭模态页。

13.5　绚丽多彩的页面切换效果

jQuery Mobile 提供了页面切换到下一个页面的各种效果。通过设置 data-transition 属性，可完成各种页面切换效果，语法规则如下：

```
<a href="#link" data-transition="切换效果">切换下一页</a>
```

其中切换效果有很多，如表 13-1 所示。

表 13-1　页面切换效果

页面效果参数	含　义
fade	默认的切换效果。淡入到下一页
none	无过渡效果
flip	从后向前翻转到下一页
flow	抛出当前页，进入下一页
pop	像弹出窗口那样转到下一页
slide	从右向左滑动到下一页
slidefade	从右向左滑动并淡入到下一页
slideup	从下到上滑动到下一页
slidedown	从上到下滑动到下一页
turn	转向下一页

注意：在 jQuery Mobile 的所有链接上，默认使用淡入淡出的效果。

例如，设置页面从右向左滑动到下一页，代码如下：

```
<a href="#second" data-transition="slide">切换下一页</a>
```

上面的所有效果支持后退行为。例如，用户想让页面从左向右滑动，可以设置 data-direction 属性为 reverse 值即可，代码如下：

```
<a href="#second" data-transition="slide" data-direction="reverse">切换下一页</a>
```

实例 3：设计绚丽多彩的页面切换效果

```
<!DOCTYPE html>
<html>
<head>
    <meta charset="UTF-8">
        <meta name="viewport"
content="width=device-width, initial-
scale=1">
        <link rel="stylesheet"
href="jquery.mobile/jquery.mobile-
1.4.5.min.css">
        <script src="jquery.min.js"></
script>
        <script src="jquery.mobile/
jquery.mobile-1.4.5.min.js"></script>
</head>
<body>
<div data-role="page" id="first">
    <div data-role="header">
        <h1>商品秒杀</h1>
    </div>
        <div data-role="main"
class="ui-content">
            <p>1．杜康酒 99元一瓶</p>
            <p>2．鸡尾酒 88元一瓶</p>
            <p>3．五粮液 7199元一瓶</p>
            <p>4．太白酒 78元一瓶</p>
            <!—实现从右到左切换到下一页
-->
            <a href="#second" data-
transition="slide" >下一页</a>
        </div>
```

```
    <div data-role="footer">
        <h1>中外名酒</h1>
    </div>
</div>
<div data-role="page" id="second">
    <div data-role="header">
        <h1>商品秒杀</h1>
    </div>
        <div data-role="main"
class="ui-content">
            <p>1．干脆面 16元一箱</p>
            <p>2．黑锅巴 2元一袋</p>
            <p>3．烤香肠 1元一根</p>
            <p>4．甜玉米 5元一根</p>
            <!—实现从左到右切换到下一页
-->
            <a href="#first"
data-transition="slide" data-
direction="reverse">上一页</a>
    </div>
    <div data-role="footer">
        <h1>美味零食</h1>
    </div>
</div>
</body>
</html>
```

在 Opera Mobile Emulator 模拟器中的预览效果如图 13-13 所示。单击"下一页"超链接，即可从右到左滑动进入第二页，如图 13-14 所示。单击"上一页"超链接，即可从左到右滑动返回到第一页中。

图 13-13　程序预览效果

图 13-14　第二页预览效果

13.6 新手常见疑难问题

▌疑问 1：如何在模拟器中查看做好的网页效果？

HTML 文件制作完成后，要想在模拟器中测试，可以在地址栏中输入文件的路径，例如输入如下语句：

```
file://localhost/D:/本书案例源代码/ch13/13.1.html
```

为了防止输入错误，可以直接将文件拖曳到地址栏中，模拟器会自动添加完整路径。

▌疑问 2：jQuery Moblie 都支持哪些移动设备？

目前市面上移动设备非常多，如果想查询 jQuery Moblie 所支撑的移动设备，可以参照 jQuery Moblie 网站的各厂商支持表，还可以参考维基百科网站对 jQuery Moblie 说明中提供的 Mobile browser support 一览表。

▌疑问 3：如何将外部链接页面以模态页的方式打开？

在 jQuery Moblie 中，创建模态页的方式很简单，只需要在指向页面的链接标记中设置 data-rel 的属性值为 dialog。例如以模态框的方式打开外部链接文件 page1.html，代码如下：

```
<a href="page1.html"  data-rel="dialog">打开外部链接页面</a>
```

13.7 实战技能训练营

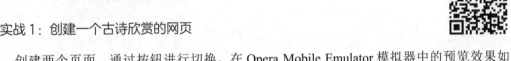

▌实战 1：创建一个古诗欣赏的网页

创建两个页面，通过按钮进行切换。在 Opera Mobile Emulator 模拟器中的预览效果如图 13-15 所示。单击"下一页"超链接，即可进入第二页，如图 13-16 所示。单击"上一页"超链接，即可返回到第一页中。

图 13-15　程序预览效果

图 13-16　第二页预览效果

| 实战 2：创建一个诗词详情的模态页

结合所学知识，创建一个用于显示诗歌详情的创建模态页。在 Opera Mobile Emulator 模拟器中的预览效果如图 13-17 所示。单击课程下的"查看详情"链接，即可打开古诗详情的模态页，如图 13-18 所示。

图 13-17　程序预览效果

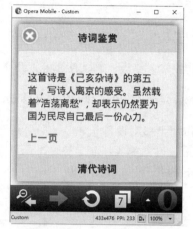

图 13-18　对话框预览效果

第14章 使用UI组件

📖 **本章导读**

　　jQuery Mobile 针对用户界面提供了各种可视化的组件，包括按钮、复选框、选择菜单、列表、弹窗、工具栏、面板、导航和布局等。这些可视化组件与 HTML 5 标记一起使用，即可轻轻松松地开发出绚丽多彩的移动网页。本章将重点学习这些组件的使用方法和技巧。

📑 **知识导图**

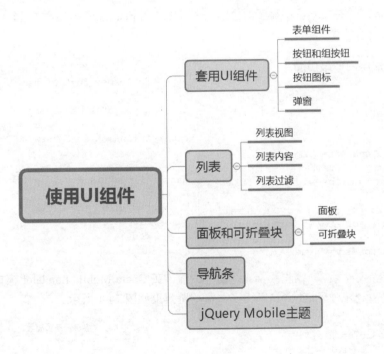

14.1 套用 UI 组件

jQuery Mobile 提供很多可视化的 UI 组件，只要套用之后，就可以生成绚丽并且适合移动设备使用的组件。jQuery Mobile 中各种可视化的 UI 组件与 HTML 5 标记大同小异。下面介绍常用的组件的用法，其中按钮、列表等功能变化比较的大的组件后面会做详细介绍。

14.1.1 表单组件

jQuery Mobile 使用 CSS 自动为 HTML 表单添加样式，让它们看起来更具吸引力，触摸起来更具友好性。

在 jQuery Mobile 中，经常使用的表单组件如下。

1. 文本输入框

文本输入框的语法规则如下：

```
<input type="text" name="fname" id="fname" value="...">
```

其中 value 属性是文本框中显示的内容，也可以使用 placeholder 来指定一个简短的描述，用来解释输入内容的含义。

▎实例 1：创建用户登录页面

```
<!DOCTYPE html>
<html>
<head>
    <meta charset="UTF-8">
        <meta name="viewport"
content="width=device-width, initial-
scale=1">
        <link rel="stylesheet"
href="jquery.mobile/jquery.mobile-
1.4.5.min.css">
        <script src="jquery.min.js"></
script>
        <script src="jquery.mobile/
jquery.mobile-1.4.5.min.js"></script>
    </head>
    <body>
<div data-role="first">
    <div data-role="header">
        <h1>会员登录页面</h1>
    </div>
        <div data-role="main"
class="ui-content">
            <form>
                <div class="ui-field-
contain">
                    <label
for="fullname">姓名: </label>
```

```
                    <input type="text"
name="fullname" id="fullname">
                        <label
for="password">密码: </label>
                        <input type="text"
name="fullname" id="password">
                </div>
                <input type="submit"
data-inline="true" value="登录">
            </form>
        </div>
    </div>
</body>
</html>
```

在 Opera Mobile Emulator 模拟器中的预览效果如图 14-1 所示。

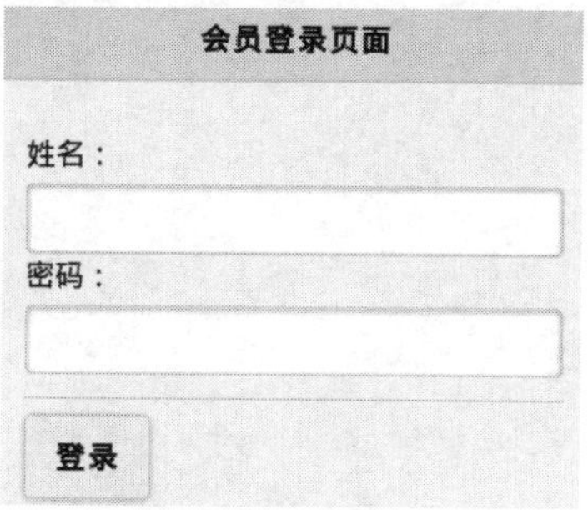

图 14-1　用户登录页面

2. 文本域

使用 <textarea> 可以实现多行文本输入效果。

实例 2：创建用户反馈页面

```
<!DOCTYPE html>
<html>
<head>
    <meta charset="UTF-8">
        <meta name="viewport"
content="width=device-width, initial-
scale=1">
        <link rel="stylesheet"
href="jquery.mobile/jquery.mobile-
1.4.5.min.css">
        <script src="jquery.min.js"></
script>
        <script src="jquery.mobile/
jquery.mobile-1.4.5.min.js"></script>
    </head>
    <body>
    <div data-role="first">
        <div data-role="header">
            <h1>用户问题反馈</h1>
        </div>
        <div data-role="main"
class="ui-content">
            <form>
                <div class="ui-field-
contain">
                    <label
for="fullname">请输入您的姓名: </label>
                    <input type="text"
name="fullname" id="fullname">
                    <label for="email">
请输入您的联系邮箱:</label>
                    <input type="email"
name="email" id="email" placeholder="请
输入您的电子邮箱">
                    <label for="info">
请您输入具体的建议: </label>
                    <textarea
name="addinfo" id="info"></textarea>
                </div>
                <input type="submit"
data-inline="true" value="提交">
            </form>
        </div>
    </div>
    </body>
</html>
```

在 Opera Mobile Emulator 模拟器中的预览效果如图 14-2 所示。用户可以输入多行内容。

图 14-2　用户反馈页面

3. 搜索输入框

HTML 5 中新增的 type="search" 类型为搜索输入框，它是为搜索定义文本字段。

搜索输入框的语法规则如下：

```
<input type="search" name="search" id="search" placeholder="搜索内容">
```

4. 范围滑动条

使用 <input type="range"> 即可创建范围滑动条，语法格式如下：

```
<input type="range" name="points" id="points" value="50" min="0" max="100"
data-show-value="true">
```

其中，max 属性规定滑动条允许的最大值；min 属性规定滑动条允许的最小值；step 属性规定合法的数字间隔；value 属性规定默认值；data-show-value 属性规定是否在按钮上显示进度的值，如果设置为 true，则表示显示进度的值，如果设置为 false，则表示不显示进度的值。

实例3: 创建工程进度统计页面

```html
<!DOCTYPE html>
<html>
<head>
    <meta charset="UTF-8">
        <meta name="viewport"
content="width=device-width, initial-
scale=1">
        <link rel="stylesheet"
href="jquery.mobile/jquery.mobile-
1.4.5.min.css">
        <script src="jquery.min.js"></
script>
        <script src="jquery.mobile/
jquery.mobile-1.4.5.min.js"></script>
</head>
<body>
<div data-role="first">
    <div data-role="header">
        <h1>工程进度统计</h1>
    </div>
        <div data-role="main"
class="ui-content">
            <form>
                <label for="points">工程
完成进度:</label>
```

```html
                <input type="range"
name="points" id="points" value="50"
min="0" max="100" data-show-
value="true">
                <input type="submit"
data-inline="true" value="提交工程进度">
        </form>
    </div>
</div>
</body>
</html>
```

在 Opera Mobile Emulator 模拟器中的预览效果如图 14-3 所示。用户可以拖动滑块，选择需要的值；也可以通过加减按钮，精确的选择进度的值。

使用 data-popup-enabled 属性可以设置小弹窗效果，代码如下：

```html
<input type="range" name="points"
id="points" value="50" min="0"
max="100" data-popup-enabled="true">
```

修改上面例子对应代码后的效果如图 14-4 所示。

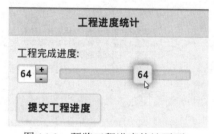

图 14-3　预览工程进度统计页面

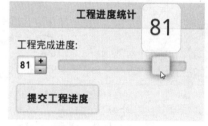

图 14-4　小弹窗效果

使用 data-highlight 属性可以高亮显示滑动条的值，代码如下：

```html
<input type="range" name="points" id="points" value="50" min="0" max="100"
data-highlight="true">
```

修改上面例子对应代码后的效果如图 14-5 所示。

5. 表单按钮

表单按钮分为三种：普通按钮、提交按钮和取消按钮。只需要在 type 属性中设置表单的类型即可，代码如下：

```html
<input type="submit" value="提交按钮">
<input type="reset" value="取消按钮">
<input type="button" value="普通按钮">
```

在 Opera Mobile Emulator 模拟器的中预览效果如图 14-6 所示。

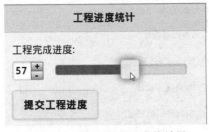

图 14-5 高亮显示进度值效果

图 14-6 表单按钮预览效果

6. 单选按钮

当用户在有限数量的选项中仅选取一个选项时，经常用到表单中的单选按钮。通过 type="radio" 可创建一系列的单选按钮，代码如下：

```
<fieldset data-role="controlgroup">
    <legend>请选择您的爱好: </legend>
    <label for="one">打篮球</label>
    <input type="radio" name="grade" id="one" value="one">
    <label for="two">踢足球</label>
    <input type="radio" name="grade" id="two" value="two">
    <label for="three">唱歌</label>
    <input type="radio" name="grade" id="three" value="three">
    <label for="four">其他</label>
    <input type="radio" name="grade" id="four" value="four">
</fieldset>
```

在 Opera Mobile Emulator 模拟器中的预览效果如图 14-7 所示。

> 提示：<fieldset> 标记用来创建按钮组，组内各个组件保持自己的功能。在 <fieldset> 标记内添加 data-role="controlgroup"，这样这些单选按钮样式统一，看起来像一个组合。其中 <legend> 标记来定义按钮组的标题。

7. 复选框

当用户在有限数量的选项中选取一个或多个选项时，需要使用复选框，代码如下：

```
<fieldset data-role="controlgroup">
    <legend>请选择本学期的科目: </legend>
    <label for="spring">C语言程序设计</label>
    <input type="checkbox" name="season" id="spring" value="spring">
    <label for="summer">HTML5+CSS5网页设计</label>
    <input type="checkbox" name="season" id="summer" value="summer">
    <label for="fall">Python程序设计</label>
    <input type="checkbox" name="season" id="fall" value="fall">
    <label for="winter">MySQL数据库开发</label>
    <input type="checkbox" name="season" id="winter" value="winter">
 </fieldset>
```

在 Opera Mobile Emulator 模拟器中预览效果如图 14-8 所示。

图 14-7　单选按钮　　　　　　　　图 14-8　复选框

8. 下拉菜单

使用 <select> 标记可以创建带有若干选项的下拉菜单。<select> 标记内的 <option> 属性定义了菜单中的可用选项，代码如下：

```
<fieldset data-role="fieldcontain">
        <label for="day">选择值日时间: </label>
        <select name="day" id="day">
         <option value="mon">星期一</option>
         <option value="tue">星期二</option>
         <option value="wed">星期三</option>
         <option value="thu">星期四</option>
         <option value="fri">星期五</option>
         <option value="sat">星期六</option>
         <option value="sun">星期日</option>
        </select>
</fieldset>
```

在 Opera Mobile Emulator 模拟器中的预览效果如图 14-9 所示。

如果菜单中的选项还需要再次分组，可以在 <select> 内使用 <optgroup> 标记，添加后的代码如下：

```
<fieldset data-role="fieldcontain">
        <label for="day">选择值日时间: </label>
        <select name="day" id="day">
        <optgroup label="工作日">
         <option value="mon">星期一</option>
         <option value="tue">星期二</option>
         <option value="wed">星期三</option>
         <option value="thu">星期四</option>
         <option value="fri">星期五</option>
        </optgroup>
        <optgroup label="休息日">
         <option value="sat">星期六</option>
         <option value="sun">星期日</option>
        </optgroup>
        </select>
</fieldset>
```

在 Opera Mobile Emulator 模拟器中的预览效果如图 14-10 所示。

图 14-9 选择菜单　　　　　　　图 14-10　菜单选项分组后的效果

如果想选择菜单中的多个选项，需要设置 <select> 标记的 multiple 属性，设置代码如下：

```
<select name="day" id="day" multiple data-native-menu="false">
```

例如，把上例的代码修改如下：

```
<fieldset data-role="fieldcontain">
        <label for="day">选择值日时间: </label>
        <select name="day" id="day" multiple data-native-menu="false">
        <optgroup label="工作日">
         <option value="mon">星期一</option>
         <option value="tue">星期二</option>
         <option value="wed">星期三</option>
         <option value="thu">星期四</option>
         <option value="fri">星期五</option>
        </optgroup>
        <optgroup label="休息日">
         <option value="sat">星期六</option>
         <option value="sun">星期日</option>
        </optgroup>
        </select>
</fieldset>
```

在 Opera Mobile Emulator 模拟器中预览，选择菜单时的效果如图 14-11 所示。选择完成后，即可看到多个菜单选项被选择，如图 14-12 所示。

 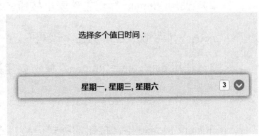

图 14-11　多个菜单选项　　　　　　图 14-12　多个菜单选项被选择后的效果

9. 翻转波动开关

设置 <input type="checkbox"> 的 data-role 为 flipswitch 时，可以创建翻转波动开关。代码如下：

```
<form>
    <label for="switch">切换开关：</label>
     <input type="checkbox" data-role="flipswitch" name="switch" id="switch">
</form>
```

在 Opera Mobile Emulator 模拟器中的预览效果如图 14-13 所示。

同时，用户还可以使用 checked 属性来设置默认的选项。代码如下：

```
<input type="checkbox" data-role="flipswitch" name="switch" id="switch" checked>
```

修改后的预览效果如图 14-14 所示。

默认情况下，开关切换的文本为 On 和 Off。可以使用 data-on-text 和 data-off-text 属性来修改开关文本，代码如下：

```
<input type="checkbox" data-role="flipswitch" name="switch" id="switch" data-on-
text="打开" data-off-text="关闭">
```

修改后预览效果如图 14-15 所示。

图 14-13 开关默认效果　　图 14-14 修改默认选项后的效果　　图 14-15 修改切换开关文本后的效果

14.1.2 按钮和组按钮

前面简单介绍过表单按钮，由于按钮和按钮组功能变化比较大，本节将详细讲述它们的使用方法和技巧。

1. 按钮

在 jQuery Mobile 中，创建按钮的方法包括以下 3 种。

（1）使用 <button> 标记创建普通按钮。代码如下：

```
<button>按钮</button>
```

（2）使用 <input> 标记创建表单按钮。代码如下：

```
<input type="button" value="按钮">
```

（3）使用 data-role="button" 属性创建链接按钮。代码如下：

```
<a href="#" data-role="button">按钮</a>
```

在 jQuery Mobile 中，按钮的样式会被自动添加。为了让按钮在移动设备上更具吸引力和可用性，推荐在页面间进行链接时，使用第三种方法；在表单提交时，用第一种或第二种方法。

默认情况下，按钮占满整个屏幕宽度。如果想要一个与内容同宽的按钮，或者并排显示两个或多个按钮，可以通过设置 data-inline="true" 来完成。代码如下：

```
<a href="#pagetwo" data-role="button" data-inline="true">下一页</a>
```

下面通过一个案例来区别默认按钮和设置后按钮。

实例 4：创建 2 种不同的按钮

```
<!DOCTYPE html>
<html>
<head>
    <meta charset="UTF-8">
        <meta name="viewport"
content="width=device-width, initial-
scale=1">
        <link rel="stylesheet"
href="jquery.mobile/jquery.mobile-
1.4.5.min.css">
        <script src="jquery.min.js"></
script>
        <script src="jquery.mobile/
jquery.mobile-1.4.5.min.js"></script>
    </head>
    <body>
    <div data-role="page" id="first">
        <div data-role="header">
            <h1>创建按钮</h1>
        </div>
        <div data-role="content"
class="content">
```

```
            <label for="fullname">姓名:
</label>
                <input type="text"
name="fullname" id="fullname">
                <label for="password">密码:
</label>
                <input type="text"
name="fullname" id="password">
                <p>默认的按钮效果:</p>
                <a href="#second" data-
role="button">注册</a>
                <a href="#first" data-
role="button">登录</a>
                <p>设置后的按钮效果:</p>
                <a href="#second" data-
inline="true">注册</a>
                <a href="#first" data-
inline="true">登录</a>
            </div>
        </div>
    </body>
</html>
```

在 Opera Mobile Emulator 模拟器中的预览效果如图 14-16 所示。

2. 按钮组

jQuery Mobile 提供了一个简单的方法来将按钮组合在一起，使用 data-role="controlgroup" 属性即可通过按钮组来组合按钮。同时使用 data-type="horizontal|vertical" 属性来设置按钮的排列方式是水平还是垂直。

实例 5：创建水平排列和垂直排列的按钮组

```
<!DOCTYPE html>
<html>
<head>
    <meta charset="UTF-8">
        <meta name="viewport"
content="width=device-width, initial-
scale=1">
        <link rel="stylesheet"
href="jquery.mobile/jquery.mobile-
1.4.5.min.css">
        <script src="jquery.min.js"></
script>
```

```
        <script src="jquery.mobile/
jquery.mobile-1.4.5.min.js"></script>
    </head>
    <body>
    <div data-role="page" id="first">
        <div data-role="header">
            <h1>组按钮的排列</h1>
        </div>
        <div data-role="content"
class="content">
                <div data-
role="controlgroup" data-
type="horizontal">
                <p>水平排列的按钮组: </p>
                <a href="#" data-
role="button">首页</a>
```

```
                    <a href="#" data-
role="button">课程</a>
                    <a href="#" data-
role="button">联系我们</a>
                </div>
                <div data-
role="controlgroup" data-
type="vertical">
                <p>垂直排列的按钮组:</p>
                    <a href="#" data-
role="button">首页</a>
                    <a href="#" data-
role="button">课程</a>
```

```
                    <a href="#" data-
role="button">联系我们</a>
                </div>
            </div>
            <div data-role="footer">
                <h1>2种排列方式</h1>
            </div>
        </div>
    </body>
</html>
```

在 Opera Mobile Emulator 模拟器中的预
览效果如图 14-17 所示。

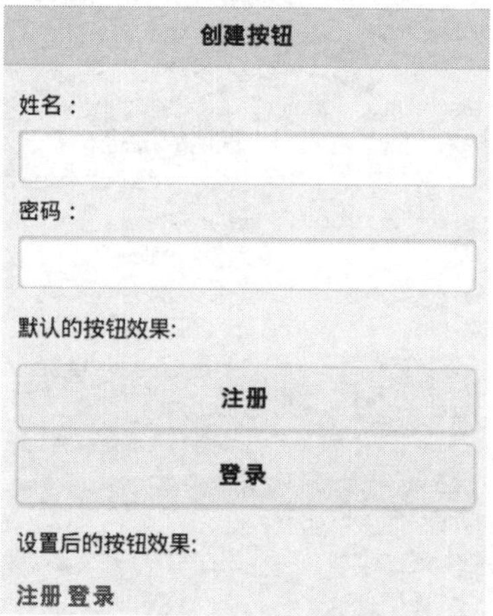

图 14-16　不同的按钮效果

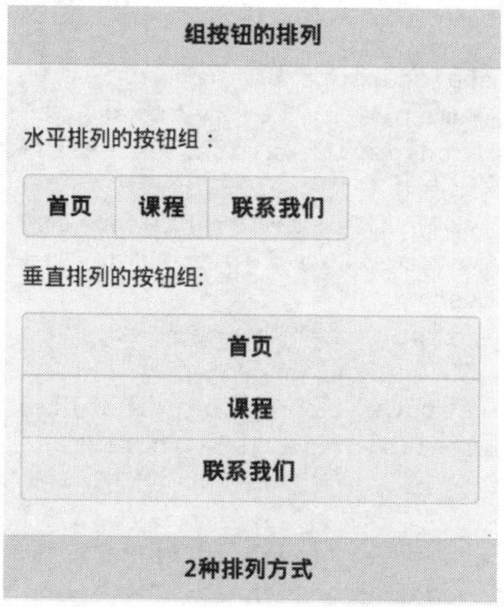

图 14-17　不同排列方式的按钮组

14.1.3　按钮图标

jQuery Mobile 提供了一套丰富多彩的按钮图标，用户只需要使用 data-icon 属性即可添
加按钮图标，常用的按钮图标样式如表 14-1 所示。

表 14-1　常用的按钮图标样式

图标参数	外观样式	说明
data-icon="arrow-l"	左箭头	左箭头
data-icon="arrow-r"	右箭头	右箭头
data-icon="arrow-u"	上箭头	上箭头
data-icon="arrow-d"	下箭头	下箭头
data-icon="info"	信息	信息
data-icon="plus"	加号	加号
data-icon="minus"	减号	减号
data-icon="check"	复选	复选

续表

图标参数	外观样式	说明
data-icon="refresh"	重新整理	重新整理
data-icon="delete"	删除	删除
data-icon="forward"	前进	前进
data-icon="back"	后退	后退
data-icon="star"	星形	星形
data-icon="audio"	扬声器	扬声器
data-icon="lock"	挂锁	挂锁
data-icon="search"	搜索	搜索
data-icon="alert"	警告	警告
data-icon="grid"	网格	网格
data-icon="home"	首页	首页

例如，有以下代码：

```
<a href="#" data-role="button" data-icon="lock">挂锁</a>
<a href="#" data-role="button" data-icon="check">复选</a>
<a href="#" data-role="button" data-icon="refresh">重新整理</a>
<a href="#" data-role="button" data-icon="delete">删除</a>
```

在 Opera Mobile Emulator 模拟器中的预览效果如图 14-18 所示。

细心的读者会发现，按钮上的图标默认情况下会出现在按钮的左边。如果需要改变图标的位置，可以设置 data-iconpos 属性，包括 top（顶部）、right（右侧）、bottom（底部）。例如以下代码：

```
<a href="#" data-role="button" data-icon="refresh">重新整理</a>
<a href="#" data-role="button" data-icon="refresh" data-iconpos="top">重新整理</a>
<a href="#" data-role="button" data-icon="refresh" data-iconpos="right">重新整理</a>
<a href="#" data-role="button" data-icon="refresh" data-iconpos="bottom">重新整理</a>
```

在 Opera Mobile Emulator 模拟器中的预览效果如图 14-19 所示。

图 14-18　不同的按钮图标效果

图 14-19　设置图标的位置

> **提示**：如果不想让按钮上出现文字，可以将 data-iconpos 属性设置为 notext，这样只会显示按钮，而没有文字。

14.1.4 弹窗

弹窗是一个非常流行的对话框，它可以在页面上覆盖展示。弹窗可用于显示一段文本、图片、地图或其他内容。创建一个弹窗，需要使用 <a> 和 <div> 标记。在 <a> 标记上添加 data-rel="popup" 属性，在 <div> 标记上添加 data-role="popup" 属性。然后为 <div> 设置 id，设置 <a> 的 href 值为 <div> 指定的 id，其中 <div> 中的内容为弹窗显示的内容。代码如下：

```
<a href="#firstpp" data-rel="popup">显示弹窗</a>
<div data-role="popup" id="firstpp">
    <p>这是弹出窗口显示的内容</p>
</div>
```

在 Opera Mobile Emulator 模拟器中的预览效果如图 14-20 所示。单击"显示弹窗"按钮，即可显示弹出窗口的内容。

> **注意**：<div> 弹窗与单击的 <a> 链接必须在同一个页面上。

默认情况下，单击弹窗之外的区域或按 Esc 键即可关闭弹窗。用户也可以在弹窗上添加关闭按钮，只需要设置属性 data-rel="back" 即可，结果如图 14-21 所示。

图 14-20　弹窗的效果　　　　　图 14-21　带关闭按钮的弹窗效果

用户还可以在弹窗中显示图片，代码如下：

```
<div id="pageone" data-role="content" class="content" >
    <p>单击下面的小图片</p>
    <a href="#firstpp" data-rel="popup" >
    <img src="123.jpeg" style="width:200px;"></a>
    <div data-role="popup" id="firstpp">
    <p>这是我的图片！</p>
    </a><img src="123.jpeg" style="width:500px;height:500px;" >
    </div>
  </div>
```

在 Opera Mobile Emulator 模拟器中的预览效果如图 14-22 所示。单击图片，即可弹出如图 14-23 所示的图片弹窗。

图 14-22　预览效果　　　　　图 14-23　图片弹窗效果

14.2 列表

和电脑相比，移动设备屏幕比较小，所以常常需要以列表的形式显示数据。本节将学习列表的使用方法和技巧。

14.2.1 列表视图

jQuery Mobile 中的列表视图是标准的 HTML 列表，包括有序列表 <ol> 和无序列表 <ul>。列表视图是 jQuery Mobile 中功能强大的一个特性，它会使标准的无序或有序列表应用更广泛。

列表的使用方法非常简单，只需要在 <ul> 或 <ol> 标记中添加属性 data-role="listview"。每个项目（<li>）中可以添加链接。

实例 6：创建列表视图

```
<!DOCTYPE html>
<html>
<head>
    <meta charset="UTF-8">
    <meta name="viewport"
content="width=device-width, initial-
scale=1">
    <link rel="stylesheet"
href="jquery.mobile/jquery.mobile-
1.4.5.min.css">
    <script src="jquery.min.js"></
script>
    <script src="jquery.mobile/
jquery.mobile-1.4.5.min.js"></script>
</head>
<body>
<div data-role="page" id="first">
    <div data-role="header">
        <h1>列表视图</h1>
    </div>
        <div data-role="content"
class="content">
```

```
        <h2>本次考试成绩的名次: </h2>
        <ol data-role="listview">
            <li><a href="#">王笑笑</
a></li>
            <li><a href="#">李儒梦</
a></li>
            <li><a href="#">程孝天</
a></li>
        </ol>
        <h2>本次考试成绩的科目: </h2>
        <ul data-role="listview">
            <li><a href="#">语文</
a></li>
            <li><a href="#">数学</
a></li>
            <li><a href="#">英语</
a></li>
        </ul>
    </div>
</div>
</body>
</html>
```

在 Opera Mobile Emulator 模拟器中的预览效果如图 14-24 所示。

> **提示：** 默认情况下，列表项的链接会自动变成一个按钮，此时不再需要使用 data-role="button" 属性。

从结果可以看出，列表样式中没有边缘和圆角效果，这里可以通过设置属性 data-inset="true" 来完成，代码如下：

```
<ul data-role="listview" data-inset="true">
```

上面案例的代码修改如下：

```
<div data-role="page" id="first">
    <div data-role="header">
        <h1>列表视图</h1>
```

```
        </div>
        <div data-role="content" class="content">
            <h2>本次考试成绩的名次：</h2>
            <ol data-role="listview" data-inset="true">
                <li><a href="#">王笑笑</a></li>
                <li><a href="#">李儒梦</a></li>
                <li><a href="#">程孝天</a></li>
            </ol>
            <h2>本次考试成绩的科目：</h2>
            <ul data-role="listview" data-inset="true">
                <li><a href="#">语文</a></li>
                <li><a href="#">数学</a></li>
                <li><a href="#">英语</a></li>
            </ul>
        </div>
</div>
```

在 Opera Mobile Emulator 模拟器中的预览效果如图 14-25 所示。

图 14-24　有序列表和无序列表　　　图 14-25　有边缘和圆角的列表效果

如果列表项比较多，用户可以使用列表分隔项对列表进行分组操作，使列表看起来更整齐。通过在列表项 <li> 标记中添加 data-role="list-divider" 属性即可指定列表分隔，例如以下代码：

```
<ul data-role="listview">
 <li data-role="list-divider">项目部</li>
  <li><a href="#">张可</a></li>
  <li><a href="#">王蒙</a></li>
<li data-role="list-divider">营销部</li>
  <li><a href="#">李丽</a></li>
  <li><a href="#">华章</a></li>
<li data-role="list-divider">财务部</li>
  <li><a href="#">张晓</a></li>
  <li><a href="#">牛莉</a></li>
 </ul>
```

在 Opera Mobile Emulator 模拟器中的后预览效果如图 14-26 所示。

如果项目列表是一个按字母顺序排列的列表，通过添加 data-autodividers="true" 属性，可以自动进行项目的分隔，代码如下：

```
<ul data-role="listview" data-autodividers="true">
```

```html
    <li><a href="#">Apricot</a></li>
    <li><a href="#">Apple</a></li>
    <li><a href="#">Bramley</a></li>
    <li><a href="#">Banana</a></li>
    <li><a href="#">Cherry</a></li>
</ul>
```

在 Opera Mobile Emulator 模拟器中的预览效果如图 14-27 所示。从结果可以看出，创建的分隔文本是列表项文本的第一个大写字母。

图 14-26　对项目进行分隔后的效果 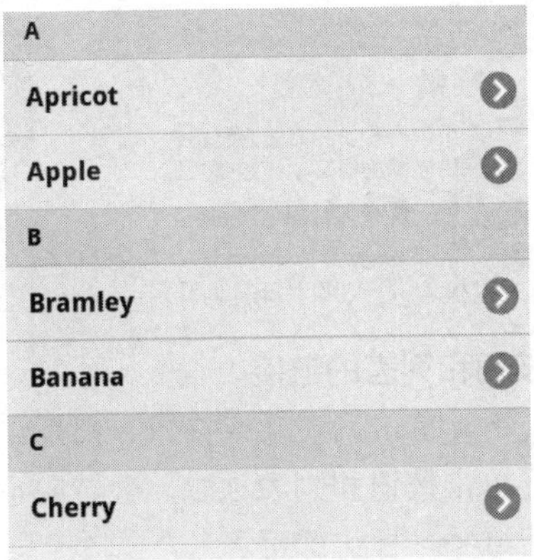　　图 14-27　自动进行分隔后的效果

14.2.2　列表内容

在列表内容中，既可以添加图片和说明，也可以添加计数泡泡，同时还能拆分按钮和列表的链接。

1. 加入图片和说明

前面的案例中，列表项目前没有图片或说明，下面来讲述如何添加图片和说明，代码如下：

```html
<ul data-role="listview" data-autodividers="true">
<li>
    <a href="#">
        <img src="1.jpg">
        <h3>苹果</h3>
        <p>苹果中的胶质和微量元素铬能<br />保持血糖的稳定,还能有效地<br />降低胆固醇</p>
        <span class="ui-li-count">888</span>
    </a>
</li>
</ul>
```

在 Opera Mobile Emulator 模拟器中的预览效果如图 14-28 所示。

2. 添加计数泡泡

计数泡泡主要是在列表中显示数字时使用，只需要在 <li> 标记加入以下语句：

```html
<span class="ui-li-count">数字</span>
```

例如下面的例子：

```html
<ul data-role="listview" data-autodividers="true">
<li>
```

```
        <a href="#">
            <img src="1.jpg">
            <h3>苹果</h3>
            <p>苹果中的胶质和微量元素铬能<br />保持血糖的稳定,还能有效地<br />降低胆固醇</p>
            <span class="ui-li-count">888</span>
        </a>
    </li>
</ul>
```

在 Opera Mobile Emulator 模拟器中的预览效果如图 14-29 所示。

图 14-28　加入图片和说明　　　　　图 14-29　加入计数泡泡

3. 拆分按钮和列表的链接

默认情况下，单击列表项或按钮，都是转向同一个链接。用户也可以拆分按钮和列表项的链接，这样单击按钮和列表项时，会转向不同的链接。设置方法比较简单，值需要在 <li> 标记中加入两组 <a> 标记即可。

例如：

```
<li>
<a href="1.html">
<img src="1.jpg">
<h3>苹果</h3>
<p>苹果中的胶质和微量元素铬能<br />保持血糖的稳定,还能有效地<br />降低胆固醇</p>
</a>
<a href="2.html data-icon="star"></a>
</li>
```

在 Opera Mobile Emulator 模拟器中的预览效果如图 14-30 所示。

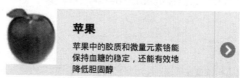

图 14-30　拆分按钮和列表的链接

14.2.3　列表过滤

在 jQuery Mobile 中，用户可以对列表项目进行搜索过滤。添加过滤效果的思路如下。

01 创建一个表单，并添加类 ui-filterable，该类的作用是自动调整搜索字段与过滤元素的外边距，代码如下：

```
<form class="ui-filterable">
</form>
```

02 在 <form> 标记内创建一个 <input> 标记，添加 data-type="search" 属性，并指定 ID，从而创建基本的搜索字段，代码如下：

```
<form class="ui-filterable">
  <input id="myFilter" data-type="search">
</form>
```

03 为过滤的列表添加 data-input 属性，该值为 <input> 标记的 ID，代码如下：

```
<ul data-role="listview" data-filter="true" data-input="#myFilter">
```

下面通过一个案例来理解列表是如何过滤的。

┃实例 7：创建商品动态过滤页面

```
<!DOCTYPE html>
<html>
<head>
    <meta charset="UTF-8">
    <meta name="viewport"
content="width=device-width, initial-
scale=1">
    <link rel="stylesheet"
href="jquery.mobile/jquery.mobile-
1.4.5.min.css">
    <script src="jquery.min.js"></
script>
    <script src="jquery.mobile/
jquery.mobile-1.4.5.min.js"></script>
</head>
<body>
<div data-role="page" id="first">
    <div data-role="content"
class="content">
        <h2>商品动态过滤功能</h2>
        <form>
            <input id="myFilter"
data-type="search"><br />
        </form>
```
```
        <ul data-role="listview"
data-filter="true" data-input="#myFilter">
            <li><a href="#">红苹果</
a></li>
            <li><a href="#">红心萝卜
</a></li>
            <li><a href="#">西红柿</
a></li>
            <li><a href="#">蓝莓</
a></li>
            <li><a href="#">西瓜</
a></li>
            <li><a href="#">青苹果</
a></li>
            <li><a href="#">草莓</
a></li>
        </ul>
    </div>
</div>
</body>
</html>
```

在 Opera Mobile Emulator 模拟器中的预览效果如图 14-31 所示。输入需要过滤的关键字，例如，这里搜索包含"红"字的商品，结果如图 14-32 所示。

图 14-31　程序预览效果

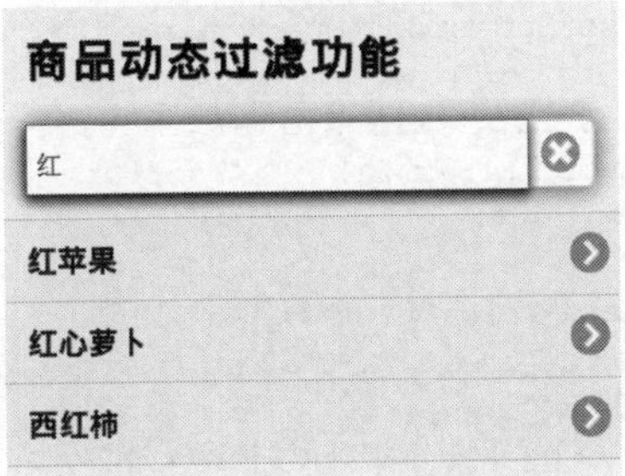

图 14-32　列表过滤后的效果

> **提示：** 如果需要在搜索框内添加提示信息，可以通过设置 placeholder 属性来完成，代码如下：
>
> ```
> <input id="myFilter" data-type="search" placeholder="请输入需要的商品">
> ```

14.3　面板和可折叠块

在 jQuery Mobile 中，可以通过面板或可折叠块来隐藏或显示指定的内容。本节将重点学习面板和可折叠块的使用方法和技巧。

14.3.1　面板

在 jQuery Mobile 中可以添加面板，面板会在屏幕上从左到右滑出。通过为 \<div\> 标记添加 data-role=“panel” 属性可以创建面板。具体思路如下。

01 通过 \<div\> 标记来定义面板的内容，并定义 id 属性，例如以下代码：

```
<div data-role="panel" id="myPanel">
    <h2>长恨歌</h2>
    <p>天生丽质难自弃,一朝选在君王侧。回眸一笑百媚生,六宫粉黛无颜色。</p>
</div>
```

02 要访问面板，需要创建一个指向面板 \<div\> 的链接，单击该链接即可打开面板。例如以下代码：

```
<a href="#myPanel" class="ui-btn ui-btn-inline">最喜欢的诗句</a>
```

┃ 实例 8：创建从左到右滑出的面板

```
<!DOCTYPE html>
<html>
<head>
    <meta charset="UTF-8">
    <meta name="viewport"
content="width=device-width, initial-
scale=1">
    <link rel="stylesheet"
href="jquery.mobile/jquery.mobile-
1.4.5.min.css">
    <script src="jquery.min.js"></
script>
    <script src="jquery.mobile/
jquery.mobile-1.4.5.min.js"></script>
</head>
<body>
<div data-role="first">
    <div data-role="panel"
id="myPanel">
        <h2>网站前端开发训练营</h2>
        <p>网站前端开发的职业规划包括网
页制作、网页制作工程师、前端制作工程师、网站重
```

构工程师、前端开发工程师、资深前端工程师、前端架构师。</p>

```
    </div>
    <div data-role="header">
        <h1>创建面板</h1>
    </div>
    <div data-role="content"
class="content">
        <a href="#myPanel"
class="ui-btn ui-btn-inline">老码识途课堂
</a>
    </div>
</div>
</body>
</html>
```

在 Opera Mobile Emulator 模拟器中的预览效果如图 14-33 所示。单击"老码识途课堂"链接，即可打开面板，结果如图 14-34 所示。

图 14-33　程序预览效果 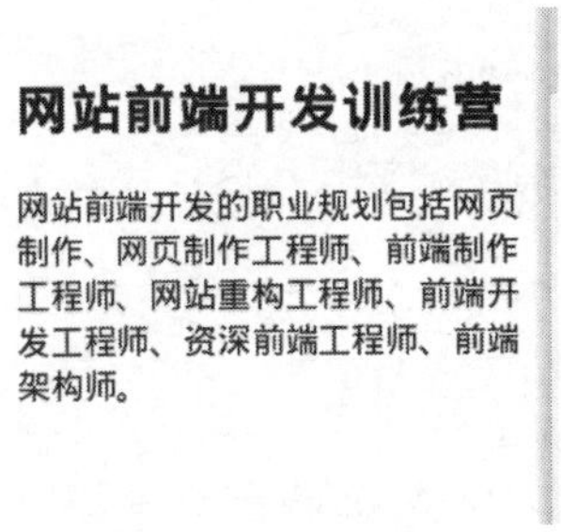　　　　　图 14-34　打开面板

面板的展示方式由属性 data-display 来控制，分为以下三种。

（1）data-display="reveal"：面板的展示方式为从左到右滑出，这是面板展示方式的默认值。

（2）data-display="overlay"：在内容上方显示面板。

（3）data-display="push"：同时"推动"面板和页面。

这三种面板展示方式的代码如下：

```
<div data-role="panel" id="overlayPanel" data-display="overlay">
<div data-role="panel" id="revealPanel" data-display="reveal">
<div data-role="panel" id="pushPanel" data-display="push">
```

默认情况下，面板会显示在屏幕的左侧。如果想让面板出现在屏幕的右侧，可以指定 data-position="right" 属性。代码如下：

```
<div data-role="panel" id="myPanel" data-position="right">
```

默认情况下，面板是随着页面一起滚动的。如果需要实现面板内容固定的效果，不随页面滚动而滚动，可以为面板添加 the data-position-fixed="true" 属性。代码如下：

```
<div data-role="panel" id="myPanel" data-position-fixed="true">
```

14.3.2　可折叠块

通过可折叠块，用户可以隐藏或显示指定的内容，这对于存储部分信息很有用。

创建可折叠块的方法比较简单，只需要在 <div> 标记添加 data-role="collapsible" 属性，添加标题标记为 H1~H6，后面即可添加隐藏的信息。例如：

```
<div data-role="collapsible">
 <h1>折叠块的标题</h1>
 <p>可折叠的具体内容。</p>
 </div>
```

实例 9：创建可折叠块

```
<!DOCTYPE html>
<html>
<head>
```

```
    <meta charset="UTF-8">
        <meta name="viewport"
content="width=device-width, initial-
scale=1">
        <link rel="stylesheet" href=
"jquery.mobile/jquery.mobile-1.4.5.min.
css">
        <script src="jquery.min.js"></
script>
        <script src="jquery.mobile/
jquery.mobile-1.4.5.min.js"></script>
    </head>
```

```
<body>
<div data-role="first">
    <div data-role="header">
        <h1>老码识途课堂</h1>
    </div>
        <div data-role="content"
class="content">
            <div data-
role="collapsible">
                <h2>网站前端开发训练营</
h2>
                <p>网站前端开发的职业规划
包括网页制作、网页制作工程师、前端制作工程师、
网站重构工程师、前端开发工程师、资深前端工程
```

师、前端架构师。</p>
```
            </div>
        </div>
    </div>
</div>
</body>
</html>
```

在 Opera Mobile Emulator 模拟器中的预览效果如图 14-35 所示。单击加号按钮，即可打开可折叠块，结果如图 14-36 所示。再次单击减号按钮，即可恢复到展开前的状态。

图 14-35　折叠块效果　　　　图 14-36　打开可折叠块

> **提示**：默认情况下，内容是被折叠起来的。如需在页面加载时展开内容，添加 data-collapsed="false" 属性即可，代码如下：
>
> ```
> <div data-role="collapsible" data-collapsed="false">
>  <h1>折叠块的标题</h1>
>  <p>这里显示的内容是展开的</p>
>  </div>
> ```

可折叠块是可以嵌套的，例如以下代码：

```
<div data-role="collapsible">
 <h1>全部智能商品</h1>
<div data-role="collapsible">
 <h1>智能家居</h1>
```

```
    <p>智能办公、智能厨电和智能网络</p>
    </div>
</div>
```

在 Opera Mobile Emulator 模拟器中的预览效果如图 14-37 所示。

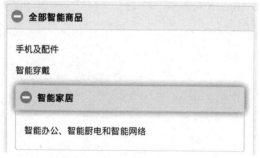

图 14-37　嵌套的可折叠块

14.4　导航条

导航条通常位于页面的头部或尾部，主要作用是便于用户快速访问需要的页面。本节将重点学习导航条的使用方法和技巧。

在 jQuery Mobile 中，使用 data-role="navbar" 属性可定义导航栏。需要特别注意的是，导航栏中的链接将自动变成按钮，不需要使用 data-role="button" 属性。

例如，以下代码：

```
<div data-role="header">
    <h1>老码识途课堂</h1>
    <div data-role="navbar">
        <ul>
            <li><a href="#">热门课程</a></li>
            <li><a href="#">技术服务</a></li>
            <li><a href="#">秒杀活动</a></li>
            <li><a href="#">联系我们</a></li>
        </ul>
    </div>
</div>
```

在 Opera Mobile Emulator 模拟器中的预览效果如图 14-38 所示。

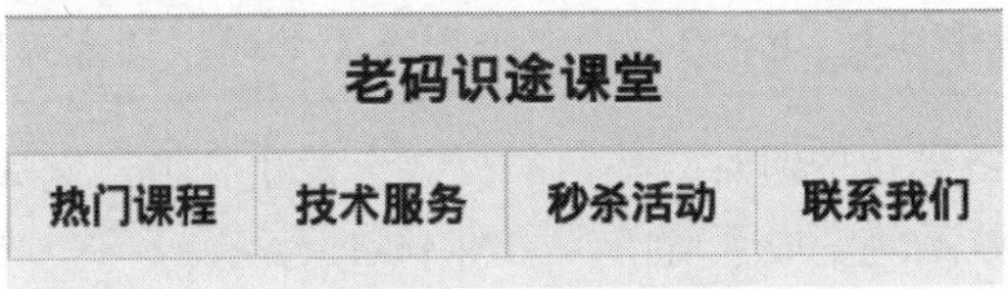

图 14-38　导航条栏效果

通过前面章节的学习，用户还可以为导航添加按钮图标，例如，以上代码修改如下：

```
<div data-role="header">
    <h1>老码识途课堂</h1>
    <div data-role="navbar">
        <ul>
            <li><a href="#" data-icon="home">主页</a></li>
            <li><a href="#" data-icon="arrow-d">秒杀课程</a></li>
            <li><a href="#" data-icon="search">搜索课程</a></li>
        </ul>
    </div>
</div>
```

在 Opera Mobile Emulator 模拟器中的预览效果如图 14-39 所示。

图 14-39　为导航添加按钮图标

细心的读者会发现，导航按钮的图标默认位置是位于文字的上方，这与普通的按钮图片是不一样的。如果需要修改导航按钮图标的位置，可以通过设置 data-iconpos 属性来指定位置，包括 left（左侧）、right（右侧）、bottom（底部）。

例如，修改导航按钮图标的位置为文本的左侧，代码如下：

```
<div data-role="header">
  <h1>鸿鹄网购平台</h1>
  <div data-role="navbar" data-iconpos="left">
    <ul>
      <li><a href="#" data-icon="home" >主页</a></li>
      <li><a href="#" data-icon="arrow-d" >团购</a></li>
      <li><a href="#" data-icon="search">搜索商品</a></li>
    </ul>
  </div>
</div>
```

在 Opera Mobile Emulator 模拟器中的预览效果如图 14-40 所示。

图 14-40　导航按钮图标在文本的左侧

注意：和设置普通按钮图标位置不同的是，这里 data-iconpos="left" 属性只能添加到 `<div>` 标记中，而不能添加到 `<li>` 标记中，否则是无效的，读者可以自行检测。

默认情况下，当单击导航按钮时，按钮的样式会发生变换，例如，单击"搜索课程"导航按钮，发现按钮的底纹颜色变成了蓝色，如图 14-41 所示。

图 14-41　导航按钮的样式变化

如果用户想取消样式变化，可以添加 class="ui-btn-active" 属性，例如以下代码：

```
<li><a href="#anylink" class="ui-btn-active">首页</a></li>
```

修改完成后，再次单击"搜索课程"导航按钮时，样式不会发生变化。

对于多个页面的情况，往往用户希望显示页面时，对应导航按钮处于被选中状态，下面通过一个案例来进行讲解。

实例 10：创建在线教育网首页

```
<!DOCTYPE html>
<html>
<head>
    <meta charset="UTF-8">
    <meta name="viewport" content=
"width=device-width, initial-scale=1">
    <link rel="stylesheet" href=
"jquery.mobile/jquery.mobile-1.4.5.min.
css">
    <script src="jquery.min.js"></
```

```
script>
    <script src="jquery.mobile/
jquery.mobile-1.4.5.min.js"></script>
  </head>
  <body>
  <div data-role="page" id="first">
    <div data-role="header">
      <h1>在线教育网</h1>
      <div data-role="navbar">
        <ul>
          <li><a href="#"
class="ui-btn-active ui-state-persist">
主页</a></li>
```

```
                        <li><a
href="#second">秒杀课程</a></li>
                <li><a href="#">搜索课
程</a></li>
                </ul>
            </div>
        </div>
        <div data-role="content"
class="content">
                <p>老码识途课程出品4大系列经典
课程,包括网络安全对抗训练营、网站前端开发训
练营、Python爬虫智能训练营、PHP网站开发训练
营。关注公众号：老码识途课堂,获取新人大礼包!
</p>
        </div>
        <div data-role="footer">
            <h1>首页</h1>
        </div>
    </div>

    <div data-role="page" id="second">
        <div data-role="header">
            <h1>在线教育网</h1>
            <div data-role="navbar">
                <ul>
                    <li><a href="#first">主页
</a></li>
                    <li><a href="#"
class="ui-btn-active ui-state-persist">
```

```
秒杀课程</a></li>
                <li><a href="#">搜索课程
</a></li>
                </ul>
            </div>
        </div>
        <div data-role="content"
class="content">
            <p>1.网络安全对抗训练营</p>
            <p>2.网站前端开发训练营</p>
            <p>3.Python爬虫智能训练营</p>
            <p>4.PHP网站开发训练营</p>

        </div>
        <div data-role="footer">
            <h1>团秒杀课程</h1>
        </div>
    </div>
    </body>
</html>
```

在 Opera Mobile Emulator 模拟器中的预览效果如图 14-42 所示。此时默认显示主页的内容，"主页"导航按钮处于选中状态。切换到秒杀课程页面后，"秒杀课程"导航按钮处于选中状态，如图 14-43 所示。

图 14-42　在线教育网首页

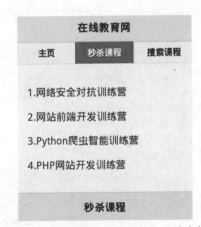

图 14-43　"秒杀课程"导航按钮处于选中状态

14.5　jQuery Mobile 主题

用户在设计移动网站时，往往需要配置背景颜色、导航颜色、布局颜色等，这些工作是非常耗费时间的。jQuery Mobile 有两种不同的主题样式，每种主题颜色的按钮、导航、内容等颜色都是配置好的，效果也不相同。

这两种主题分别为 a 和 b，通过设置 data-theme 属性可引用主题 a 或 b，代码如下：

```
<div data-role="page" id="first" data-theme="a">
<div data-role="page" id="first" data-theme="b">
```

1. 主题 a

页面为灰色背景、黑色文字；头部与底部均为灰色背景、黑色文字；按钮为灰色背景、黑色文字；激活的按钮和链接为白色文本、蓝色背景；input 输入框中 placeholder 属性值为浅灰色，value 值为黑色。

下面通过一个案例来讲解主题 a 的样式效果。

▌实例 11：使用主题 a 的样式

```html
<!DOCTYPE html>
<html>
<head>
    <meta charset="UTF-8">
    <meta name="viewport"
content="width=device-width, initial-
scale=1">
    <link rel="stylesheet"
href="jquery.mobile/jquery.mobile-
1.4.5.min.css">
    <script src="jquery.min.js"></
script>
    <script src="jquery.mobile/
jquery.mobile-1.4.5.min.js"></script>
</head>
<body>
<div data-role="page" id="first"
data-theme="a">
    <div data-role="header">
        <h1>古诗鉴赏</h1>
    </div>
    <div data-role="content "
class="content">
        <p>秋风起兮白云飞,草木黄落兮雁
南归。兰有秀兮菊有芳,怀佳人兮不能忘。泛楼船兮
济汾河,横中流兮扬素波。</p>
        <a href="#">秋风辞</a>
        <a href="#" class="ui-btn">
更多古诗</a>
        <p>唐诗:</p>
        <ul data-role="listview"
data-autodividers="true" data-
inset="true">
            <li><a href="#">将进酒</
a></li>
            <li><a href="#">春望</
a></li>
        </ul>
        <label for="fullname">请输入
喜欢诗的名字:</label>
        <input type="text"
name="fullname" id="fullname"
placeholder="诗词名称..">
        <label for="switch">切换开
关:</label>
        <select name="switch"
id="switch" data-role="slider">
            <option value="on">On</
option>
            <option value="off"
selected>Off</option>
        </select>
    </div>
    <div data-role="footer">
        <h1>经典诗歌</h1>
    </div>
</div>

</body>
</html>
```

主题 a 的样式效果如图 14-44 所示。

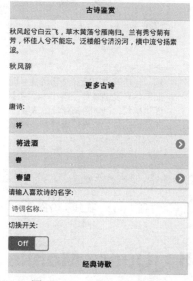

图 14-44　主题 a 样式效果

2. 主题 b

页面为黑色背景、白色文字；头部与底部均为黑色背景、白色文字；按钮为白色文字、木炭背景；激活的按钮和链接为白色文本、蓝色背景；input 输入框中 placeholder 属性值为浅灰色、value 值为白色。

为了对比主题 a 的样式效果，将上面案例的中代码：

```
<div data-role="page" id="first" data-theme="a">
```

修改如下：

```
<div data-role="page" id="first" data-theme="b">
```

主题 b 的样式效果如图 14-45 所示。

图 14-45　主题 b 样式效果

主题样式 a 和 b 不仅仅可以应用到页面，也可以单独地应用到页面的头部、内容、底部、导航条、按钮、面板、列表、表单等元素上。

例如，将主题样式 b 添加到页面的头部和底部，代码如下：

```
<div data-role="header" data-theme="b"></div>
<div data-role="footer" data-theme="b"></div>
```

将主题样式 b 添加到对话框的头部和底部，代码如下：

```
<div data-role="page" data-dialog="true" id="second">
  <div data-role="header" data-theme="b"></div>
  <div data-role="footer" data-theme="b"></div>
</div>
```

将主题样式 b 添加到按钮上时，需要使用 class="ui-btn- a|b" 来设置按钮颜色为灰色或黑色。例如，将样式 b 的样式应用到按钮上，代码如下：

```
<a href="#" class="ui-btn">灰色按钮(默认)</a>
<a href="#" class="ui-btn ui-btn-b">黑色按钮</a>
```

预览效果如图 14-46 所示。

图 14-46　按钮添加主题后的效果

在弹窗上应用主题样式的代码如下：

```
<div data-role="popup" id="myPopup" data-theme="b">
```

在头部和底部的按钮上也可以添加主题样式，例如以下代码：

```
<div data-role="header">
  <a href="#" class="ui-btn ui-btn-b">主页</a>
  <h1>古诗欣赏</h1>
  <a href="#" class="ui-btn">搜索</a>
</div>

<div data-role="footer">
   <a href="#" class="ui-btn ui-btn-b">上传古诗图文</a>
  <a href="#" class="ui-btn">名句欣赏鉴别</a>
  <a href="#" class="ui-btn ui-btn-b">联系我们</a>
</div>
```

预览效果如图 14-47 所示。

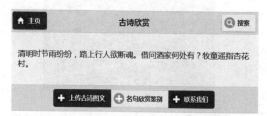

图 14-47　头部和底部的按钮添加主题后的效果

14.6　新手常见疑难问题

▎疑问 1：如何制作一个后退按钮？

如需创建后退按钮，可使用 data-rel="back" 属性（这会忽略锚的 href 值），代码如下：

```
<a href="#" data-role="button" data-rel="back">返回</a>
```

▎疑问 2：如何在面板上添加主题样式 b？

在主题上添加主题样式的方法比较简单，代码如下：

```
<div data-role="panel" id="myPanel" data-theme="b">
```

面板添加主题样式 b 后的效果如图 14-48 所示。

图 14-48　面板添加主题后的效果

14.7 实战技能训练营

实战 1：创建一个用户注册页面

创建一个用户注册页面，在 Opera Mobile Emulator 模拟器中的预览效果如图 14-49 所示。单击"出生年月"文本框时，会自动打开日期选择器，用户直接选择相应的日期即可，如图 14-50 所示。

图 14-49　用户注册页面　　　　　　　图 14-50　日期选择器

实战 2：创建一个在线商城的主页

创建一个在线商城的主页，使用主题样式 b，在 Opera Mobile Emulator 模拟器中的预览效果如图 14-51 所示。此时默认显示首页的内容，"主页"导航按钮处于选中状态。切换到秒杀商品页面后，"秒杀商品"导航按钮处于选中状态，如图 14-52 所示。

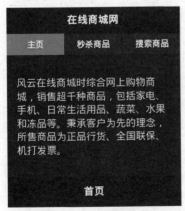
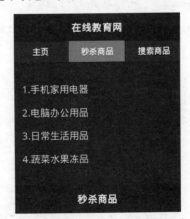

图 14-51　在线商城的主页　　图 14-52　"秒杀商品"导航按钮处于选中状态

第15章 jQuery Mobile事件

本章导读

页面有了事件就有了"灵魂",可见事件对于页面是多么重要,这是因为事件使页面具有动态性和响应性,如果没有事件,将很难完成页面与用户之间的交互。jQuery Mobile 针对移动端提供了各种浏览器事件,包括页面事件、触摸事件、滚屏事件、定位事件等。本章介绍如何使用 jQuery Mobile 的事件。

知识导图

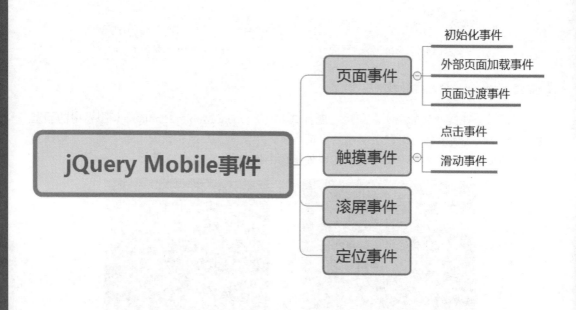

15.1　页面事件

jQuery Mobile 针对各个页面生命周期的事件可以分为以下几种。

（1）初始化事件：分别在页面初始化之前、页面创建时和页面初始化之后触发的事件。

（2）外部页面加载事件：外部页面加载时触发事件。

（3）页面过渡事件：页面过渡时触发事件。

使用 jQuery Mobile 事件的方法比较简单，只需要使用 on() 方法指定要触发的事件并设定事件处理函数即可，语法格式如下：

```
$(document).on(事件名称,选择器,事件处理函数)
```

其中"选择器"为可选参数，如果省略该参数，表示事件应用于整个页面而不限定哪一个组件。

15.1.1　初始化事件

初始化事件发生的时间包括页面初始化之前、页面创建时和页面创建后。下面将详细介绍初始化事件。

1. mobileinit

当 jQuery Mobile 开始执行时，首先会触发 mobileinit 事件。如果想更改 jQuery Mobile 的默认值，可以将函数绑定到 mobileinit 事件。语法格式如下：

```
$(document).on("mobileinit",function(){
    // jQuery 事件
});
```

例如，jQuery Mobile 开始执行任何操作时都会使用 Ajax 的方式，如果不想使用 Ajax，可以在 mobileinit 事件中将 $.mobile.ajaxEnabled 更改为 false，代码如下：

```
$(document).on("mobileinit",function(){
  $.mobile.ajaxEnabled=false;
});
```

这里需要注意的是，上面的代码要放在引用 jquery.mobile.js 之前。

2. jQuery Mobile Initialization 事件

jQuery Mobile Initialization 事件主要包括 pagebeforecreate 事件、pagecreate 事件和 pageinit 事件，它们的区别如下。

（1）pagebeforecreate 事件：发生在页面 DOM 加载后，正在初始化时，语法格式如下。

```
$(document).on("pagebeforecreate",function(){
    // 程序语句
});
```

（2）pagecreate 事件：发生在页面 DOM 加载完成，初始化也完成时，语法格式如下。

```
$(document).on("pagecreate",function(){
    // 程序语句
});
```

（3）pageinit 事件：发生在页面初始化完成以后，语法格式如下。

```
$(document).on("pageinit",function(){
    // 程序语句
});
```

▌实例 1：使用 jQuery Mobile Initialization 事件

```
<!DOCTYPE html>
<html>
<head>
    <meta charset="UTF-8">
        <meta name="viewport"
content="width=device-width, initial-
scale=1">
        <link rel="stylesheet"
href="jquery.mobile/jquery.mobile-
1.4.5.min.css">
        <script src="jquery.min.js"></
script>
        <script src="jquery.mobile/
jquery.mobile-1.4.5.min.js"></script>
        <script>
                $(document).
on("pagebeforecreate",function(){
                        alert("注意:
pagebeforecreate事件开始触发");
                });
                $(document).
on("pagecreate",function(){
                alert("注意: pagecreate
事件开始触发");
                });
                $(document).
on("pageinit",function(){
                alert("注意: pageinit事
件开始触发");
                });
        </script>
</head>
<body>
<div data-role="page" id="first">
    <div data-role="header">
        <h1>古诗欣赏</h1>
    </div>
        <div data-role="main"
class="ui-content">
                <p>几回花下坐吹箫,银汉红墙入望
遥。</p>
                <a href="#second">下一页</a>
        </div>
```

```
    <div data-role="footer">
        <h1>清代诗人</h1>
    </div>
</div>
<div data-role="page" id="second">
    <div data-role="header">
        <h1>古诗欣赏</h1>
    </div>
        <div data-role="main"
class="ui-content">
            <p>似此星辰非昨夜,为谁风露立中
宵。</p>
        <a href="#first">上一页</a>
    </div>
    <div data-role="footer">
        <h1>经典诗词</h1>
    </div>
</div>
</body>
</html>
```

在 Opera Mobile Emulator 模拟器中的预览程序的效果，这三个事件的执行顺序如图 15-1 所示。三次单击"确认"按钮后，结果如图 15-2 所示。单击"下一页"链接，将再次执行上述三个事件。

图 15-1　初始化事件

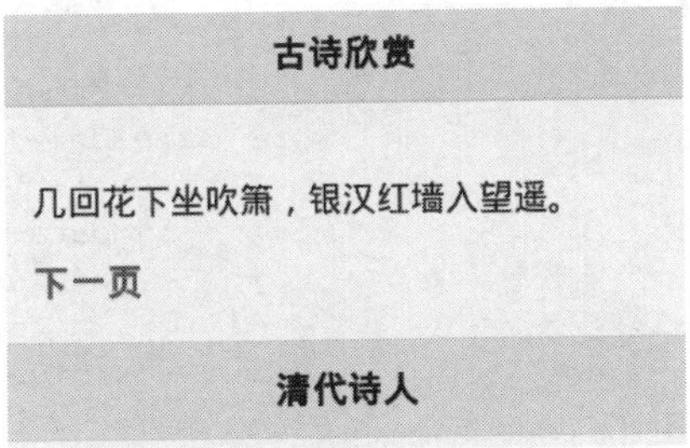

古诗欣赏

几回花下坐吹箫，银汉红墙入望遥。

下一页

清代诗人

图 15-2　页面最终效果

15.1.2　外部页面加载事件

外部页面加载时，最常见的加载事件如下。

1. pagebeforeload 事件

pagebeforeload 事件在外部页面加载前触发，语法格式如下：

```
<script>
$(document).on("pagebeforeload",function(){
    alert("有外部文件将要被加载");
});
</script>
```

2. pageload 事件

当页面加载成功时，触发 pageload 事件。语法格式如下：

```
<script>
$(document).on("pageload",function(event,data){
    alert("pageload事件触发!\nURL: " + data.url);
});
</script>
```

pageload 事件的函数的参数含义如下。

（1）event：任何 jQuery 的事件属性，例如 event.type、event.pageX 和 target 等。

（2）data：data 包含以下属性。

● url：页面的 url 地址，是字符串类型。

● absUrl：绝对地址，是字符串类型。

● dataUrl：地址栏 URL，是字符串类型。

● options：$.mobile.loadPage() 指定的选项，是对象类型。

● xhr：XMLHttpRequest 对象，是对象类型。

● textStatus：对象状态或空值，返回状态。

3. pageloadfailed 事件

如果页面载入失败，触发 pageloadfailed 事件，默认将显示 Error Loading Page 消息。语法格式如下：

```
$(document).on("pageloadfailed",function(event,data){
    alert("抱歉,被请求页面不存在。");
});
</script>
```

实例2：外部页面加载事件

```
<!DOCTYPE html>
<html>
<head>
    <meta charset="UTF-8">
    <meta name="viewport"
content="width=device-width, initial-
scale=1">
    <link rel="stylesheet"
href="jquery.mobile/jquery.mobile-
1.4.5.min.css">
    <script src="jquery.min.js"></
script>
    <script src="jquery.mobile/
jquery.mobile-1.4.5.min.js"></script>
    <script>
        $(document).on("pageload",f
unction(event,data){
            alert("pageload事件触
发!\nURL: " + data.url);
        });
        $(document).on("pageload
failed",function(){
            alert("抱歉,被请求页面不存
在。");
```
```
        });
    </script>
</head>
<body>
<div data-role="page" id="first">
    <div data-role="header">
        <h1>古诗欣赏</h1>
    </div>
    <div data-role="content"
class="content">
        <p>众鸟高飞尽,孤云独去闲。相看
两不厌,只有敬亭山。</p>
        <a href="123.1.html" >上一页
</a>
        <a href="1.html"
rel="external">下一页</a>
    </div>
    <div data-role="footer">
        <h1>经典诗词</h1>
    </div>
</div>
</body>
</html>
```

在 Opera Mobile Emulator 模拟器中预览，单击"上一页"按钮，结果如图 15-3 所示，单击"下一页"按钮，结果如图 15-4 所示。

图 15-3　触发 pageloadfailed 事件

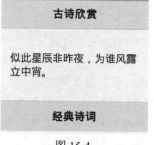

图 15-4

15.1.3　页面过渡事件

在 jQuery Mobile 中，当当前页面过渡到下一页时，会触发以下几个事件。

（1）pagebeforeshow 事件：在当前页面触发，过渡动画开始前。

（2）pageshow 事件：在当前页面触发，过渡动画完成后。

（3）pagebeforehide 事件：在下一页触发，过渡动画开始前。

（4）pagehide 事件：在下一页触发，过渡动画完成后。

实例 3：页面过渡事件

```
<!DOCTYPE html>
<html>
<head>
    <meta charset="UTF-8">
        <meta name="viewport"
content="width=device-width, initial-
scale=1">
        <link rel="stylesheet"
href="jquery.mobile/jquery.mobile-
1.4.5.min.css">
        <script src="jquery.min.js"></
script>
        <script src="jquery.mobile/
jquery.mobile-1.4.5.min.js"></script>
    <script>
            $(document).on("pagebefores
how","#second",function(){
                    alert("触发
pagebeforeshow 事件,下一页即将显示");
            });
            $(document).on("pageshow","
#second",function(){
                alert("触发 pageshow 事
件,现在显示下一页");
            });
            $(document).on("pagebeforeh
ide","#second",function(){
                    alert("触发
pagebeforehide 事件,下一页即将隐藏");
            });
            $(document).on("pagehide","
#second",function(){
                alert("触发 pagehide 事
件,现在隐藏下一页");
            });</script>
    </head>
<body>
<div data-role="page" id="first">
    <div data-role="header">
        <h1>在线商城</h1>
    </div>
        <div data-role="content"
class="content">
            <h3>今日秒杀商品如下: </h3>
            <p>1. 干果大礼包  69.99元每袋
</p>
            <p>2. 零食大礼包  39.99元每袋
</p>
            <p>3. 水果大礼包  89.99元每袋
</p>
            <p>4. 辣条大礼包  19.99元每袋
</p>
            <a href="#second">下一页</a>
    </div>
    <div data-role="footer">
        <h1>秒杀商品</h1>
    </div>
</div>

<div data-role="page" id="second">
    <div data-role="header">
        <h1>在线商城</h1>
    </div>
        <div data-role="content"
class="content">
        <h3>今日拼团商品如下: </h3>
        <p>1. 饮料 5元每瓶</p>
        <p>2. 零食 2元每袋</p>
        <p>3. 香蕉 2元每公斤</p>
        <p>4. 苹果 3元每公斤</p>
        <a href="#first">上一页</a>
    </div>
    <div data-role="footer">
        <h1>拼团抢购</h1>
    </div>
</div>
</body>
</html>
```

在 Opera Mobile Emulator 模拟器中的预览如图 15-5 所示。单击"下一页"按钮,事件触发顺序如图 15-6 所示。

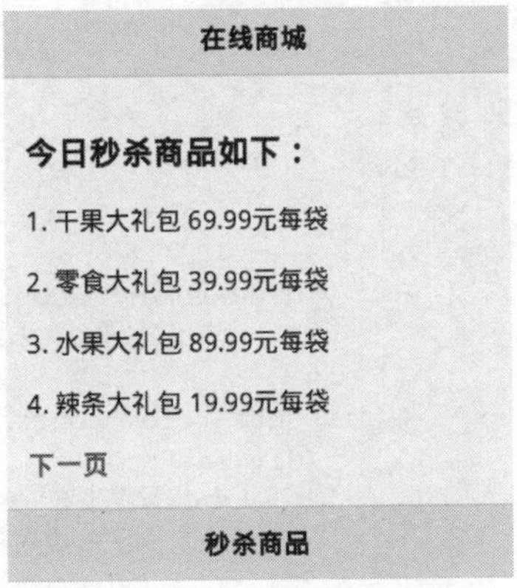

图 15-5　程序预览效果

图 15-6　当前页面触发事件顺序

单击两次"确认"按钮，进入下一页中，如图 15-7 所示。单击"上一页"按钮，事件触发顺序如图 15-8 所示。

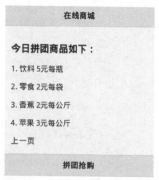

图 15-7　下一页页面效果

图 15-8　下一页触发事件顺序

15.2　触摸事件

针对移动端，浏览器提供了触摸事件，表示当用户触摸屏幕时触发的事件，包括点击事件和滑动事件。

15.2.1　点击事件

点击事件包括 tap 事件和 taphold 事件，下面将详细介绍它们的用法和区别。

1. tap 事件

当用户点击页面上的元素时，会触发点击（tap）事件，语法如下：

```
$("p").on("tap",function(){
    $(this).hide();
});
```

上面代码作用是点击 p 组件后，会将该组件隐藏。

实例 4：使用点击事件

```
<!DOCTYPE html>
<html>
<head>
    <meta charset="UTF-8">
    <meta name="viewport"
content="width=device-width, initial-
scale=1">
    <link rel="stylesheet"
href="jquery.mobile/jquery.mobile-
1.4.5.min.css">
    <script src="jquery.min.js"></
script>
    <script src="jquery.mobile/
jquery.mobile-1.4.5.min.js"></script>
    <script type="text/javascript">
        $(function() {
            $("#m1").on("tap",
function(){
                $(this).css
("color","blue")
            });
        });
    </script>
</head>
<body>
<div data-role="page" data-
theme="a">
    <div data-role="header">
        <h1>老码识途课堂</h1>
    </div>
    <div data-role="content">
        <div id="m1">
            <p>1.网络安全对抗训练营</p>
            <p>2.网站前端开发训练营</p>
            <p>3.Python爬虫智能训练营
```

```
         </p>
                </div>
            </div>
            <div data-role="footer">
                <h4>打造经典IT课程</h4>
            </div>
        </div>
    </body>
```

```
    </html>
```

在 Opera Mobile Emulator 模拟器中的预览如图 15-9 所示。在页面中的文字上面点击，即可改变文字的颜色为蓝色，最终结果如图 15-10 所示。

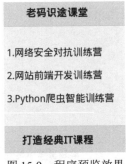

图 15-9　程序预览效果

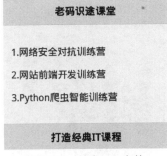

图 15-10　触发 tap 事件

2. taphold

如果点击页面并按住不放，则会触发 taphold 事件，语法如下：

```
$("p").on("taphold",function(){
  $(this).hide();
});
```

默认情况下，按住不放 750ms 之后触发 taphold 事件。用户也可以修改这个时间的长短，语法如下：

```
$(document).on("mobileinit",function(){
  $.event.special.tap.tapholdThreshold=5000;
});
```

修改后需要按住 5 秒以后才会触发 taphold 事件。

┃ 实例 5：设计隐藏图片效果

```
<!DOCTYPE html>
<html>
<head>
    <meta charset="UTF-8">
        <meta name="viewport"
content="width=device-width, initial-
scale=1">
        <link rel="stylesheet"
href="jquery.mobile/jquery.mobile-
1.4.5.min.css">
        <script src="jquery.min.js"></
script>
        <script src="jquery.mobile/
jquery.mobile-1.4.5.min.js"></script>
        <script type="text/javascript">
            $(document).on("mobileinit",
            function(){
                    $.event.special.tap.
tapholdThreshold=2000
                });
                $(function() {
                        $("img").
on("taphold",function(){
                    $(this).hide();
                });
                });
            </script>
    </head>
    <body>
        <div data-role="page" data-
theme="a">
        <div data-role="header">
            <h1>老码识途课堂</h1>
        </div>
        <div data-role="content">
```

223

```
                    <img src="1.jpg"
width="220" height="200" border="0">
                <p>按住图片2秒钟即可隐藏图片
哦! </p>
        </div>
        <div data-role="footer">
            <h4>打造经典IT课程</h4>
        </div>
```

```
        </div>
    </body>
</html>
```

在 Opera Mobile Emulator 模拟器中的预览如图 15-11 所示。点击并按住图片 2 秒后，即可发现图片被隐藏了，如图 15-12 所示。

图 15-11　程序预览效果

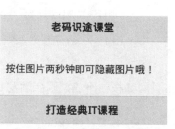

图 15-12　触发 taphold 事件

15.2.2　滑动事件

滑动事件是在用户 1 秒内水平拖曳元素大于 30px，或者纵向拖曳元素大于 20px 时触发的事件。滑动事件使用 swipe 语法来捕捉，语法如下：

```
$("p").on("swipe",function(){
  $("span").text("滑动检测!");
});
```

上述语法是捕捉 p 组件的滑动事件，并将消息显示在 span 组件中。

向左滑动事件在用户向左拖动元素大于 30px 时触发，使用 swipeleft 语法来捕捉，语法如下：

```
$("p").on("swipeleft",function(){
  $("span").text("向左滑动检测!");
});
```

向右滑动事件在用户向右拖动元素大于 30px 时触发，使用 swiperight 语法来捕捉，语法如下：

```
$("p").on("swiperight,function(){
  $("span").text("向右滑动检测!");
});
```

实例 6：使用向右滑动事件

```
<!DOCTYPE html>
<html>
<head>
    <meta charset="UTF-8">
        <meta name="viewport"
content="width=device-width, initial-
scale=1">
        <link rel="stylesheet"
href="jquery.mobile/jquery.mobile-
1.4.5.min.css">
        <script src="jquery.min.js"></
script>
        <script src="jquery.mobile/
jquery.mobile-1.4.5.min.js"></script>
        <script>
            $(document).on("pagecreate",
"#first",function(){
                $("img").
on("swiperight",function(){
                    alert("您在向右滑动图
片哦！");
                });
                $("#m1").
on("swipeleft",function(){
                    alert("您向左滑动了文
字哦！");
                });
            });
        </script>
</head>
<body>
<div data-role="page" id="first">
    <div data-role="header">
        <h1>老码识途课堂</h1>
    </div>
        <div data-role="content"
class="content">
            <img src=1.jpg > <br />
            <div id="m1">
                <p>1.网络安全对抗训练营</
p>
                <p>2.网站前端开发训练营</
p>
                <p>3.Python爬虫智能训练营
</p>
            </div>
        </div>
        <div data-role="footer">
            <h1>打造经典IT课程</h1>
        </div>
    </div>
</body>
</html>
```

在 Opera Mobile Emulator 模拟器中预览，向右滑动图片，结果如图 15-13 所示。向左滑动图片下的文字，效果如图 15-14 所示。

图 15-13　触发向右滑动事件

图 15-14　触发向左滑动事件

15.3 滚屏事件

jQuery Mobile 提供了两种滚屏事件，分别是滚屏开始时触发的 scrollstart 事件和滚动结束时触发的 scrollstop 事件。

1. scrollstart 事件

scrollstart 事件是在用户开始滚动页面时触发。语法如下：

```
$(document).on("scrollstart",function(){
  alert("屏幕开始滚动了!");
});
```

实例 7：使用 scrollstart 事件

```
<!DOCTYPE html>
<html>
<head>
    <meta charset="UTF-8">
        <meta name="viewport"
content="width=device-width, initial-
scale=1">
        <link rel="stylesheet"
href="jquery.mobile/jquery.mobile-
1.4.5.min.css">
        <script src="jquery.min.js"></
script>
        <script src="jquery.mobile/
jquery.mobile-1.4.5.min.js"></script>
        <script>
            $(document).on("pagecreate",
"#first",function(){
                    $(document).
on("scrollstart",function(){
                        alert("屏幕开始滚动
了!");
                });
            });
        </script>
</head>
```

```
<body>
<div data-role="page" id="first">
    <div data-role="header">
        <h1>古诗欣赏</h1>
    </div>
        <div data-role="content"
class="content">
        <img src=2.jpg >
        <p>今夕何夕兮，搴舟中流。</p>
        <p>今日何日兮，得与王子同舟。</p>
        <p>蒙羞被好兮，不訾诟耻。</p>
        <p>心几烦而不绝兮，得知王子。</p>
        <p>山有木兮木有枝,心悦君兮君不
知。</p>
    </div>
    <div data-role="footer">
        <h1>经典诗词</h1>
    </div>
</div>
</body>
</html>
</body>
</html>
```

在 Opera Mobile Emulator 模拟器中预览，如图 15-15 所示。向上滚动屏幕，效果如图 15-16 所示。

图 15-15　程序预览效果　　　　图 15-16　触发滚屏事件

2. scrollstop 事件

scrollstop 事件是在用户停止滚动页面时触发，语法如下：

```
$(document).on("scrollstop",function(){
 alert("停止滚动!");
});
```

实例 8：使用 scrollstop 事件

```
<!DOCTYPE html>
<html>
<head>
    <meta charset="UTF-8">
        <meta name="viewport"
content="width=device-width, initial-
scale=1">
        <link rel="stylesheet"
href="jquery.mobile/jquery.mobile-
1.4.5.min.css">
        <script src="jquery.min.js"></
script>
        <script src="jquery.mobile/
jquery.mobile-1.4.5.min.js"></script>
        <script>
            $(document).on("pagecreate",
"#first",function(){
                    $(document).
on("scrollstop",function(){
                alert("屏幕已经停止滚
动了!");
            });
        });
```
```
        </script>
</head>
<body>
<div data-role="page" id="first">
    <div data-role="header">
        <h1>古诗欣赏</h1>
    </div>
    <div data-role="content"
class="content">
        <img src=3.jpg >
        <p>天地有万古,此身不再得。</p>
        <p>人生只百年,此日最易过。</p>
        <p>宠辱不惊,闲看庭前花开花落。</p>
        <p>去留无意,漫随天外云卷云舒。</p>
    </div>
    <div data-role="footer">
        <h1>经典诗词</h1>
    </div>
</div>
</body>
</html>
```

在 Opera Mobile Emulator 模拟器中的预览，如图 15-17 所示。向上滚动屏幕，停止后效果如图 15-18 所示。

图 15-17　程序预览效果

图 15-18　触发滚屏事件

15.4　定位事件

当移动设备水平或垂直翻转时触发定位事件，也就是常说的方向改变（orientationchange）事件。

在使用定位事件时，请将 orientationchange 事件绑定到 window 对象上，语法如下：

```
$(window).on("orientationchange",function(event){
alert("设备的方向改变为"+ event.orientation);
});
```

这里的 event 对象用来接收 orientation 属性值，event.orientation 返回设备是水平还是垂直，类型为字符串。如果是横向，返回值为 landscape；如果是纵向，返回值为 portrait。

▌实例 9：使用定位事件

```
<!DOCTYPE html>
<html>
<head>
    <meta charset="UTF-8">
    <meta name="viewport"
content="width=device-width, initial-
scale=1">
    <link rel="stylesheet"
href="jquery.mobile/jquery.mobile-
1.4.5.min.css">
    <script src="jquery.min.js"></
script>
    <script src="jquery.mobile/
jquery.mobile-1.4.5.min.js"></script>
    <script type="text/javascript">
        $(document).
on("pageinit",function(event){
            $(window
).on("orientationchange", function(
event ) {
                if(event.
orientation == "landscape")
                    $(
"#orientation" ).text( "现在是
水平模式!" ).css({"background-
color":"yellow","font-size":"300%"});
                if(event.
orientation == "portrait")
                    $(
"#orientation" ).text( "现在是
垂直模式!" ).css({"background-
color":"green","font-size":"200%"});
            })
    </script>
</head>
<body>
<div data-role="page" id="first">
    <div data-role="header">
        <h1>古诗欣赏</h1>
    </div>
    <div data-role="content"
class="content">
        <span id="orientation"></
span><br>
        <p>红藕香残玉簟秋。轻解罗裳,独上
```

兰舟。云中谁寄锦书来? 雁字回时,月满西楼。</p>
```
    </div>
    <div data-role="footer">
        <h1>经典诗词</h1>
    </div>
</div>
</body>
</html>
```

在 Opera Mobile Emulator 模拟器中的预览如图 15-19 所示。单击 Opera Mobile Emulator 模拟器上的方向改变按钮，设备改变为水平方向，效果如图 15-20 所示。

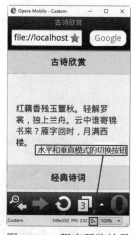

图 15-19　程序预览效果

图 15-20　设备改为水平方向

再次单击 Opera Mobile Emulator 模拟器上的方向改变按钮 ，设备改变为垂直方向，效果如图 15-21 所示。

图 15-21　设备改为垂直方向

15.5　新手常见疑难问题

疑问 1：引入外部链接文件时没有反应怎么办？

很多资料中讲述引用外部链接文件时都比较简单，直接把 a href="…" 的内容改成该文件的链接，例如：

```
<a href="外部文件.html" ></a>
```

单击链接时才发现没有反应或者报错，也就是找不到跳转的页面。这主要是因为 jQuery Mobile 默认用 a 标记引入文件时，都是默认引入内部文件，为了缩短访问时间，它只会加载这个文件的内容。

解决上述问题的方法就是加一句 rel="external" 或 data-ajax="false"。将上述代码修改如下：

```
<a href="外部文件.html" rel="external"></a>
```

即可解决引入外部链接文件时没有反应的问题。

疑问 2：如何在设备方向改变时获取移动设备的高度和宽度？

如果设备方向改变时要获取移动设备的长度和宽度，可以绑定 resize 事件。该事件在页面大小改变时将触发，语法如下：

```
$(window).on("resize",function(){
    var win= $(this);                //this指的是window
    alert("宽度为"+win.width()+"高度为"+ win.height());
});
```

15.6 实战技能训练营

实战 1：设计隐藏古诗内容的效果

创建一个古诗页面。在 Opera Mobile Emulator 模拟器中的预览效果如图 15-22 所示。点击哪一行，就隐藏哪一行。例如这里点击第三行，即可发现第三行的内容被隐藏了，如图 15-23 所示。

图 15-22 程序预览效果   图 15-23 隐藏古诗第三行的内容

实战 2：创建一个商品秒杀的滚屏页面

创建一个商品秒杀的滚屏页面，在 Opera Mobile Emulator 模拟器中的预览效果如图 15-24 所示。向上滚动屏幕，停止滚动后效果如图 15-25 所示。

图 15-24 程序预览效果   图 15-25 触发滚屏事件

第16章 数据存储和读取技术

本章导读

　　开发 App 时往往需要考虑数据的保存方式，通常是采用 Get 或者 Post 的方式访问远程数据库。如果在网络离线状态下，就无法访问远程数据库了。此时可以采用 Web SQL 在本地保存数据，也可以通过本地文件保存数据。本章重点学习如何操作 Web SQL Database 和本地文件。

知识导图

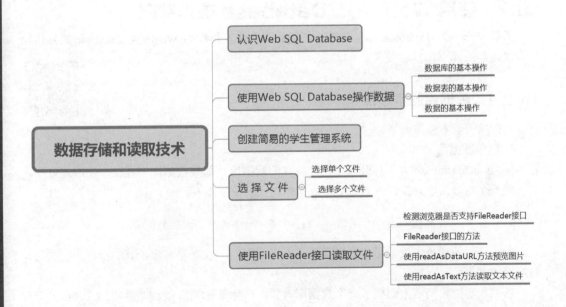

16.1 认识 Web SQL Database

Web SQL Database 是关系型数据库系统，使用 SQLite 语法访问数据库，支持大部分浏览器，该数据库多集中在嵌入式设备上。

Web SQL Database 数据库中定义有三个核心方法。

（1）openDatabase：这个方法使用现有数据库或新建数据库来创建数据库对象。

（2）executeSql：这个方法用于执行 SQL 查询。

（3）transaction：这个方法允许用户根据情况控制事务提交或回滚。

在 Web SQL Database 中，用户可以打开数据库并进行数据的新增、读取、更新与删除等操作。操作数据的基本流程如下。

（1）创建数据库。

（2）创建交易（transaction）。

（3）执行 SQL 语句。

（4）获取 SQL 语句执行的结果。

16.2 使用 Web SQL Database 操作数据

了解 Web SQL Database 操作数据的流程后，下面具体学习 Web SQL Database 的具体操作方法。

16.2.1 数据库的基本操作

数据库的基本操作如下。

1. 创建数据库

使用 openDatabase 方法打开一个已经存在的数据库，如果数据库不存在，使用此方法将会创建一个新数据库。打开或创建一个数据库的代码命令如下：

```
var db = openDatabase('mydb', '1.1', '第一个数据库', 200000);
```

上述代码的括号中设置了 4 个参数，其意义分别为：数据库名称、版本号、文字说明、数据库的大小。

以上代码的意义是：创建了一个数据库对象，名称是 mydb，版本编号为 1.1。数据库对象还带有描述信息和大概的大小值。用户代理可使用这个描述与用户进行交流，说明数据库是用来做什么的。利用代码中提供的大小值，用户代理可以为内容留出足够的存储空间。如果需要，这个大小是可以改变的，所以没有必要预先假设允许用户使用多少空间。

为了检测创建或打开数据库是否成功，可以检查那个数据库对象是否为 null：

```
if(!db)
    alert("数据库连接失败");
```

2. 创建交易

创建交易时，使用 database.transaction() 函数，语法格式如下：

```
db.transaction(function(tx)){
    //执行访问数据库的语句
});
```

该函数使用 function(tx) 作为参数，执行访问数据库的具体操作。

3. 执行 SQL 语句

通过 executeSql 方法执行 SQL 语句，从而对数据库进行操作，代码如下：

```
tx.executeSql(sqlQuery,[value1,value2..],dataHandler,errorHandler)
```

executeSql 方法有四个参数，作用分别如下。

（1）sqlQuery：需要具体执行的 SQL 语句，可以是 CREATE 语句、SELECT 语句、UPDATE 语句或 DELETE 语句。

（2）[value1，value2...]：SQL 语句中所有使用到的参数的数组，在 executeSql 方法中，将 SQL 语句中所要使用的参数先用"?"代替，然后依次将这些参数组成数组放在第二个参数中。

（3）dataHandler：执行成功时调用的回调函数，通过该函数可以获得查询结果集。

（4）errorHandler：执行失败时调用的回调函数。

4. 获取 SQL 语句执行的结果

当 SQL 语句执行成功后，就可以使用循环语句来获取执行的结果，代码如下：

```
for (var a=0; a<result.rows.length; a++){
    item = result.rows.item(a);
    $("div").html(item["name"] +"<br>");
}
```

result.rows 表示结果数据，result.rows.length 表示数据共有几条，然后通过 result.rows.item(a) 获取每条数据。

16.2.2 数据表的基本操作

创建数据表的语句为 CREATE TABLE，语法规则如下：

```
CREATE   TABLE <表名>                        字段名2 数据类型 [约束条件],
(                                                ......
    字段名1 数据类型 [约束条件],             );
```

使用 CREATE TABLE 创建表时，必须指定以下信息。

（1）要创建的表的名称，不区分大小写，不能使用 SQL 中的关键字，如 DROP、ALTER、INSERT 等。

（2）如果在数据表中创建多个列，每一个列（字段）的名称和数据类型要用逗号隔开。

例如，创建水果表 fruits，结构如表 16-1 所示。

表 16-1　fruits 表结构

字段名称	数据类型	备　注
id	int	编号
name	char(10)	名称
city	varchar(20)	产地

创建 fruits 表，SQL 语句为：

```
CREATE TABLE fruits              name      char(10),
(                                city      varchar(20)
    id      int PRIMARY KEY,     );
```

其中 PRIMARY KEY 约束条件定义 id 字段为主键。如果数据表已经存在，则上述创建命令将会报错，此时可以加入 if not exists 命令先进行条件判断。

▌实例1：创建和打开数据表 fruits

```html
<!DOCTYPE html>
<html>
<head>
    <meta http-equiv="Content-Type"
content="text/html; charset=utf-8"/>
    <title></title>
    <script src="jquery.min.js"></
script>
    <script type="text/javascript">
        $(function () {
            //打开数据库
            var dbSize=2*1024*1024;
                        d b =
openDatabase('myDB', '', '', dbSize);
            //创建数据表

db.transaction(function(tx){

tx.executeSql("CREATE TABLE IF NOT
EXISTS fruits (id integer
             PRIMARY KEY,name
char(10),city varchar(20))",[],onSucces
s,onError);
            });
            function onSuccess(tx,
results)
            {
                $("div").html("打开
fruits数据表成功了!")
            }
            function onError(e)
            {
                $("div").html("打开
数据库错误:"+e.message)
            }

        })
    </script>
</head>
<body>
<div id="message"></div>
</body>
</html>
```

使用 Google Chrome 浏览器运行上述文件，然后按 Crtl+Shift+I 组合键调出开发者工具，即可看到创建的数据库和数据表，结果如图 16-1 所示。

图 16-1 创建和打开数据表 fruits

16.2.3 数据的基本操作

数据表创建完成后，即可对数据进行添加、更新、查询和删除等操作。

1. 添加数据

添加数据的语法规则为：使用基本的 INSERT 语句插入数据，要求指定表的名称和插入新记录中的值。基本语法格式为：

```
INSERT INTO table_name (column_list) VALUES (value_list);
```

table_name 指定要插入数据的表名，column_list 指定要插入数据的那些列，value_list 指定每个列对应插入的数据。注意，使用该语句时，字段列和数据值的数量必须相同。

例如，向数据表 fruits 添加一条数据，语句如下：

```
INSERT INTO fruits (id ,name, city) VALUES (1,'苹果', '上海');
```

在添加字符串时，必须使用单引号。

2. 更新数据

表中有数据之后，接下来可以对数据进行更新操作。Web SQL 中使用 UPDATE 语句更新表中的记录，可以更新特定的行或者同时更新所有的行。基本语法结构如下：

```
UPDATE table_name
SET column_name1 = value1,column_name2=value2,…,column_namen=valuen
WHERE (condition);
```

column_name1, column_name2, …, column_namen 为指定更新的字段的名称；value1, value2, …, valuen 为相对应的指定字段的更新值；condition 指定更新的记录需要满足的条件。更新多个列时，每个"列 - 值"对之间用逗号隔开，最后一列之后不需要逗号。

例如，在 fruits 数据表中，更新 id 值为 1 的记录，将 name 字段值改为"香蕉"，语句如下：

```
UPDATE fruits SET name= '香蕉' WHERE id = 1;
```

3. 查询数据

查询数据使用 SELECT 的命令，语法格式如下：

```
SELECT value1, value2 FROM table_name WHERE (condition);
```

例如，在 fruits 数据表中，查询 name 字段值为"香蕉"的记录，语句如下：

```
SELECT id ,name, city FROM fruits WHERE name= '香蕉';
```

4. 删除数据

从数据表中删除数据使用 DELETE 语句，DELETE 语句允许使用 WHERE 子句指定删除条件。DELETE 语句基本语法格式如下：

```
DELETE FROM table_name [WHERE <condition>];
```

table_name 指定要执行删除操作的表；[WHERE <condition>] 为可选参数，指定删除条件，如果没有 WHERE 子句，DELETE 语句将删除表中的所有记录。

例如，在 fruits 数据表中，删除 name 字段值为"香蕉"的记录，语句如下：

```
DELETE FROM fruits WHERE name= '香蕉';
```

16.3　创建简易的学生管理系统

本实例将创建一个简易的学生管理系统，该系统将实现数据库和数据表的创建，数据的新增、查看和删除等操作。

▌ 实例 2：创建简易的学生管理系统

```
<!DOCTYPE html>
<html>
<head>
    <meta charset="UTF-8">
    <style>
            table{border-
collapse:collapse;}
            td{border:1px solid
#0000cc;padding:5px}
        #message{color:#ff0000}
    </style>
     <script src="jquery.min.js"></
script>
    <script type="text/javascript">
        $(function () {
            //打开数据库
            var dbSize=2*1024*1024;
                        d b  =
openDatabase('myDB', '', '', dbSize);

db.transaction(function(tx){
                //创建数据表

tx.executeSql("CREATE TABLE IF
NOT EXISTS student (id integer
PRIMARY KEY,name char(10),colleges
varchar(50))");
                showAll();
            });

                $(  "button"
).click(function () {
                        v a r
name=$("#name").val();
                        v a r
colleges=$("#colleges").val();
                if(name=="" ||
colleges==""){
                    $("#message").
html("**请输入姓名和学院**");
                    return false;
                }

db.transaction(function(tx){
                    //新增数据

tx.executeSql("INSERT INTO
student(name,colleges) values(?,?)",[na
me,colleges],function(tx, result){
```

```
$("#message").html("新增数据完成!")
                        showAll();
                    },function(e){
$("#message").html("新增数据错误:"+e.
message)
                    });
                });
            })

                $("#showData").
on('click', ".delItem", function() {
                    var delid=$(this).
prop("id");

db.transaction(function(tx){
                    //删除数据
                            var
delstr="DELETE FROM student WHERE
id=?";
                    tx.executeSql(d
elstr,[delid],function(tx, result){
$("#message").html("删除数据完成!")
                        showAll();
                    },function(e){
$("#message").html("删除数据错误:"+e.
errorCode);
                    });
                });
            })
            function showAll(){
                    $("#showData").
html("");

db.transaction(function(tx){
                    //显示student数
据表全部数据

tx.executeSql("SELECT id,name,colleges
FROM student",[], function(tx, result){
                        if(result.
rows.length>0){
                            var
str="现有数据: <br><table><tr><td>id</
t d > < t d > 姓 名 < / i d > < t d > 学 院 < /
id><td> </id></tr>";
                            for(var
i = 0; i < result.rows.length; i++){

item = result.rows.item(i);
```

```
str+="<tr><td>"+item["id"] + "</
td><td>" + item["name"] + "</td><td>"
+ item["colleges"] + "</td><td><input
type='button' id='"+item["id"]+"'
class='delItem' value='删除'></td></
tr>";
                                     }

str+="</table>";

$("#showData").html(str);
                        }
                },function(e){

$("#message").html("SELECT语法出错
了!"+e.message)
                });
        });
            }

        })
    </script>
</head>
<body>
<h2 align="center">简易学生管理系统</
h2>
<h3>添加学生信息</h3>
请输入姓名和学院:
<table>
    <tr>
        <td>姓名: </td>
            <td><input type="text"
id="name"></td>
    </tr>
    <tr>
        <td>学院: </td>
            <td><input type="text"
id="colleges"></td>
```

```
    </tr>
</table>
<button id='new'>新增学生信息</
button>
<p>
<div id="message"></div>
<div id="showData"></div>
</body>
</html>
```

运行程序,输入姓名和学院后,单击"新增学生信息"按钮,即可看到新增加的数据,如图 16-2 所示。单击"删除"按钮,即可删除选中的数据。

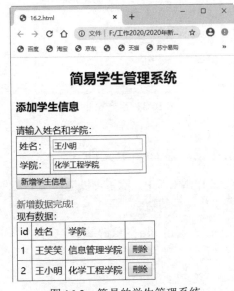

图 16-2　简易的学生管理系统

16.4　选 择 文 件

在 HTML 5 中,可以创建一个 file 类型的 <input> 元素实现文件的上传功能。只是在 HTML 5 中,该类型的 <input> 元素新添加了一个 multiple 属性,如果将属性的值设置为 true,则可以在一个元素中实现多个文件的上传。

16.4.1　选择单个文件

在 HTML 5 中,当需要创建一个 file 类型的 <input> 元素上传文件时,可以定义只选择一个文件。

实例 3:通过 file 对象选择单个文件

```
<!DOCTYPE html>
<html>
```

```
<head>
<title>选择单个文件</title>
<meta charset="UTF-8">
</head>
<body>
```

```
<form>
    <h3>请选择文件：</h3>
        </p><input type="file"
id="fileload" /></p><!-单个文件进行上传-->
    </form>
</body>
</html>
```

运行效果如图 16-3 所示，在其中单击"选择文件"按钮，打开"打开"对话框，在其中只能选择一个要加载的文件，如图 16-4 所示。

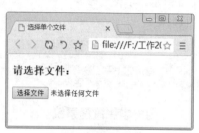

图 16-3　预览效果

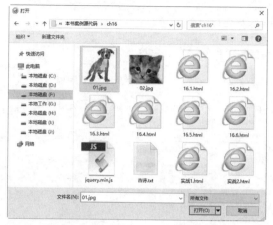

图 16-4　只能选择一个要加载的文件

16.4.2　选择多个文件

在 HTML 5 中，除了可以选择单个文件外，还可以通过添加元素的 multiple 属性，实现选择多个文件的功能。

▌实例 4：通过 file 对象选择多个文件

```
<!DOCTYPE HTML>
<html>
<body>
<form>
选择文件：<input type="file"
multiple="multiple" />
```

```
</form>
<p>在浏览文件时可以选取多个文件。</p>
</body>
</html>
```

运行效果如图 16-5 所示，在其中单击"选择文件"按钮，打开【打开】对话框，在其中可以选择多个要加载的文件，如图 16-6 所示。

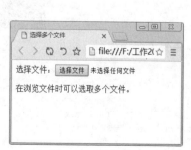

图 16-5　预览效果

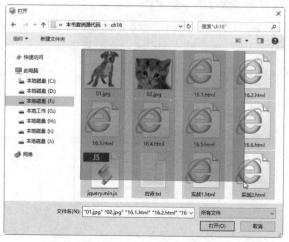

图 16-6　可以选择多个要加载的文件

16.5　使用 FileReader 接口读取文件

使用 Blob 接口可以获取文件的相关信息，如文件名称、大小、类型；如果想要读取或浏览文件，则需要通过 FileReader 接口。该接口不仅可以读取图片文件，还可以读取文本或二进制文件；同时，根据该接口提供的事件与方法，可以动态观察文件读取时的详细状态。

16.5.1　检测浏览器是否支持 FileReader 接口

FileReader 接口主要用来把文件读入到内存，并且读取文件中的数据。FileReader 接口提供了一个异步 API，使用该 API 可以在浏览器主线程中异步访问文件系统，读取文件中的数据。到目前为止，并不是所有浏览器都实现了 FileReader 接口。这里提供一种方法可以检查某个浏览器是否对 FileReader 接口提供支持，具体的代码如下：

```
if(typeof FileReader == 'undefined'){
    result.InnerHTML="<p>你的浏览器不支持FileReader接口！</p>";
    //使选择控件不可操作
    file.setAttribute("disabled","disabled");
}
```

16.5.2　FileReader 接口的方法

FileReader 接口有 4 个方法，其中 3 个用来读取文件，另一个用来中断读取。无论读取成功或失败，方法并不会返回读取结果，此结果被存储在 result 属性中。FileReader 接口的方法及描述如表 16-2 所示。

表 16-2　FileReader 接口的方法及描述

方　法　名	参　数	描　述
readAsText	File，[encoding]	将文件以文本方式读取，读取的结果即是这个文本文件中的内容
readAsBinaryString	File	这个方法将文件读取为二进制字符串，通常我们将它送到后端，后端可以通过这段字符串存储文件
readAsDataUrl	File	该方法将文件读取为一串 Data Url 字符串，该方法事实上是将小文件以一种特殊格式的 URL 地址形式直接读入页面。这里的小文件通常是指图像与 HTML 等格式的文件
abort	（none）	终端读取操作

16.5.3　使用 readAsDataURL 方法预览图片

通过 FileReader 接口中的 readAsDataURL() 方法，可以获取 API 异步读取的文件数据，另存为数据 URL。将该 URL 绑定 <img> 元素的 src 属性值，就可以实现图片文件预览的效果。如果读取的不是图片文件，将给出相应的提示信息。

实例 5：使用 readAsDataURL 方法预览图片

```
<!DOCTYPE html>
```

```
<html>
<head>
<title>使用readAsDataURL方法预览图片
</title>
</head>
<body>
```

```
<script type="text/javascript">
    var result=document.
getElementById("result");
    var file=document.
getElementById("file");

    //判断浏览器是否支持FileReader接口
    if(typeof FileReader ==
'undefined'){
        result.InnerHTML="<p>你的浏
览器不支持FileReader接口！</p>";
        //使选择控件不可操作
        file.setAttribute("disabled",
"disabled");
    }

    function readAsDataURL(){
        //检验是否为图像文件
        var file = document.
getElementById("file").files[0];
        if(!/image\/\w+/.test(file.
type)){
            alert("这个不是图片文件,请
重新选择！");
            return false;
        }
        var reader = new FileReader();
```

```
        //将文件以Data URL形式读入页面
        reader.readAsDataURL(file);
        reader.onload=function(e){
            var result=document.
getElementById("result");
            //显示文件
            result.innerHTML='<img
src="' + this.result +'" alt="" />';
        }
    }
</script>
<p>
    <label>请选择一个文件：</label>
    <input type="file" id="file" />
    <input type="button" value="读取
图像" onclick="readAsDataURL()" />
</p>
<div id="result" name="result"></
div>
</body>
</html>
```

运行效果如图16-7所示，在其中单击"选择文件"按钮，打开"打开"对话框，在其中选择需要预览的图片文件，如图16-8所示。

图 16-7　预览效果

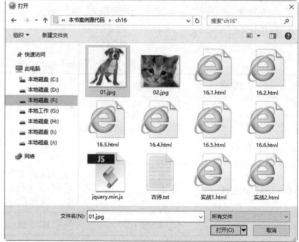

图 16-8　选择要预览的文件

选择完毕后，单击"打开"按钮，返回到浏览器窗口中，然后单击"读取图像"按钮，即可在页面的下方显示添加的图片，如图16-9所示。

如果选择的文件不是图片文件，当在浏览器窗口中单击"读取图像"按钮后，就会给出相应的提示信息，如图16-10所示。

图 16-9　显示图片

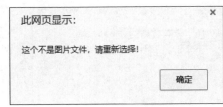

图 16-10　信息提示框

16.5.4　使用 readAsText 方法读取文本文件

使用 FileReader 接口中的 readAsTextO 方法，可以将文件以文本编码的方式进行读取，即可以读取上传文本文件的内容。其实现的方法与读取图片基本相似，只是读取文件的方式不一样。

实例 6：使用 readAsText 方法读取文本文件

```
<!DOCTYPE html>
<html>
<head>
<meta charset="UTF-8">
<title>使用readAsText方法读取文本文件
</title>
</head>
<body>
<script type="text/javascript">
        var result=document.
getElementById("result");
        var file=document.
getElementById("file");

        //判断浏览器是否支持FileReader接口
        if(typeof FileReader ==
'undefined'){
            result.InnerHTML="<p>你的浏
览器不支持FileReader接口! </p>";
            //使选择控件不可操作
            file.setAttribute("disabled"
,"disabled");
        }
        function readAsText(){
            var file = document.
getElementById("file").files[0];
            var reader = new
FileReader();
            //将文件以文本形式读入页面
            r e a d e r .
readAsText(file,"gb2312");
            reader.onload=function(f){
                var result=document.
getElementById("result");
                //显示文件
                result.innerHTML=this.
result;
            }
        }
    </script>
    <p>
        <label>请选择一个文件: </label>
        <input type="file" id="file" />
        <input type="button" value="读取
文本文件" onclick="readAsText()" />
    </p>
    <div id="result" name="result"></
div>
    </body>
    </html>
```

运行效果如图 16-11 所示，在其中单击"选择文件"按钮，打开"打开"对话框，在其中选择需要读取的文件"古诗 .txt"，如图 16-12 所示。

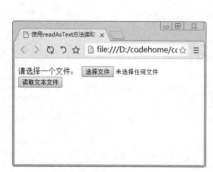

图 16-11　预览效果

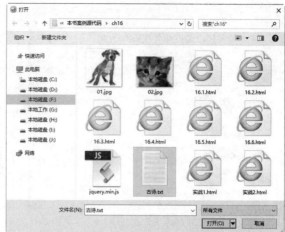

图 16-12　选择要读取的文本文件

　　选择完毕后，单击"打开"按钮，返回到浏览器窗口中，然后单击"读取文本文件"按钮，即可在页面的下方读取文本文件中的信息，如图 16-13 所示。

图 16-13　读取文本信息

16.6　新手常见疑难问题

┃ 疑问 1：不同的浏览器可以读取同一个 Web 中存储的数据吗？

　　在 Web 存储时，不同的浏览器将存储在不同的 Web 存储库中。例如，如果用户使用的是 IE 浏览器，那么 Web 存储工作时，所有数据将存储在 IE 的 Web 存储库中；如果用户再次使用火狐浏览器访问该站点，将不能读取 IE 浏览器存储的数据，可见每个浏览器的存储是分开并独立工作的。

┃ 疑问 2：在 HTML 5 中，读取记事本文件的中文内容时显示乱码怎么办？

　　需要特别注意的是，读取文件内容时可能显示乱码，如图 16-14 所示。

图 16-14　读取文件内容时显示乱码

原因是在读取文件时，没有设置读取的编码方式，例如下面代码：

```
reader.readAsText(file);
```

如果是中文内容，要设置读取的格式，代码修改如下：

```
reader.readAsText(file,"gb2312");
```

16.7 实战技能训练营

▌实战1：创建一个企业员工管理系统

创建一个企业员工管理系统，该系统将实现数据库和数据表的创建，数据的新增、查看和删除等操作。运行程序，输入姓名、部门和工资后，单击"新增员工信息"按钮，即可看到新增加的数据，如图16-15所示。单击"删除"按钮，即可删除选中的数据。

图16-15 企业员工管理系统

▌实战2：制作一个图片上传预览器

利用所学的知识，制作一个图片上传预览器，运行效果如图16-16所示。单击"选择文件"按钮，然后在打开的对话框中选择需要上传的图片；接着单击"上传文件"按钮和"显示图片"按钮，即可查看新上传的图片。重复操作，可以上传多个图片，如图16-17所示。

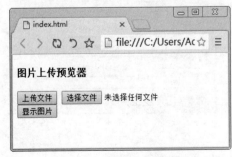

图16-16 图片上传预览器

图16-17 多图片的显示效果

第17章 设计流行的响应式网页

📋 本章导读

响应式网站设计是目前非常流行的一种网络页面设计布局，主要优势是设计布局可以智能地根据用户行为以及不同的设备（台式电脑、平板电脑或智能手机）让内容适应性展示，从而让用户在不同的设备都能够友好地浏览网页的内容。本章将重点学习响应式网页设计的原理和设计方法。

📖 知识导图

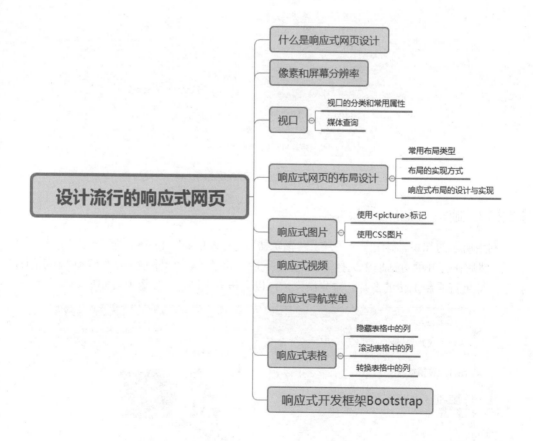

17.1　什么是响应式网页设计

现在，智能手机和平板电脑等移动上网设备已经非常流行。而普通开发的电脑端的网站在移动端浏览时，页面内容会变形，从而影响预览效果。解决上述问题常见方法有以下 3 种。

（1）创建一个单独的移动版网站，然后配备独立的域名。移动用户需要用移动网站的域名进行访问。

（2）在当前的域名内创建一个单独的网站，专门服务于移动用户。

（3）利用响应式网页设计技术，使页面自动切换分辨率、图片尺寸等，以适应不同的设备，并在不同浏览终端实现网站数据的同步更新，从而为不同终端的用户提供更加美好的用户体验。

例如清华大学出版社的官网，通过电脑端访问该网站主页时，预览效果如图 17-1 所示。通过手机端访问该网站主页时，预览效果如图 17-2 所示。

图 17-1　电脑端浏览主页效果

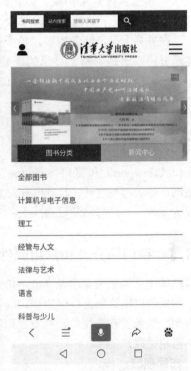

图 17-2　手机端浏览主页的效果

响应性网页设计的技术原理如下。

（1）通过 <meta> 标记来实现。该标记可以涉足页面格式、内容、关键字和刷新页面等，从而帮助浏览器精准地显示网页的内容。

（2）通过媒体查询适配对应的样式。通过不同的媒体类型和条件定义样式表规则，获取的值可以设置设备的手持方向（水平方向还是垂直方向）、设备的分辨率等。

（3）通过第三方框架来实现。例如目前比较流行的 Bootstrap 和 Vue 框架，可以更高效地实现网页的响应式设计。

17.2　像素和屏幕分辨率

在响应式设计中，像素是一个非常重要的概念。像素是计算机屏幕中显示特定颜色的最小区域。屏幕中的像素越多，同一范围内能看到的内容就越多。或者说，当设备尺寸相同时，像素越密集，画面就越精细。

在设计网页元素的属性时，通常是通过 width 属性的大小来设置宽度。当不同的设备显示同一个设定的宽度时，显示的宽度到底是多少像素呢？

要解决这个问题，首先理解两个基本概念，那就是设备像素和 CSS 像素。

1. 设备像素

设备像素指的是设备屏幕的物理像素，任何设备的物理像素数量都是固定的。

2. CSS 像素

CSS 像素是 CSS 中使用的一个抽象概念。它和物理像素之间的比例取决于屏幕的特性以及用户进行的缩放，由浏览器自行换算。

由此可知，具体显示的像素数目，是和设备像素密切相关的。

屏幕分辨率是指纵、横方向上的像素个数。屏幕分辨率确定计算机屏幕上显示信息的多少，以水平和垂直像素来衡量。就相同大小的屏幕而言，当屏幕分辨率低时（例如 640 × 480），在屏幕上显示的像素少，单个像素尺寸比较大。当屏幕分辨率高时（例如 1600 × 1200），在屏幕上显示的像素多，单个像素尺寸比较小。

显示分辨率就是屏幕上显示的像素个数，分辨率 160×128 的意思是水平方向含有像素数为 160 个，垂直方向含有像素数为 128 个。屏幕尺寸一样的情况下，分辨率越高，显示效果就越精细和细腻。

17.3　视口

视口（viewport）和窗口（window）是两个不同的概念。在电脑端，视口指的是浏览器的可视区域，其宽度和浏览器窗口的宽度保持一致。而在移动端，视口较为复杂，它是与移动设备相关的一个矩形区域，坐标单位与设备有关。

17.3.1　视口的分类和常用属性

移动端浏览器通常宽度是 240~640 像素，而大多数为电脑端设计的网站宽度至少为 800 像素，如果仍以浏览器窗口作为视口的话，网站内容在手机上看起来会非常窄。

因此，引入了布局视口、视觉视口和理想视口 3 个概念，使得移动端中的视口与浏览器宽度不再相关联。

1. 布局视口

一般移动设备的浏览器都默认设置了一个 viewport 元标签，定义一个虚拟的布局视口，用于解决早期的页面在手机上显示的问题。iOS 和 Android 基本都将这个视口分辨率设置为 980 像素，所以 PC 上的网页基本能在手机上呈现，只不过元素看上去很小，一般可以手动缩放网页。

布局视口使视口与移动端浏览器屏幕宽度完全独立开。CSS 布局将会根据它来进行计算，并被它约束。

2. 视觉视口

视觉视口是用户当前看到的区域，用户可以通过缩放操作视觉视口，同时不会影响布局视口。

3. 理想视口

布局视口的默认宽度并不是一个理想的宽度，于是浏览器厂商引入了理想视口（ideal viewport）的概念，它对设备而言是最理想的布局视口尺寸。显示在理想视口中的网站具有最理想的宽度，用户无须进行缩放。

理想视口的值其实就是屏幕分辨率的值，它对应的像素叫作设备逻辑像素。设备逻辑像素和设备的物理像素无关，一个设备逻辑像素在任意像素密度的设备屏幕上都占据相同的空间。如果用户没有进行缩放，那么一个 CSS 像素就等于一个设备逻辑像素。

用下面的方法可以使布局视口与理想视口的宽度一致：

```
<meta name="viewport" content="width=device-width">
```

这里的 viewport 属性对响应式设计起了非常重要的作用。该属性中常用的属性值和含义如下。

（1）with：设置布局视口的宽度。该属性可以设置为数字值或 device-width，单位为像素。

（2）height：设置布局视口的高度。该属性可以设置为数字值或 device-height，单位为像素。

（3）initial-scale：设置页面初始缩放比例。

（4）minimum-scale：设置页面最小缩放比例。

（5）maximum-scale：设置页面最大缩放比例。

（6）user-scalable：设置用户是否可以缩放。yes 表示可以缩放，no 表示禁止缩放。

17.3.2 媒体查询

媒体查询的核心就是根据设备显示器的特征（视口宽度、屏幕比例和设备方向）来设定 CSS 的样式。媒体查询由媒体类型和一个或多个检测媒体特性的条件表达式组成。通过媒体查询，可以实现同一个 html 页面，根据不同的输出设备，显示不同的外观效果。

媒体查询的使用方法是在 <head> 标记中添加 viewport 属性，具体代码如下：

```
<meta name="viewport" content="width=device-width",initial-scale=1,maximum-scale=1.0,user-scalable="no">
```

然后使用 @media 关键字编写 CSS 媒体查询内容。例如以下代码：

```
/*当设备宽度在450像素和650像素之间时,显示背景图片为m1.gif*/
@media screen and (max-width:650px) and (min-width:450px){
    header{
        background-image: url(m1.gif);
    }
}
/*当设备宽度小于或等于450像素时,显示背景图片为m2.gif*/
@media screen and (max-width:450px){
    header{
        background-image: url(m2.gif);
    }
}
```

上述代码实现的功能是根据屏幕的大小不同而显示不同的背景图片。当设备屏幕宽度在 450 像素和 650 像素之间时，媒体查询中设置背景图片为 m1.gif；当设备屏幕宽度小于或等于 450 像素时，媒体查询中设置背景图片为 m2.gif。

17.4　响应式网页的布局设计

响应式网页的布局设计主要特点是根据不同的设备显示不同的页面布局效果。

17.4.1　常用布局类型

根据网页的列数，可以将网页布局类型分为单列或多列布局。多列布局又可以分为均分多列布局和不均分多列布局。

1. 单列布局

网页单列布局模式是最简单的一种布局形式，也被称为"网页 1-1-1 型布局模式"。如图 17-3 所示为网页单列布局模式示意图。

图 17-3　网页单列布局

2. 均分多列布局

列数大于或等于 2 列的布局类型。每列宽度相同，列与列间距相同，如图 17-4 所示。

图 17-4　均分多列布局

3. 不均分多列布局

列数大于或等于 2 列的布局类型。每列宽度不相同，列与列间距不同，如图 17-5 所示。

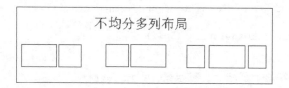

图 17-5　不均分多列布局

17.4.2　布局的实现方式

采用何种方式实现布局设计，也有不同的方式。这里基于页面的实现单位（像素或百分比）而言，分为四种类型：固定布局、可切换的固定布局、弹性布局、混合布局。

（1）固定布局：以像素作为页面的基本单位，不管设备屏幕及浏览器宽度，只设计一套固定宽度的页面布局，如图 17-6 所示。

图 17-6　固定布局

（2）可切换的固定布局：同样以像素作为页面单位，参考主流设备尺寸，设计几套不同宽度的布局。通过媒体查询技术设计不同的屏幕尺寸或浏览器宽度，选择最合适的宽度布局，如图 17-7 所示。

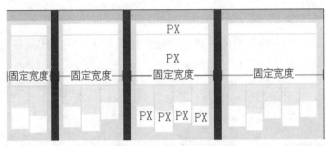

图 17-7　可切换的固定布局

（3）弹性布局：以百分比作为页面的基本单位，可以适应一定范围内所有尺寸的设备屏幕及浏览器宽度，并能完美利用有效空间展现最佳效果，如图 17-8 所示。

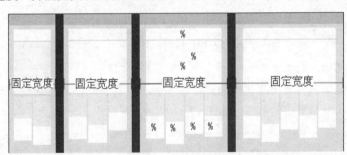

图 17-8　弹性布局

（4）混合布局：同弹性布局类似，可以适应一定范围内所有尺寸的设备屏幕及浏览器宽度，并能完美利用有效空间展现最佳效果，如图 17-9 所示。

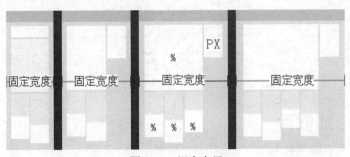

图 17-9　混合布局

可切换的固定布局、弹性布局、混合布局都是目前可采用的响应式布局方式。其中可切换的固定布局的实现成本最低，但拓展性比较差；而弹性布局与混合布局效果具有响应性，都是比较理想的响应式布局实现方式。只是对于不同类型的页面排版布局，实现响应式设计，需要采用不用的实现方式：通栏、等分结构适合采用弹性布局方式；而对于非等分的多栏结构，往往需要采用混合布局的实现方式。

17.4.3　响应式布局的设计与实现

对页面进行响应式的设计实现，需要对相同内容进行不同宽度的布局设计。这有两种方式：桌面电脑端优先（从桌面电脑端开始设计），移动端优先（首先从移动端开始设计）。无论基于哪种模式的设计，要兼容所有设备，布局响应时不可避免地需要对模块布局做一些变化。

通过 JavaScript 获取设备的屏幕宽度，可改变网页的布局。常见的响应式布局有以下两种。

1. 模块内容不变

页面中整体模块内容不发生变化，通过调整模块的宽度，可以将模块内容从挤压调整到拉伸，从平铺调整到换行，如图 17-10 所示。

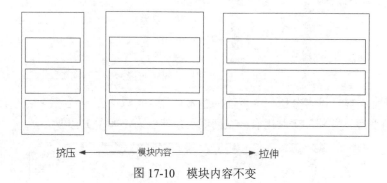

图 17-10　模块内容不变

2. 模块内容改变

页面中整体模块内容发生变化，通过媒体查询，检测当前设备的宽度，动态隐藏或显示模块内容，增加或减少模块的数量，如图 17-11 所示。

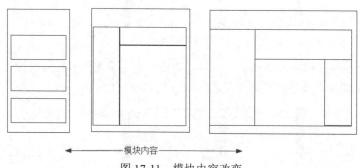

图 17-11　模块内容改变

17.5　响应式图片

实现响应式图片效果的常用方法有两种，即使用 \<picture\> 标记和 CSS 图片。

17.5.1 使用 `<picture>` 标记

`<picture>` 标记可以实现在不同的设备上显示不同的图片，从而实现响应式图片的效果。语法格式如下：

```
<picture>
  <source media="(max-width: 600px)" srcset="m1.jpg">
  <img src="m2.jpg">
</picture>
```

`<picture>` 标记包含 `<source>` 属性和 `<img>` 属性，根据不同设备屏幕的宽度，显示不同的图片。上述代码的功能是：当屏幕的宽度小于 600 像素时，将显示 m1.jpg 图片，否则将显示默认图片 m2.jpg。

> **提示**：根据屏幕的不同尺寸显示不同的图片时，如果没有匹配到或浏览器不支持 `<picture>` 标记，则使用 `<img>` 属性内的图片。

实例 1：使用 `<picture>` 标记实现响应式图片布局

本实例将通过使用 `<picture>` 标记的 `<source>` 属性和 `<img>` 属性，根据不同设备屏幕的宽度，显示不同的图片。当屏幕的宽度大于 800 像素时，将显示 m1.jpg 图片，否则将显示默认图片 m2.jpg。

```
<!DOCTYPE html>
<html>
<head>
<title>使用<picture>标记</title>
```

```
</head>
<body>
<h1>使用<picture>标记实现响应式图片</h1>
<picture>
   <source media="(min-width: 800px)" srcset="m1.jpg">
   <img src="m2.jpg">
</picture>
</body>
</html>
```

电脑端运行效果如图 17-12 所示。使用 Opera Mobile Emulator 模拟手机端运行效果如图 17-13 所示。

图 17-12　电脑端预览效果

图 17-13　模拟手机端预览效果

17.5.2　使用 CSS 图片

大尺寸图片可以显示在大屏幕上，但在小屏幕上却不能很好地显示。没有必要在小屏幕上去加载大图片，这样很影响加载速度。所以可以利用媒体查询技术，使用 CSS 中的 media 关键字，根据不同的设备显示不同的图片。

语法格式如下：

```
@media screen and (min-width: 600px) {
CSS样式
}
```

上述代码的功能是：当屏幕大于 600 像素时，将应用大括号内的 CSS 样式。

实例2：使用 CSS 图片实现响应式图片布局

本实例使用媒体查询技术中的 media 关键字，实现响应式图片布局。当屏幕宽度大于 800 像素时，显示图片 m3.jpg；当屏幕宽度小于 799 像素时，显示图片 m4.jpg。

```
<!DOCTYPE html>
<html>
<head>
<meta name="viewport"
content="width=device-width",initial-
scale=1,maximum-scale=1.0,user-
scalable="no">
<!--指定页头信息-->
<title>使用CSS图片</title>
<style>
    /*当屏幕宽度大于800像素时*/
    @media screen and (min-width:
800px) {
        .bcImg {
                background-image:url
(m3.jpg);
```

```
                background-repeat: no-
repeat;
                height: 500px;
        }
    }
    /*当屏幕宽度小于799像素时*/
    @media screen and (max-width:
799px) {
        .bcImg {
                background-
image:url(m4.jpg);
                background-repeat: no-
repeat;
                height: 500px;
        }
    }
</style>
</head>
<body>
<div class="bcImg"></div>
</body>
</html>
```

电脑端运行效果如图 17-14 所示。使用 Opera Mobile Emulator 模拟手机端运行效果如图 17-15 所示。

图 17-14　电脑端使用 CSS 图片预览效果

图 17-15　模拟手机端使用 CSS 图片预览效果

17.6 响应式视频

相比于响应式图片，响应式视频的处理要稍微复杂一点。响应式视频不仅仅要处理视频播放器的尺寸，还要兼顾到视频播放器的整体效果和体验问题。下面讲述如何使用 <meta> 标记处理响应式视频。

<meta> 标记中的 viewport 属性可以设置网页宽度和实际屏幕宽度的大小关系。语法格式如下：

```
<meta name="viewport" content="width=device-width",initial-scale=1,maxinum-scale=1,user-scalable="no">
```

实例 3：使用 <meta> 标记播放手机视频

本实例使用 <meta> 标记实现一个视频在手机端正常播放。首先使用 <iframe> 标记引入测试视频，然后通过 <meta> 标记中的 viewport 属性设置网页设计的宽度和实际屏幕的宽度的大小关系。

```
<!DOCTYPE html>
<html>
<head>
<!--通过meta元标记,使网页宽度与设备宽度
一致 -->
<meta name="viewport"
content="width=device-width,initial-
scale=1" maxinum-scale=1,user-
scalable="no">
<!--指定页头信息-->
<title>使用<meta>标记播放手机视频</
title>
</head>
<body>
<div align="center">
    <!--使用iframe标记,引入视频-->
```

```
    <iframe  src="精品课程.mp4"
frameborder="0"  allowfullscreen></
iframe>
    </div>
    </body>
    </html>
```

使用 Opera Mobile Emulator 模拟手机端运行效果如图 17-16 所示。

图 17-16 模拟手机端预览视频的效果

17.7 响应式导航菜单

导航菜单是网站中最常用的元素，下面讲述响应式导航菜单的实现方法。利用媒体查询技术中的 media 关键字，可获取当前设备屏幕的宽度，根据不同的设备显示不同的 CSS 样式。

实例 4：使用 media 关键字设计网上商城的响应式菜单

本实例使用媒体查询技术中的 media 关键字，实现网上商城的响应式菜单。

```
<!DOCTYPE HTML>
<html>
```

```
<head>
<meta name="viewport"
content="width=device-width, initial-
scale=1">
<title>CSS3响应式菜单</title>
<style>
    .nav ul {
        margin: 0;
        padding: 0;
```

```css
    }
    .nav li {
        margin: 0 5px 10px 0;
        padding: 0;
        list-style: none;
        display: inline-block;
        *display:inline; /* ie7
*/
    }
    .nav a {
        padding: 3px 12px;
        text-decoration: none;
        color: #999;
        line-height: 100%;
    }
    .nav a:hover {
        color: #000;
    }
    .nav .current a {
        background: #999;
        color: #fff;
        border-radius: 5px;
    }

    /* right nav */
    .nav.right ul {
        text-align: right;
    }

    /* center nav */
    .nav.center ul {
        text-align: center;
    }

    @media screen and (max-
width: 600px) {
        .nav {
            position: relative;
            min-height: 40px;
        }
        .nav ul {
            width: 180px;
            padding: 5px 0;
            position: absolute;
            top: 0;
            left: 0;
            border: solid 1px
#aaa;

            border-radius: 5px;
            box-shadow: 0 1px
2px rgba(0,0,0,.3);
        }
        .nav li {
            display: none; /*
hide all <li> items */
            margin: 0;
        }
        .nav .current {
```

```css
            display: block; /*
show only current <li> item */
        }
        .nav a {
            display: block;
            padding: 5px 5px
5px 32px;

            text-align: left;
        }
        .nav .current a {
            background: none;
            color: #666;
        }
        /* on nav hover */
        .nav ul:hover {
            background-image:
none;

            background-color:
#fff;

        }
        .nav ul:hover li {
            display: block;
            margin: 0 0 5px;
        }

        /* right nav */
        .nav.right ul {
            left: auto;
            right: 0;
        }
        /* center nav */
        .nav.center ul {
            left: 50%;
            margin-left: -90px;
        }
    }

    }
    </style>
</head>

<body>
<h2>风云网上商城</h2>
<!--导航菜单区域-->
<nav class="nav">
    <ul>
        <li class="current"><a
href="#">家用电器</a></li>
        <li><a href="#">电脑</a></li>
        <li><a href="#">手机</a></li>
        <li><a href="#">化妆品</a></li>
        <li><a href="#">服装</a></li>
        <li><a href="#">食品</a></li>
    </ul>
</nav>
```

<p>风云网上商城-专业的综合网上购物商城,销售超数万品牌、4020万种商品,囊括家电、手机、电脑、化妆品、服装等6大品类。秉承客户为先的理念,商城所售商品为正品行货、全国联保、机打发票。</p>
    </body>

</html>

电脑端运行效果如图 17-17 所示。使用 Opera Mobile Emulator 模拟手机端运行效果如图 17-18 所示。

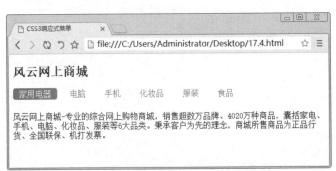

图 17-17 电脑端预览导航菜单的效果   图 17-18 模拟手机端预览导航菜单的效果

17.8 响应式表格

表格在网页设计中非常重要,网站中的商品采购信息表就是使用表格技术。响应式表格通常是通过隐藏表格中的列、滚动表格中的列和转换表格中的列来实现。

17.8.1 隐藏表格中的列

为了匹配移动端的布局效果,可以隐藏表格中不需要的列。利用媒体查询技术中的 media 关键字,可获取当前设备屏幕的宽度,根据不同的设备将不重要的列设置为"display:none",从而隐藏指定的列。

实例 5:隐藏商品采购信息表中不重要的列

利用媒体查询技术中的 media 关键字,在移动端隐藏表格的第 4 列和第 6 列。

```
<!DOCTYPE html>
<html >
<head>
    <meta name="viewport"
content="width=device-width, initial-
scale=1">
    <title>隐藏表格中的列</title>
    <style>
        @media only screen and
(max-width: 600px) {
        table td:nth-child(4),
```

```
    table th:nth-child(4),
    table td:nth-child(6),
        table th:nth-child(6)
{display: none;}
        }
    </style>
</head>
<body>
<h1 align="center">商品采购信息表</
h1>
<table width="100%" cellspacing="1"
cellpadding="5" border="1">
    <thead>
    <tr>
    <th>编号</th>
    <th>产品名称</th>
    <th>价格</th>
    <th>产地</th>
    <th>库存</th>
```

```
        <th>级别</th>                        <td>2800元</td>
    </tr>                                    <td>上海</td>
    </thead>                                 <td>8999</td>
<tbody align="center">                       <td>2级</td>
    <tr>                                 </tr>
        <td>1001</td>                    <tr>
        <td>冰箱</td>                        <td>1005</td>
        <td>6800元</td>                      <td>热水器</td>
        <td>上海</td>                        <td>320元</td>
        <td>4999</td>                        <td>上海</td>
        <td>1级</td>                         <td>9999</td>
    </tr>                                     <td>1级</td>
    <tr>                                 </tr>
        <td>1002</td>                    <tr>
        <td>空调</td>                        <td>1006</td>
        <td>5800元</td>                      <td>手机</td>
        <td>上海</td>                        <td>1800元</td>
        <td>6999</td>                        <td>上海</td>
        <td>1级</td>                         <td>9999</td>
    </tr>                                     <td>1级</td>
    <tr>                                 </tr>
        <td>1003</td>                    </tbody>
        <td>洗衣机</td>                  </table>
        <td>4800元</td>                  </body>
        <td>北京</td>                    </html>
        <td>3999</td>
        <td>2级</td>
    </tr>
    <tr>
        <td>1004</td>
        <td>电视机</td>
```

电脑端运行效果如图 17-19 所示。使用 Opera Mobile Emulator 模拟手机端运行效果如图 17-20 所示。

图 17-19　电脑端预览效果

图 17-20　隐藏表格中的列

17.8.2　滚动表格中的列

通过滚动条的方式，可以将手机端看不到的信息进行滚动查看。实现此效果主要是利用媒体查询技术中的 media 关键字，获取当前设备屏幕的宽度，根据不同的设备宽度，改变表格的样式，将表头由横向排列变成纵向排列。

实例6：滚动表格中的列

本案例将不改变表格的内容，通过滚动的方式查看表格中的所有信息。

```
<!DOCTYPE html>
<html>
<head>
    <meta name="viewport"
content="width=device-width, initial-
scale=1">
    <title>滚动表格中的列</title>

    <style>
        @media only screen and
(max-width: 650px) {
            *:first-child+html .cf
{ zoom: 1; }
            table { width: 100%;
border-collapse: collapse; border-
spacing: 0; }
            th,
            td { margin: 0;
vertical-align: top; }
            th { text-align: left;
}
            table { display:
block; position: relative; width: 100%;
}
            thead { display:
block; float: left; }
            tbody { display:
block; width: auto; position: relative;
overflow-x: auto; white-space: nowrap; }
            thead tr { display:
block; }
            th { display: block;
text-align: right; }
            tbody tr { display:
inline-block; vertical-align: top; }
            td { display: block;
min-height: 1.25em; text-align: left; }
            th { border-bottom: 0;
border-left: 0; }
            td { border-left: 0;
border-right: 0; border-bottom: 0; }
            tbody tr { border-
left: 1px solid #babcbf; }
            th:last-child,
            td:last-child {
border-bottom: 1px solid #babcbf; }
        }
    </style>
</head>
<body>
<h1 align="center">商品采购信息表</h1>
<table width="100%" cellspacing="1"
cellpadding="5" border="1">
    <thead>
    <tr>
        <th>编号</th>
        <th>产品名称</th>
        <th>价格</th>
        <th>产地</th>
        <th>库存</th>
        <th>级别</th>
    </tr>
    </thead>
    <tbody align="center">
    <tr>
        <td>1001</td>
        <td>冰箱</td>
        <td>6800元</td>
        <td>上海</td>
        <td>4999</td>
        <td>1级</td>
    </tr>
    <tr>
        <td>1002</td>
        <td>空调</td>
        <td>5800元</td>
        <td>上海</td>
        <td>6999</td>
        <td>1级</td>
    </tr>
    <tr>
        <td>1003</td>
        <td>洗衣机</td>
        <td>4800元</td>
        <td>北京</td>
        <td>3999</td>
        <td>2级</td>
    </tr>
    <tr>
        <td>1004</td>
        <td>电视机</td>
        <td>2800元</td>
        <td>上海</td>
        <td>8999</td>
        <td>2级</td>
    </tr>
    <tr>
        <td>1005</td>
        <td>热水器</td>
        <td>320元</td>
        <td>上海</td>
        <td>9999</td>
        <td>1级</td>
    </tr>
    <tr>
        <td>1006</td>
        <td>手机</td>
        <td>1800元</td>
        <td>上海</td>
        <td>9999</td>
        <td>1级</td>
```

```
        </tr>
        </tbody>
    </table>
    </body>
    </html>
```

电脑端运行效果如图 17-21 所示。使用 Opera Mobile Emulator 模拟手机端运行效果如图 17-22 所示。

图 17-21　电脑端预览效果

图 17-22　滚动表格中的列

17.8.3　转换表格中的列

转换表格中的列就是将表格转化为列表。利用媒体查询技术中的 media 关键字，可获取当前设备屏幕的宽度，然后利用 CSS 技术将表格转化为列表。

▌实例 7：转换表格中的列

本实例将学生考试成绩表转化为列表。

```
<!DOCTYPE html>
<html>
<head>
    <meta name="viewport"
content="width=device-width, initial-
scale=1">
    <title>转换表格中的列</title>
    <style>
        @media only screen and
(max-width: 800px) {
        /* 强制表格为块状布局 */
        table, thead, tbody,
th, td, tr {
            display: block;
        }
        /* 隐藏表格头部信息 */
        thead tr {
            position: absolute;
            top: -9999px;
            left: -9999px;
        }
        tr { border: 1px solid
#ccc; }

        td {
            /* 显示列 */
            border: none;
            border-bottom: 1px
solid #eee;
            position: relative;
            padding-left: 50%;
            white-space:
normal;
            text-align:left;
        }
        td:before {
            position: absolute;
            top: 6px;
            left: 6px;
            width: 45%;
            padding-right:
10px;
            white-space:
nowrap;
            text-align:left;
            font-weight: bold;
        }
        /*显示数据*/
        td:before { content:
attr(data-title); }
        }
    </style>
</head>
<body>
<h1 align="center">学生考试成绩表</
```

```
h1>
    <table width="100%" cellspacing="1"
cellpadding="5" border="1">
        <thead>
        <tr>
            <th>学号</th>
            <th>姓名</th>
            <th>语文成绩</th>
            <th>数学成绩</th>
            <th>英语成绩</th>
            <th>文综成绩</th>
            <th>理综成绩</th>
        </tr>
        </thead>
        <tbody align="center">
        <tr>
            <td>1001</td>
            <td>张飞</td>
            <td>126</td>
            <td>146</td>
            <td>124</td>
            <td>146</td>
            <td>106</td>
        </tr>
        <tr>
             <td>1002</td>
            <td>王小明</td>
            <td>106</td>
            <td>136</td>
            <td>114</td>
            <td>136</td>
            <td>126</td>
        </tr>
        <tr>
            <td>1003</td>
            <td>蒙华</td>
            <td>125</td>
            <td>142</td>
            <td>125</td>
```

```
            <td>141</td>
            <td>109</td>
        </tr>
        <tr>
            <td>1004</td>
            <td>刘蓓</td>
            <td>126</td>
            <td>136</td>
            <td>124</td>
            <td>116</td>
            <td>146</td>
        </tr>
        <tr>
             <td>1005</td>
            <td>李华</td>
            <td>121</td>
            <td>141</td>
            <td>122</td>
            <td>142</td>
            <td>103</td>
        </tr>
        <tr>
            <td>1006</td>
            <td>赵晓</td>
            <td>116</td>
            <td>126</td>
            <td>134</td>
            <td>146</td>
            <td>116</td>
        </tr>
        </tbody>
    </table>
    </body>
    </html>
```

电脑端运行效果如图 17-23 所示。使用
Opera Mobile Emulator 模拟手机端运行效果
如图 17-24 所示。

图 17-23　电脑端预览效果

图 17-24　转换表格中的列

17.9　响应式开发框架 Bootstrap

Bootstrap 是一款用于快速开发 Web 应用程序和网站的前端框架，它是基于 HTML、CSS 和 JavaScript 等技术开发的。Bootstrap 4 是 Bootstrap 的最新版本，与之前的版本相比，它拥有更强大的功能。

Bootstrap 全部托管于 GitHub，并借助 GitHub 平台实现社区化的开发和共建，所以可以到 GitHub 上去下载 Bootstrap 压缩包。使用谷歌浏览器访问 https://github.com/twbs/bootstrap/ 页面，单击 Download ZIP 按钮，下载最新版的 bootstrap 压缩包，如图 17-25 所示。

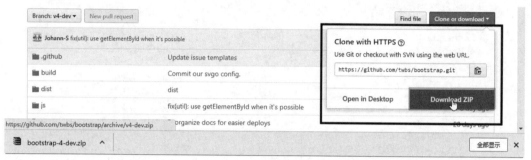

图 17-25　在 GitHub 上下载压缩包文件

Bootstrap 4 压缩包下载完成后解压，目录结构如图 17-26 所示。

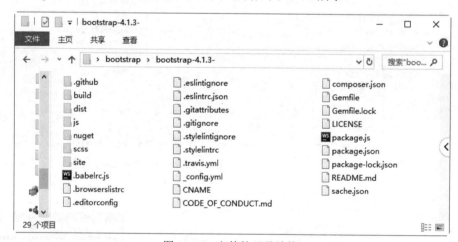

图 17-26　文件的目录结构

Bootstrap 是本着移动设备优先的策略开发的，所以优先为移动设备优化代码，根据每个组件的情况并利用 CSS 媒体查询技术为组件设置合适的样式。为了确保在所有设备上能够正确渲染并支持触控缩放，需要将设置 viewport 属性的 <meta> 标记添加到 <head> 中。具体如下面代码所示。

```
<meta name="viewport" content="width=device-width, initial-scale=1, shrink-to-fit=no">
```

使用 Bootstrap 框架比较简单，大致可以分为以下两步。

第一步：安装 Bootstrap 的基本样式，使用 <link> 标记引入 Bootstrap.css 样式表文件，并且放在所有其他的样式表之前，代码如下所示：

```
<link rel="stylesheet" href="bootstrap-4.1.3/css/bootstrap.css">
```

第二步：调用 Bootstrap 的 JS 文件以及 jQuery 框架。注意，Bootstrap 中的许多组件需要依赖 JavaScript 才能运行，它们依赖的是 jQuery、Popper.js，其中 Popper.js 包含在引入的 bootstrap.bundle.js 中。具体的引入顺序是：jQuery.js 必须放在最前面，然后是 bundle.js，最后是 Bootstrap.js，代码如下所示：

```
<script src="jquery.js"></script>
<script src="bootstrap-4.1.3/js/bootstrap.bundle.js"></script>
<script src="bootstrap-4.1.3/js/bootstrap.js"></script>
```

Bootstrap 提供了大量可复用的组件，由于内容比较多，这里不再详细讲述，感兴趣的读者可以参考官方文档。

17.10 新手常见疑难问题

疑问 1：设计移动设备端网站时需要考虑的因素有哪些？

不管选择什么技术来设计移动网站，都需要考虑以下因素。

1. 屏幕尺寸小

需要了解常见的移动手机的屏幕尺寸，包括 320×240、320×480、480×800、640×960 以及 1136×640 等。

2. 流量问题

虽然 5G 网络已经开始广泛应用，但是很多用户仍然为流量付出不菲的费用，所有图片的大小在设计时仍然需要考虑。对于不必要的图片，可以进行舍弃。

3. 字体、颜色与媒体问题

移动设备上安装的字体数量可能很有限，因此要用 em 单位或百分比来设置字号，选择常见字体。部分早期的移动设备支持的颜色数量不多，在选择颜色时也要注意尽量提高对比度。此外还有许多移动设备并不支持 Adobe Flash 媒体。

疑问 2：响应式网页的优缺点是什么？

响应式网页的优点如下。

（1）跨平台上友好显示。无论是电脑、平板或手机，响应式网页都可以适应并显示友好的网页界面。

（2）数据同步更新。由于数据库是统一的，所以当后台数据库更新后，电脑端或移动端都将同步更新，这样数据管理起来就比较及时和方便。

（3）减少成本。通过响应式网页设计，可以不用再独立开发电脑端网站和移动端的网站，从而降低了开发成本，同时也降低了维护的成本。

响应式网页的缺点如下。

（1）前期开发考虑的因素较多，需要考虑不同设备的宽度和分辨率等因素，以及图片、视频等多媒体是否能在不同的设备上优化地展示。

（2）由于网页需要提前判断设备的特征，同时要下载多套 CSS 样式代码，在加载页面时会增加读取时间和加载时间。

17.11　实战技能训练营

▌实战 1：使用 <picture> 标记实现响应式图片布局

本实例将通过使用 <picture> 标记的 <source> 属性和 <img> 属性，根据不同设备屏幕的宽度，显示不同的图片。当屏幕的宽度大于 600 像素时，将显示 x1.jpg 图片，否则将显示默认图片 x2.jpg。

电脑端运行效果如图 17-27 所示。使用 Opera Mobile Emulator 模拟手机端运行效果如图 17-28 所示。

图 17-27　电脑端预览效果

图 17-28　模拟手机端预览效果

▌实战 2：隐藏招聘信息表中指定的列

利用媒体查询技术中的 media 关键字，在移动端隐藏表格的第 4 列和第 5 列。

电脑端运行效果如图 17-29 所示。使用 Opera Mobile Emulator 模拟手机端运行效果如图 17-30 所示。

图 17-29　电脑端预览效果

图 17-30　隐藏招聘信息表中指定的列

第18章 App的打包和测试

本章导读

Apache Cordova 是免费而且开源的移动开发框架，提供了一组与移动设备相关的 API，通过这组 API，可以将 HTML 5+CSS3+JavaScript 开发的移动网站封装成跨平台的 App。本章将重点讲述 Apache Cordova 将移动网页程序封装成 Android App 的方法和技巧。

知识导图

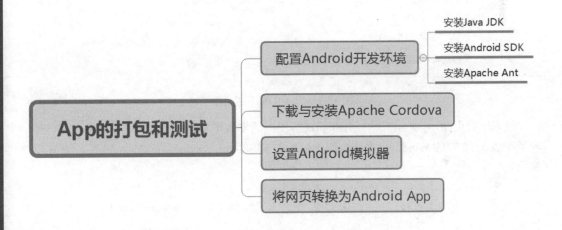

18.1　配置 Android 开发环境

在 Apache Cordova 之前，需要配置 Android 开发环境，主要需要安装 3 个工具，包括 Java JDK、Android SDK 和 Apache Ant。

18.1.1　安装 Java JDK

进入 Java 的 JDK 下载地址 http://www.oracle.com/technetwork/java/javase/downloads/index. html，如图 18-1 所示，单击页面中的 JDK Download 链接。

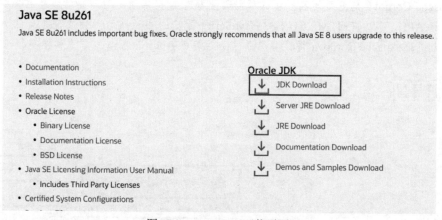

图 18-1　Java JDK 下载页面

进入下载页面，根据用户的操作系统选择不同的安装平台，例如，选择 Windows x86 平台，表示安装在 32 位的 Windows 操作系统上，单击 jdk-8u261-windows-i586.exe 链接，如图 18-2 所示。

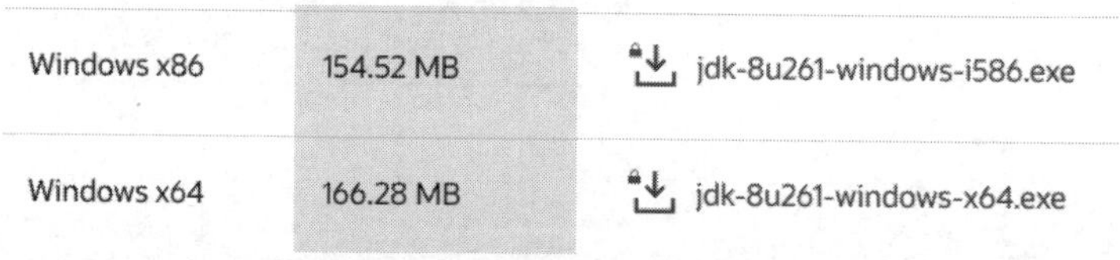

| Windows x86 | 154.52 MB | jdk-8u261-windows-i586.exe |
| Windows x64 | 166.28 MB | jdk-8u261-windows-x64.exe |

图 18-2　选择不同的版本

在打开的页面中选中接受协议的复选框，然后单击 Download jdk-8u261-windows-i586. exe 链接即可下载，如图 18-3 所示。

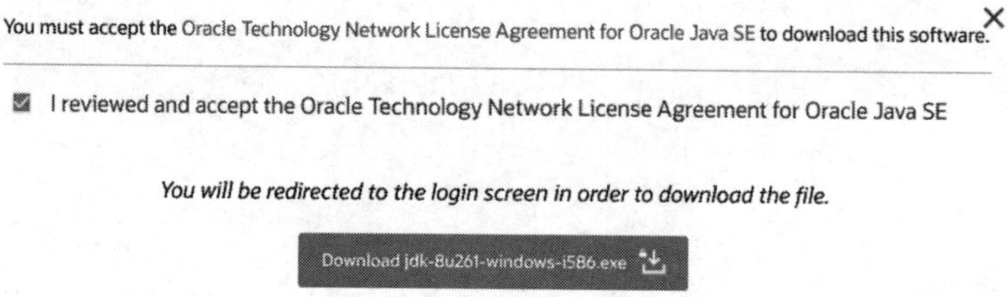

You must accept the Oracle Technology Network License Agreement for Oracle Java SE to download this software. ✕

☑ I reviewed and accept the Oracle Technology Network License Agreement for Oracle Java SE

You will be redirected to the login screen in order to download the file.

Download jdk-8u261-windows-i586.exe ⤓

图 18-3　下载 jdk 安装文件

下载完成后，按照提示步骤安装即可。安装的过程中需要注意安装路径，本书的安装路径为 D:\jdk\。

下面需要将 Java JDK 的路径添加到系统环境变量中，具体操作步骤如下。

01 右击桌面上的"计算机"图标，在弹出的快捷菜单中选择"属性"菜单命令，打开"系统"窗口，如图 18-4 所示。

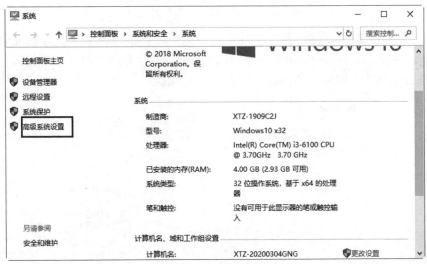

图 18-4 "系统"窗口

02 单击"高级系统设置"按钮，打开"系统属性"对话框，如图 18-5 所示。

03 单击"环境变量"按钮，打开"环境变量"对话框。在"Administrator 的用户变量"列表框中单击"新建"按钮，如图 18-6 所示。

图 18-5 "系统属性"对话框　　　图 18-6 "环境变量"对话框

04 打开"新建用户变量"对话框，在"变量名"文本框中输入"JAVA_HOME"，在"变量值"文本框中输入"D:\jdk"，单击"确定"按钮即可，如图 18-7 所示。

图 18-7　"新建用户变量"对话框

05 返回到"环境变量"对话框，在"Administrator 的用户变量"列表框中选择 Path 环境变量，单击"编辑"按钮，即可打开"编辑环境变量"对话框。单击"新建"按钮，然后输入"%JAVA_HOME%\bin; %JAVA_HOME%\jre\bin"，最后单击"确定"按钮，如图 18-8 所示。

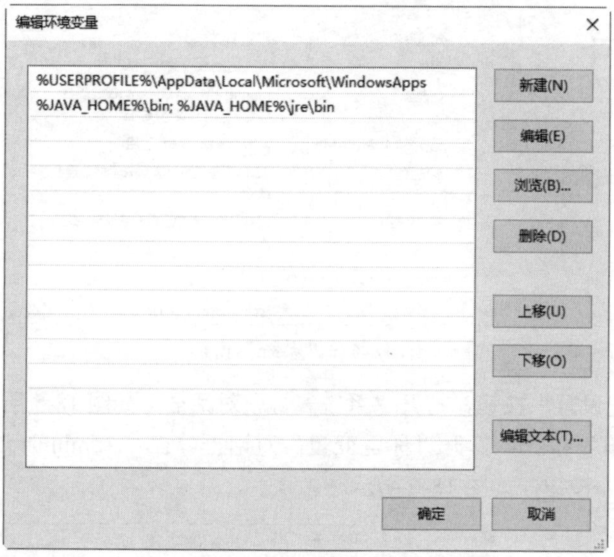

图 18-8　"编辑环境变量"对话框

环境变量配置完成后，可以检验是否配置成功，命令如下：

```
java -version
```

在命令提示符窗口中输入以上命令，检验结果如图 18-9 所示。

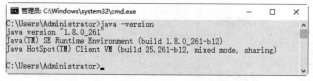

图 18-9　命令提示符窗口

18.1.2　安装 Android SDK

Android SDK 的下载地址为 https://www.androiddevtools.cn。进入下载页面后，单击"Android SDK 工具"菜单，然后选择 SDK Tools 选项，在更新的页面中选择 installer_r24.4.1-windows.exe 即可下载 Android SDK，如图 18-10 所示。

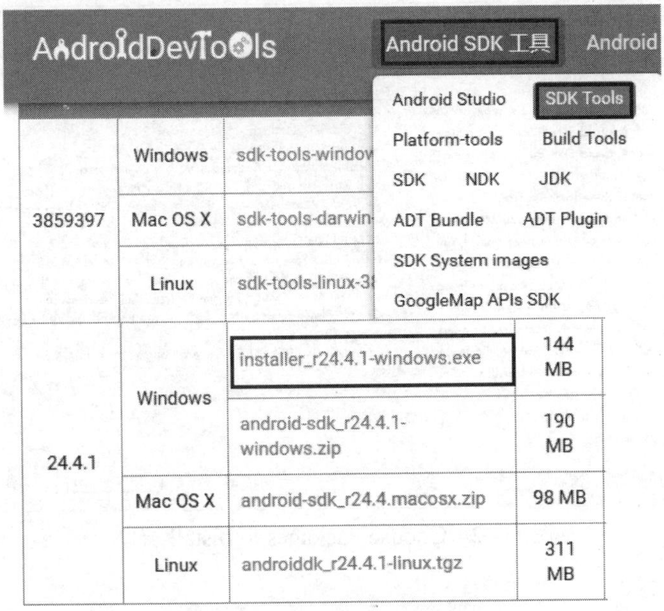

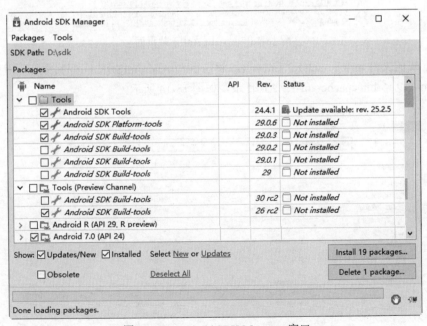

图 18-10　Android SDK 的下载页面

installer_r24.4.1-windows.exe 下载完成后，即可进行安装操作，安装路径为 D:\sdk。安装完成后，默认会打开 SDK Manager，选中 Android SDK Tools、Android SDK Platform-tools、Android SDK Build-tools 和 Android 7.0（API 24）复选框，然后单击 Install 19 packages 按钮，如图 18-11 所示。

图 18-11　Android SDK Manager 窗口

打开 Choose Packages to Install 窗口，选中 Accept License 单选按钮，然后单击 Install 按钮开始安装，如图 18-12 所示。

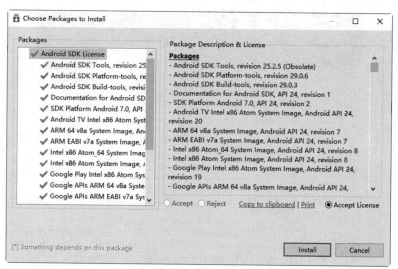

图 18-12　Choose Packages to Install 窗口

18.1.3　安装 Apache Ant

Apache Ant 的下载地址为 http://ant.apache.org/bindownload.cgi，进入下载页面后单击 apache-ant-1.9.15-bin.zip 链接即可下载文件，如图 18-13 所示。

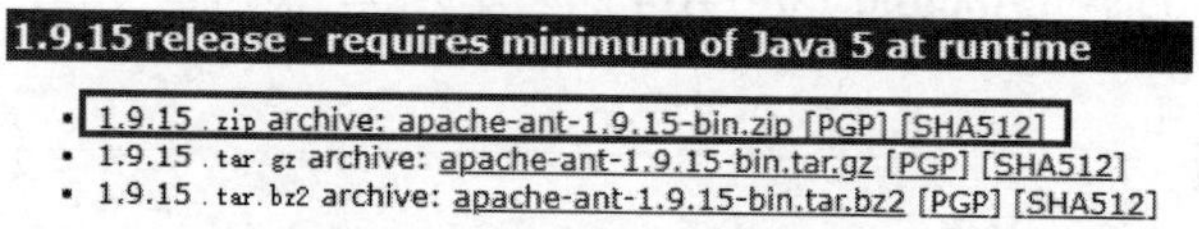

1.9.15 release - requires minimum of Java 5 at runtime

- 1.9.15 .zip archive: apache-ant-1.9.15-bin.zip [PGP] [SHA512]
- 1.9.15 .tar.gz archive: apache-ant-1.9.15-bin.tar.gz [PGP] [SHA512]
- 1.9.15 .tar.bz2 archive: apache-ant-1.9.15-bin.tar.bz2 [PGP] [SHA512]

图 18-13　Apache Ant 下载页面

将下载的文件 apache-ant-1.9.15-bin.zip 解压到与 Android SDK 同一目录下，也就是 D:\apache-ant-1.9.15-bin\apache-ant-1.9.15\ 目录，如图 18-14 所示。

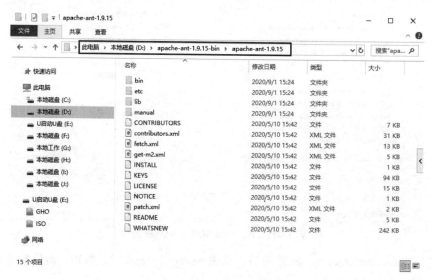

图 18-14　解压 Apache Ant 到指定目录下

Android SDK 和 Apache Ant 安装完成后，即可在系统环境变量中设置工具的路径。具体操作步骤如下。

01 参照 18.1.1 节中的方法，打开"环境变量"对话框。在"Administrator 的用户变量"列表框中单击"新建"按钮，如图 18-15 所示。

图 18-15　"环境变量"对话框

02 打开"新建用户变量"对话框，在"变量名"文本框中输入"ANDROID_HOME"，在"变量值"文本框中输入"D:\ sdk"，单击"确定"按钮即可，如图 18-16 所示。

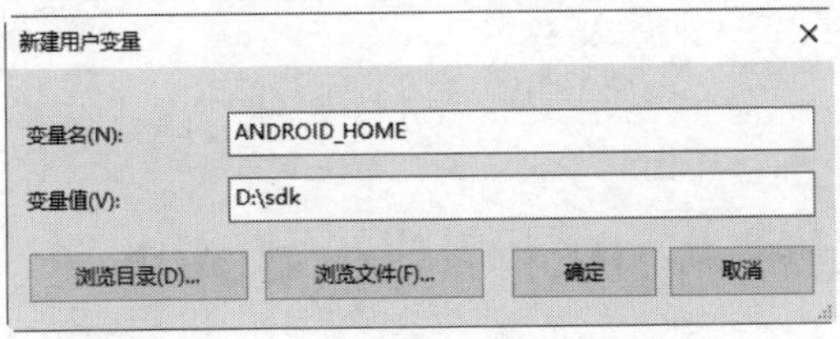

图 18-16　"新建用户变量"对话框

03 重复上一步操作，添加变量 ANT_HOME，变量值为"D:\apache-ant-1.9.15-bin\apache-ant-1.9.15"，如图 18-17 所示。

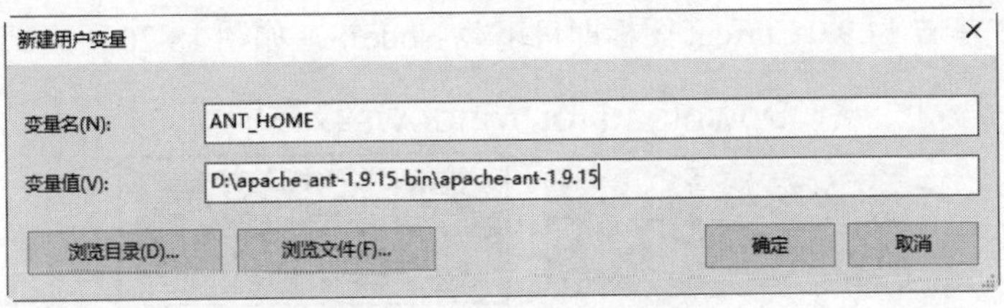

图 18-17　添加变量 ANT_HOME

04 单击"确定"按钮，返回到【环境变量】对话框，在"Administrator 的用户变量"列表框中选择 Path 环境变量，单击"编辑"按钮，打开"编辑环境变量"对话框。单击"新建"按钮，然后输入"%ANDROID_HOME%\tools\;%ANDROID_HOME%\platform-tools\"。使用同样的方法再次添加"%ANT_HOME%\bin\"，最终结果如图 18-18 所示。

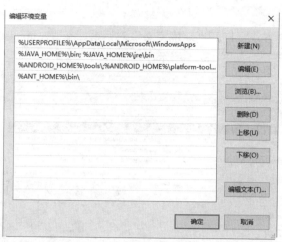

图 18-18 "编辑环境变量"对话框

环境变量配置完成后，可以检验是否配置成功，命令如下：

```
ant -version
adb version
```

在命令提示符窗口中输入以上命令，检验结果如图 18-19 所示。

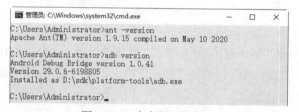

图 18-19 命令提示符窗口

18.2 下载与安装 Apache Cordova

Apache Cordova 包含了很多移动设备的 API 接口，通过调用这些 API，制作出的 App 与原生 App 没有区别，甚至更加美观，客户普遍接受度比较高。本节主要讲述下载与安装 Apache Cordova 的方法。

在安装 Apache Cordova 之前，首先需要安装 NodeJS，下载地址为 https://nodejs.org/。进入下载页面后，单击 14.9.0 Current 图标即可下载 NodeJS，如图 18-20 所示。

图 18-20 下载 NodeJS

NodeJS 下载完成后，即可进行安装。安装完成后，就可以使用 npm 命令安装 Apache Cordova 了。具体操作步骤如下。

01 单击"开始"按钮，搜索"命令提示符"，右击"命令提示符"选项并在弹出的快捷菜单中选择"以管理员身份运行"命令，如图 18-21 所示。

02 打开命令提示符窗口，输入安装 Apache Cordova 的命令如下：

```
npm install -g cordova
```

03 NodeJS 安装完成后，会自动增加环境变量。如果上述命令运行错误，请检查用户变量或系统变量的 Path 变量是否设置正确，默认为 C:\Program Files\nodejs\。

Apache Cordova 安装完成后，仍然需要将其安装目录添加到环境变量中，本例的安装目录为 C:\Users\Administrator\AppData\Roaming\npm，为此将其目录添加 Path 变量中，如图 18-22 所示。

图 18-21　启动命令提示符

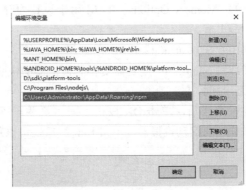

图 18-22　"编辑用户变量"对话框

18.3　设置 Android 模拟器

Android 模拟器可以模拟移动设备的大部分功能。在 sdk 文件夹中找到 AVD Manager.exe 文件并运行，在打开的窗口中单击 Create 按钮，如图 18-23 所示。

在打开的对话框中设置模拟设备所需要的软硬件参数，如图 18-24 所示。

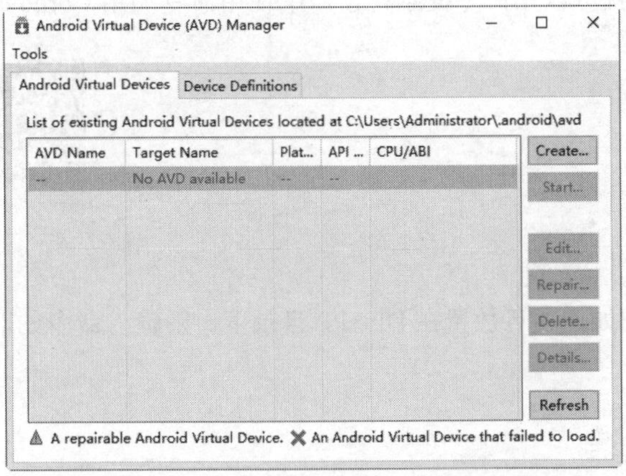

图 18-23　AVD Virtual Device Manager 主窗口

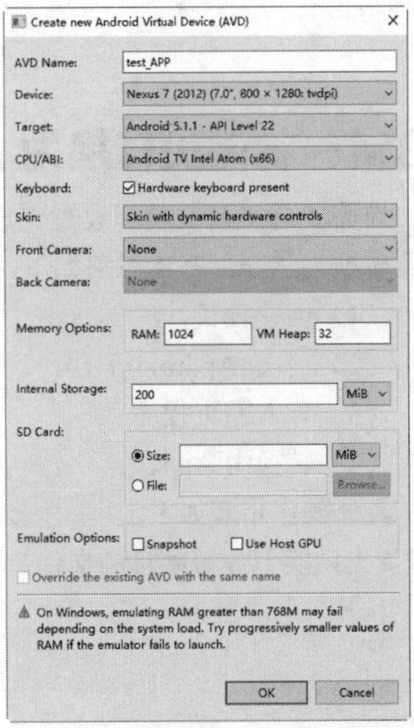

图 18-24　设置模拟设备的软硬件参数

对话框中各个参数的含义如下。

（1）AVD Name：自定义模拟器的名称，便于识别。

（2）Device：选择要模拟的设备。

（3）Target：默认的 Android 操作系统版本。这里会显示 SDK Manager 已安装的版本。

（4）CPU/ABI：处理区规格。

（5）Keyboard：是否显示键盘

（6）Skin：设置模拟设备的屏幕分辨率。

（7）Front Camera：模拟前置摄像头功能。

（8）Back Camera：模拟后置摄像头功能。

（9）Memory Options：RAM 用于设置内存大小，VM Heap 用于限制 App 运行时分配的内存最大值。

（10）SD Card：模拟 SD 存储卡。

（11）Snapshot：是否需要存储模拟器的快照，如果存储快照，则下次打开模拟器就能缩短打开时间。

设置完成后，单击 OK 按钮，即可产生一个 Android 模拟器，如图 18-25 所示。单击 Start 按钮即可启动模拟器，单击 Edit 按钮还可以重新设置模拟器的软硬件参数。

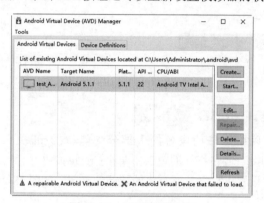

图 18-25　新增的模拟器

18.4　将网页转换为 Android App

当需要的工具安装和设置完成后，就可以在命令提示符窗口中使用命令调用 Cordova 把网页转换为 App。基本思路如下。

（1）创建项目。

（2）添加 Android 平台。

（3）导入网页程序。

（4）转换为 App。

具体操作步骤如下。

01 首先切换到放置项目的文件夹中，例如，项目放置在 D:\APP 目录下，则输入命令如下：

```
D:
cd APP
```

运行结果如图 18-26 所示。

图 18-26　进入项目的目录下

02 创建项目名称为 MyTest，命令如下：

```
cordova create test com.example.test MyTest
```

其中参数 test 表示文件夹的名称；参数 com.example.test 为 App id；参数 MyTest 为项目的名称，也是 App 的名称。根据提示输入 Y 确认，执行结果如图 18-27 所示。

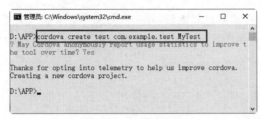

图 18-27　创建项目

创建好的项目的文件和文件夹如图 18-28 所示，其中 config.xml 为项目参数配置文件，www 文件夹是网页放置的文件夹。

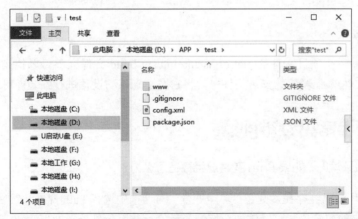

图 18-28　项目的文件和文件夹

03 项目创建完成后，必须指定使用的平台，例如 Android 平台或 iOS 平台。首先切换到项目所在的文件夹，命令如下：

```
cd test
```

然后创建项目运行平台，命令如下：

```
cordova platform add android
```

执行结果如图 18-29 所示。

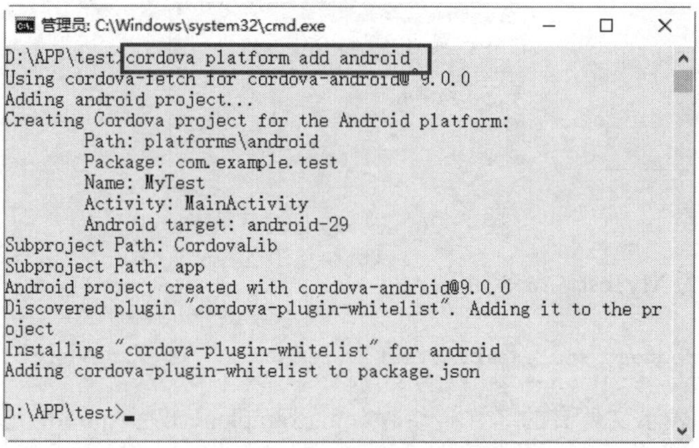

图 18-29　添加项目运行平台

04 接着需要把制作好的移动网站复制到 www 文件夹下，首页文件名称默认为 indexl.html。用户也可以打开项目文件夹中的 config.xml 文件，将 index.html 修改为首页文件名，修改语句如下：

```
<content src="index.html" />
```

05 执行以下命令，创建 App。

```
cordova build
```

如果想既创建 App，又在模拟器中运行 App，可以执行以下命令：

```
cordova run android
```

运行完成后，在项目文件的 platforms/android/ant-build 文件夹下可以找到 MyTest-debug.apk 文件，该文件就是 App 的安装文件包，将它发送到移动设备进行安装即可。

18.5　新手常见疑难问题

▌疑问 1：配置环境时，如果 Path 变量已经存在怎么办？

如果 Path 环境已经存在，则在"环境变量"对话框中选择 Path 变量，然后单击"编辑"按钮，保留原来的变量值，直接添加新增的变量值，并用分号分隔即可。

▌疑问 2：已经创建好的 App，如何修改项目名称？

当 App 已经创建完成，如果此时还想修改项目名称和 APK 文件夹，可以打开项目文件 paltforms/android 文件夹下的 build.xml 文件和 www 文件夹下的 config.xml 文件。

第19章　项目实训1——开发连锁咖啡响应式网站

📖 本章导读

本案例制作一个咖啡销售网站，通过网站呈现咖啡的理念和咖啡的文化，页面布局设计独特，采用两栏的布局形式；页面风格设计简洁，为浏览者提供一个简单、时尚的设计风格，浏览时让人心情舒畅。

📋 知识导图

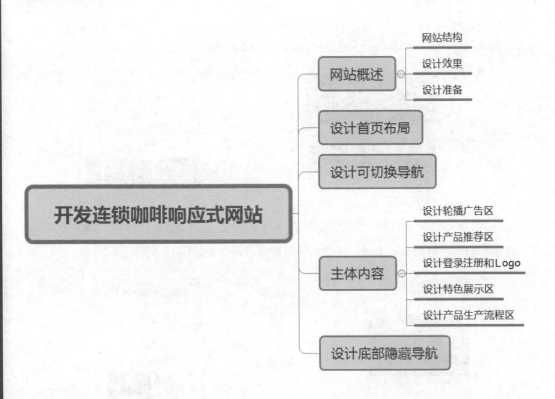

19.1 网站概述

网站主要设计首页效果。网站的设计思路和设计风格与 Bootstrap 框架风格完美融合，下面就来具体介绍实现的步骤。

19.1.1 网站结构

本案例目录文件说明如下。

（1）文件夹 bootstrap-4.2.1-dist：Bootstrap 框架文件夹。

（2）文件夹 font-awesome-4.7.0：图标字体库文件。下载地址为 http://www.fontawesome.com.cn/。

（3）文件夹 css：样式表文件夹。

（4）文件夹 js：JavaScript 脚本文件夹，包含 index.js 文件和 jQuery 库文件。

（5）文件夹 images：图片素材。

（6）index.html：网站的首页。

19.1.2 设计效果

本案例是咖啡网站应用，主要设计首页效果，其他页面设计可以套用首页模板。首页在大屏设备（≥ 992px）中显示，效果如图 19-1、图 19-2 所示。

图 19-1 大屏上首页上半部分效果

图 19-2 大屏上首页下半部分效果

在小屏设备（<768px）上时，底边栏导航将显示，效果如图 19-3 所示。

图 19-3 小屏上首页效果

19.1.3 设计准备

应用 Bootstrap 框架的页面建议为 HTML 5 文档类型，同时在页面头部区域导入框架的基本样式文件、脚本文件、jQuery 文件和自定义的 CSS 样式及 JavaScript 文件。本项目的配置文件如下：

```html
<!DOCTYPE html>
<html>
<head>
<meta charset="UTF-8">
<title>Title</title>
<meta name="viewport" content="width=device-width,initial-scale=1, shrink-to-fit=no">
<link rel="stylesheet" href="bootstrap-4.2.1-dist/css/bootstrap.css">
<script src="jquery-3.3.1.slim.js"></script>
<script src="https://cdn.staticfile.org/popper.js/1.14.6/umd/popper.js"></script>
<script src="bootstrap-4.2.1-dist/js/bootstrap.min.js"></script>
<!--css文件-->
<link rel="stylesheet" href="style.css">
<!--js文件-->
<script src="js/index.js"></script>
<!--字体图标文件-->
<link rel="stylesheet" href="font-awesome-4.7.0/css/font-awesome.css">
</head>
<body>
</body>
</html>
```

19.2 设计首页布局

本案例首页分为三个部分：左侧可切换导航、右侧主体内容和底部隐藏导航栏，如图 19-4 所示。

左侧可切换导航和右侧主体内容使用 Bootstrap 框架的网格系统进行设计，在大屏设备（≥ 992px）中，左侧可切换导航占网格系统的 3 份，右侧主体内容占 9 份；在中、小屏设备（<992px）中，左侧可切换导航和右侧主体内容各占一行。

底部隐藏导航栏使用无序列表进行设计，只在小屏设备上显示。代码如下：

```html
<div class="row">
<!--左侧导航-->
<div class="col-12 col-lg-3 left "></div>
<!--右侧主体内容-->
<div class="col-12 col-lg-9 right"></div>
</div>
<!--隐藏导航栏-->
<div>
<ul>
<li><a href="index.html"></a></li>
</ul>
</div>
```

图 19-4　首页布局效果

还添加了一些自定义样式来调整页面布局，代码如下：

```
@media (max-width: 992px){
    /*在小屏设备中,设置外边距,上下外边距为1rem,左右为0*/
  .left{
        margin:1rem 0;
    }
}
@media (min-width: 992px){
    /*在大屏设备中,左侧导航设置固定定位,右侧主体内容设置左边外边距25%*/
  .left {
        position: fixed;
        top: 0;
        left: 0;
    }
  .right{
        margin-left:25% ;
    }
}
```

19.3　设计可切换导航

本案例左侧导航设计很复杂，在不同宽度的设备上有 3 种显示效果。设计步骤如下。

01 设计可切换导航的布局。可切换导航使用网格系统进行设计，在大屏设备（>992px）上占网格系统的 3 份，如图 19-5 所示；在中小屏设备（<992px）的设备上占满整行，如图 19-6 所示。代码如下：

```
<div class="col-12 col-lg-3"></div>
```

图 19-5　大屏设备布局效果

图 19-6 中小屏设备布局效果

02 设计导航展示内容。导航展示内容包括导航条和登录注册两部分。导航条用网格系统布局，嵌套 Bootstrap 导航组件进行设计，使用 <ul class="nav"> 定义；登录注册使用 Bootstrap 的按钮组件进行设计，使用 <a href="#" class="btn"> 定义。在小屏上隐藏登录注册部分，如图 19-7 所示，包裹在 <div class="d-none d-sm-block"> 容器中。代码如下：

图 19-7 小屏设备上隐藏登录注册

```
<div class="col-sm-12 col-lg-3 left ">
<div id="template1">
<div class="row">
<div class="col-10">
<!--导航条-->
<ul class="nav">
<li class="nav-item">
<a class="nav-link active" href="index.html">
<img width="40" src="images/logo.png" alt="" class="rounded-circle">
</a>
</li>
<li class="nav-item mt-1">
<a class="nav-link" href="javascript:void(0);">账户</a>
</li>
<li class="nav-item mt-1">
<a class="nav-link" href="javascript:void(0);">菜单</a>
</li>
</ul>
</div>
<div class="col-2 mt-2 font-menu text-right">
<a id="a1" href="javascript:void(0); "><i class="fa fa-bars"></i></a>
</div>
</div>
<div class="margin1">
<h5 class="ml-3 my-3 d-none d-sm-block text-lg-center">
<b>心情惬意,来杯咖啡吧</b>  <i class="fa fa-coffee"></i>
</h5>
<div class="ml-3 my-3 d-none d-sm-block text-lg-center">
    <a href="#" class="card-link btn  rounded-pill text-success"><i class="fa fa-
user-circle"></i> 登 录</a>
    <a href="#" class="card-link btn btn-outline-success rounded-pill text-
success">注 册</a>
</div>
</div>
</div>
</div>
```

03 设计隐藏导航内容。隐藏导航内容包含在 id 为 #template2 的容器中，在默认情况下是隐藏的，使用 Bootstrap 隐藏样式 d-none 来设置，内容包括导航条、菜单栏和登录注册。

导航条用网格系统布局，嵌套 Bootstrap 导航组件进行设计，使用 <ul class="nav"> 定义。菜单栏使用 h6 标记和超链接进行设计，使用 <h6><a href="a.html"> 定义。登录注册使用按钮组件进行设计，使用 <a href="#" class="btn"> 定义。代码如下：

```html
<div class="col-sm-12 col-lg-3 left">
<div id="template2" class="d-none">
<div class="row">
<div class="col-10">
<ul class="nav">
<li class="nav-item">
<a class="nav-link active" href="index.html">
<img width="40" src="images/logo.png" alt="" class="rounded-circle">
</a>
</li>
<li class="nav-item">
<a class="nav-link mt-2" href="index.html">
咖啡俱乐部
</a>
</li>
</ul>
</div>
<div class="col-2 mt-2 font-menu text-right">
<a id="a2" href="javascript:void(0);"><i class="fa fa-times"></i></a>
</div>
</div>
<div class="margin2">
<div class="ml-5 mt-5">
<h6><a href="a.html">门店</a></h6>
<h6><a href="b.html">俱乐部</a></h6>
<h6><a href="c.html">菜单</a></h6>
<hr/>
<h6><a href="d.html">移动应用</a></h6>
<h6><a href="e.html">臻选精品</a></h6>
<h6><a href="f.html">专星送</a></h6>
<h6><a href="g.html">咖啡讲堂</a></h6>
<h6><a href="h.html">烘焙工厂</a></h6>
<h6><a href="i.html">帮助中心</a></h6>
<hr/>
<a href="#" class="card-link btn rounded-pill text-success pl-0"><i class="fa fa-user-circle"></i> 登 录</a>
<a href="#" class="card-link btn btn-outline-success rounded-pill text-success">注 册</a>
</div>
</div>
</div>
</div>
```

04 设计自定义样式，使页面更加美观。代码如下：

```css
.left{
    border-right: 2px solid #eeeeee;
}
.left a{
    font-weight: bold;
    color: #000;
```

```
    }
    @media (min-width: 992px){
        /*使用媒体查询定义导航的高度,当屏幕宽度大于992px时,导航高度为100vh*/
        .left{
            height:100vh;
        }
    }
    @media (max-width: 992px){
        /*使用媒体查询定义字体大小*/
        /*当屏幕尺寸小于768px时,页面的根字体大小为14px*/
        .left{
            margin:1rem 0;
        }
    }
    @media (min-width: 992px){
        /*当屏幕尺寸大于768px时,页面的根字体大小为15px*/
        .left {
            position: fixed;
            top: 0;
            left: 0;
        }
        .margin1{
            margin-top:40vh;
        }
    }
    .margin2 h6{
        margin: 20px 0;
        font-weight:bold;
    }
```

05 添加交互行为。在可切换导航中，为 <i class="fa fa-bars"> 图标和 <i class="fa fa-times"> 图标添加单击事件。在大屏设备中，为了页面更友好，在切换导航时，显示右侧主体内容，当单击 <i class="fa fa-bars"> 图标时，如图 19-8 所示，切换隐藏的导航内容；在隐藏的导航内容中，单击 <i class="fa fa-times"> 图标时，如图 19-9 所示，可切回导航展示内容。在中小屏设备（<992px）上，隐藏右侧主体内容，单击 <i class="fa fa-bars"> 图标时，如图 19-10、图 19-11、图 19-12、图 19-13 所示，切换隐藏的导航内容；在隐藏的导航内容中，单击 <i class="fa fa-times"> 图标时，如图 19-14 所示，可切回导航展示内容。

实现导航展示内容和隐藏内容交互行为的脚本代码如下所示：

```
$(function(){
    $("#a1").click(function () {
        $("#template1").addClass("d-none");
        $(".right").addClass("d-none d-lg-block");
        $("#template2").removeClass("d-none");
    })
    $("#a2").click(function () {
        $("#template2").addClass("d-none");
        $(".right").removeClass("d-none");
        $("#template1").removeClass("d-none");
    })
})
```

提示：其中 d-none 和 d-lg-block 类是 Bootstrap 框架中的样式。Bootstrap 框架中的样式，在 JavaScript 脚本中可以直接调用。

图 19-8　大屏设备切换隐藏的导航内容

图 19-9　大屏设备切回导航展示的内容

图 19-10　中屏设备切换隐藏的导航内容

图 19-11　中屏设备切回导航展示的内容

图 19-12　小屏设备切换隐藏
的导航内容

图 19-13　小屏设备切回导航
展示的内容

图 19-14　主体内容排版设计

19.4　主体内容

　　使页面排版具有可读性、可理解性、清晰明了至关重要。一方面，好的排版可以使网站清爽并令人眼前一亮；另一方面，糟糕的排版会令人分心。排版是为了内容更好地呈现，应以不增加用户认知负荷的方式来显示内容。

本案例主体内容包括轮播广告、产品推荐区、Logo 展示、特色展示区和产品生产流程 5 个部分，页面排版如图 19-14 所示。

19.4.1 设计轮播广告区

Bootstrap 轮播插件结构比较固定，轮播包含框需要指明 ID 值和 carousel、slide 类。框内包含三部分组件：标签框（carousel-indicators）、图文内容框（carousel-inner）和左右导航按钮（carousel-control-prev、carousel-control-next）。通过 data-target= "#carousel" 属性启动轮播，使用 data-slide-to= "0"、data-slide = "pre"、data-slide = "next" 定义交互按钮的行为。完整代码如下：

```
<div id="carousel" class="carousel slide">
<!—标签框-->
<ol class="carousel-indicators">
<li data-target="#carousel" data-slide-to="0" class="active"></li>
</ol>
<!—图文内容框-->
<div class="carousel-inner">
<div class="carousel-item active">
<img src="images " class="d-block w-100" alt="...">
<!—文本说明框-->
<div class="carousel-caption d-none d-sm-block">
<h5></h5>
<p></p>
</div>
</div>
</div>
<!—左右导航按钮-->
<a class="carousel-control-prev" href="#carousel" data-slide="prev">
<span class="carousel-control-prev-icon"></span>
</a>
<a class="carousel-control-next" href="#carousel" data-slide="next">
<span class="carousel-control-next-icon"></span>
</a>
</div>
```

本案例轮播广告位结构中，没有添加标签框和文本说明框（<div class= "carousel-caption" >）。代码如下：

```
<div class="col-sm-12 col-lg-9 right p-0 clearfix">
<div id="carouselExampleControls" class="carousel slide" data-ride="carousel">
<div class="carousel-inner max-h">
<div class="carousel-item active">
<img src="images/001.jpg" class="d-block w-100" alt="...">
</div>
<div class="carousel-item">
<img src="images/002.jpg" class="d-block w-100" alt="...">
</div>
<div class="carousel-item">
<img src="images/003.jpg" class="d-block w-100" alt="...">
</div>
</div>
<a class="carousel-control-prev" href="#carouselExampleControls" data-
```

```
slide="prev">
    <span class="carousel-control-prev-icon"></span>
    </a>
    <a class="carousel-control-next" href="#carouselExampleControls" data-
slide="next">
    <span class="carousel-control-next-icon" ></span>
    </a>
    </div>
    </div>
```

为了避免轮播中的图片因过大而影响整体页面，这里为轮播区设置一个最大高度 max-h 类：

```
.max-h{
    max-height:300px;              /*居中对齐*/
}
```

在 IE 浏览器中运行，轮播效果如图 19-15 所示。

图 19-15　轮播效果

19.4.2　设计产品推荐区

产品推荐区使用 Bootstrap 中的卡片组件进行设计。卡片组件中有 3 种排版方式，分别为卡片组、卡片阵列和多列卡片浮动排版。本案例使用多列卡片浮动排版。多列卡片浮动排版使用 <div class="card-columns"> 进行定义：

```
<div class="p-4 list">
<h5 class="text-center my-3">咖啡推荐</h5>
<h5 class="text-center mb-4 text-secondary">
<small>在购物旗舰店可以发现更多咖啡心意</small>
</h5>
<!—多列卡片浮动排版-->
<div class="card-columns">
<div class="my-4 my-sm-0">
<img class="card-img-top" src="images/006.jpg" alt="">
</div>
<div class="my-4 my-sm-0">
<img class="card-img-top" src="images/004.jpg" alt="">
```

```
</div>
<div class="my-4 my-sm-0">
<img class="card-img-top" src="images/005.jpg" alt="">
</div>
</div>
</div>
```

为推荐区添加自定义 CSS 样式，包括颜色和圆角效果：

```
.list{
    background: #eeeeee;                /*定义背景颜色*/
}
.list-border{
    border: 2px solid #DBDBDB;          /*定义边框*/
    border-top:1px solid #DBDBDB ;      /*定义顶部边框*/
}
```

在 IE 浏览器中运行，产品推荐区如图 19-16 所示。

图 19-16 产品推荐区效果

19.4.3 设计登录注册和 Logo

登录注册和 Logo 使用网格系统布局，并添加响应式设计。在中大屏设备（≥ 768px）中，左侧是登录注册，右侧是公司 Logo，如图 19-17 所示；在小屏设备（<768px）中，登录注册和 Logo 将各占一行显示，如图 19-18 所示。

图 19-17 中大屏设备显示效果

图 19-18 小屏设备显示效果

对于左侧的登录注册，使用卡片组件进行设计，并且添加了响应式的对齐方式 text-center 和 text-sm-left。在小屏设备（<768px）中，内容居中对齐；在中大屏设备（≥ 768px）中，内容居左对齐。代码如下：

```
<div class="row py-5">
<div class="col-12 col-sm-6 pt-2">
<div class="card border-0 text-center text-sm-left">
<div class="card-body ml-5">
<h4 class="card-title">咖啡俱乐部</h4>
<p class="card-text">开启您的星享之旅,星星越多、会员等级越高、好礼越丰富。</p>
<a href="#" class="card-link btn btn-outline-success">注册</a>
<a href="#" class="card-link btn btn-outline-success">登录</a>
</div>
</div>
</div>
<div class="col-12 col-sm-6 text-center mt-5">
<a href=""><img src="images/007.png" alt="" class="img-fluid"></a>
</div>
</div>
```

19.4.4　设计特色展示区

特色展示内容使用网格系统进行设计，并添加响应类。在中大屏设备（≥ 768px）显示为一行四列，如图 19-19 所示；在小屏幕设备（<768px）显示为一行两列，如图 19-20 所示；在超小屏幕设备（<576px）显示为一行一列，如图 19-21 所示。

特色展示区实现代码如下：

```
<div class="p-4 list">
<h5 class="text-center my-3">咖啡精选</h5>
<h5 class="text-center mb-4 text-secondary">
<small>在购物旗舰店可以发现更多咖啡心意</small>
</h5>
<div class="row">
<div class="col-12 col-sm-6 col-md-3 mb-3 mb-md-0">
<div class="bg-light p-4 list-border rounded">
<img class="img-fluid" src="images/008.jpg" alt="">
<h6 class="text-secondary text-center mt-3">套餐一</h6>
</div>
</div>
<div class="col-12 col-sm-6 col-md-3 mb-3 mb-md-0">
<div class="bg-white p-4 list-border rounded">
<img class="img-fluid" src="images/009.jpg" alt="">
<h6 class="text-secondary text-center mt-3">套餐二</h6>
</div>
</div>
<div class="col-12 col-sm-6 col-md-3 mb-3 mb-md-0">
<div class="bg-light p-4 list-border rounded">
<img class="img-fluid" src="images/010.jpg" alt="">
<h6 class="text-secondary text-center mt-3">套餐三</h6>
</div>
</div>
<div class="col-12 col-sm-6 col-md-3 mb-3 mb-md-0">
<div class="bg-light p-4 list-border rounded">
<img class="img-fluid" src="images/011.jpg" alt="">
<h6 class="text-secondary text-center mt-3">套餐四</h6>
</div>
</div>
</div>
</div>
```

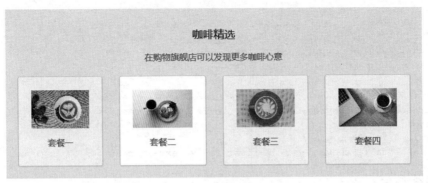

图 19-19　中大屏设备显示效果

图 19-20　小屏设备显示效果

图 19-21　超小屏设备显示效果

19.4.5　设计产品生产流程区

01 设计结构。产品制作区主要由标题和图片展示组成。标题使用 h 标记设计，图片展示使用 ul 标记设计。在图片展示部分还添加了左右两个箭头，使用 font-awesome 字体图标进行设计。代码如下：

```
<div class="p-4">
<h5 class="text-center my-3">咖啡讲堂</h5>
<h5 class="text-center mb-4 text-secondary"><small>了解更多咖啡文化</small></h5>
<div class="box">
<ul id="ulList" class="clearfix">
<li class="list-border rounded">
<img src="images/015.jpg" alt="" width="300">
<h6 class="text-center mt-3">咖啡种植</h6>
</li>
<li class="list-border rounded">
<img src="images/014.jpg" alt="" width="300">
<h6 class="text-center mt-3">咖啡调制</h6>
</li>
<li class="list-border rounded">
<img src="images/014.jpg" alt="" width="300">
<h6 class="text-center mt-3">咖啡烘焙</h6>
```

```
</li>
<li class="list-border rounded">
<img src="images/012.jpg" alt="" width="300">
<h6 class="text-center mt-3">手冲咖啡</h6>
</li>
</ul>
<div id="left">
<i class="fa fa-chevron-circle-left fa-2x text-success"></i>
</div>
<div id="right">
<i class="fa fa-chevron-circle-right fa-2x text-success"></i>
</div>
</div>
</div>
```

02 设计自定义样式。

```
.box{
    width:100%;    /*定义宽度*/
    height: 300px; /*定义高度*/
    overflow: hidden;  /*超出隐藏*/
    position: relative;  /*相对定位*/
}
#ulList{
    list-style: none;          /*去掉无序列表的项目符号*/
    width:1400px;          /*定义宽度*/
    position: absolute;/*定义绝对定位*/
}
#ulList li{
    float: left; /*定义左浮动*/
    margin-left: 15px;      /*定义左边外边距*/
    z-index: 1;  /*定义堆叠顺序*/
}
#left{
    position:absolute;       /*定义绝对定位*/
    left:20px;top: 30%; /*距离左侧和顶部的距离*/
    z-index: 10;  /*定义堆叠顺序*/
    cursor:pointer; /*定义鼠标指针显示形状*/
}
#right{
    position:absolute;       /*定义绝对定位*/
    right:20px;top: 30%;    /*距离右侧和顶部的距离*/
    z-index: 10; /*定义堆叠顺序*/
    cursor:pointer;   /*定义鼠标指针显示形状*/
 }
.font-menu{
    font-size: 1.3rem;       /*定义字体大小*/
}
```

03 添加用户行为。

```
<script src="jquery-1.8.3.min.js"></script>
<script>
    $(function(){
        var nowIndex=0;                          //定义变量nowIndex
        var liNumber=$("#ulList li").length;//计算li的个数
        function change(index){
            var ulMove=index*300;//定义移动距离
```

```
            $("#ulList").animate({left:"-"+ulMove+"px"},500);
                            //定义动画,动画时间为0.5秒
        }
        $("#left").click(function(){
            nowIndex = (nowIndex > 0) ? (--nowIndex) :0;
                            //使用三元运算符判断nowIndex
            change(nowIndex);//调用change()方法
        })
        $("#right").click(function(){
  nowIndex=(nowIndex<liNumber-1) ? (++nowIndex) :(liNumber-1);
        //使用三元运算符判断nowIndex
            change(nowIndex);//调用change()方法
        });
    })
</script>
```

在 IE 浏览器中运行,效果如图 19-22 所示;单击右侧箭头,#ulList 向左移动,效果如图 19-23 所示。

图 19-22　生产流程页面效果

图 19-23　滚动后效果

19.5　设计底部隐藏导航

设计步骤如下。

01 设计底部隐藏导航布局。首先定义一个容器 <div id="footer">,用来包裹导航。在该容器上添加一些 Bootstrap 通用样式,使用 fixed-bottom 固定在页面底部,使用 bg-light 设置高亮背景,使用 border-top 设置上边框,使用 d-block 和 d-sm-none 设置导航只在小屏幕上显示。

```
<!--footer——在sm型设备尺寸下显示-->
<div class="row fixed-bottom d-block d-sm-none bg-light border-top py-1"
id="footer" >
<ul class="text-center p-0" id="myTab">
<li><a class="ab" href="index.html"><i class="fa fa-home fa-2x p-1"></i><br/>主
页</a></li>
<li><a href="javascript:void(0);"><i class="fa fa-calendar-minus-o fa-2x
p-1"></i><br/>门店</a></li>
<li><a href="javascript:void(0);"><i class="fa fa-user-circle-o fa-2x p-1"></
i><br/>我的账户</a></li>
<li><a href="javascript:void(0);"><i class="fa fa-bitbucket-square fa-2x
p-1"></i><br/>菜单</a></li>
<li><a href="javascript:void(0);"><i class="fa fa-table fa-2x p-1"></i><br/>更
多</a></li>
</ul>
</div>
```

02 设计字体颜色以及每个导航元素的宽度。

```
.ab{
    color:#00A862!important;        /*定义字体颜色*/
}
    #myTab li{
    width: 20vw;                    /*定义宽度*/
    min-width: 30px;                /*定义最小宽度*/
    font-size: 0.8rem;              /*定义字体大小*/
    color: #919191;                 /*定义字体颜色*/
}
```

03 为导航元素添加单击事件，被单击元素添加 .ab 类，其他元素则删除 .ab 类。

```
$(function(){
    $("#footer ul li").click(function(){
        $(this).find("a").addClass("ab");
        $(this).siblings().find("a").removeClass("ab");
    })
})
```

在 IE 浏览器中运行，底部隐藏导航效果如图 19-24 所示；单击"门店"按钮，将切换到门店页面。

图 19-24　底部隐藏导航

第20章　项目实训2——家庭记账本App

📖 本章导读

很多智能手机上都安装家庭记账本类的软件，此类软件功能简单，主要包括新增、修改、查询和删除等功能，非常适合初学者巩固前面所学的知识。本章通过一个简易的家庭记账本，讲述如何实现新增记账、删除记账、快速查询记账和查看记账等功能，该软件的数据库将采用 Web SQL。

📑 知识导图

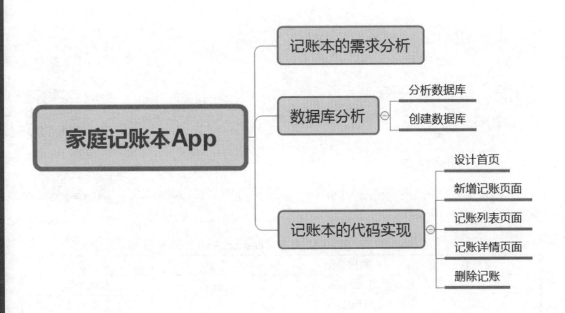

20.1 记账本的需求分析

需求分析是开发软件的必要环节，下面分析家庭记账本的需求。

（1）用户可以新增一个账目，添加账目的标题和具体信息，系统将自动记录添加的时间。

（2）在首页中自动按时间排列账目信息，单击某个账目标题，可以查看账目的具体信息。

（3）用户可以删除不需要的账目，并且在进入删除步骤中可以查看账目的具体信息。

（4）用户可以快速搜索账目，搜索可以根据账目标题或者账目的具体信息。

制作完成后的首页效果如图 20-1 所示。

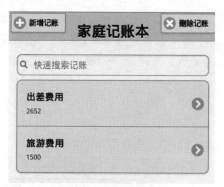

图 20-1　首页效果

20.2 数据库分析

分析完网站的功能后，开始分析数据表的逻辑结构，然后创建数据表。

20.2.1 分析数据库

家庭记账本的数据库名称为 jiatingbook，包括一个数据表 cashbook。数据表 cashbook 的逻辑结构如表 20-1 所示。

表 20-1　数据表 cashbook

字段名	数据类型	主键	字段含义
id	integer	是	自动编号
title	char(50)	否	记账标题
smoney	char(50)	否	记账金额
content	text	否	记账详情
date	datetime	否	记账时间

20.2.2 创建数据库

分析数据表的结构后，即可创建数据库和数据表，代码如下：

```
//打开数据库
var dbSize=2*1024*1024;
db = openDatabase("jiatingbook","1.0","bookdb", dbSize);
db.transaction(function(tx){
//创建数据表
tx.executeSql("CREATE TABLE IF NOT EXISTS cashbook(id integer PRIMARY KEY,title
char(50),smoney char(50), content text,date datetime)");
});
```

20.3　记账本的代码实现

下面来分析记账本的代码是如何实现的。

20.3.1　设计首页

首页中主要包括新增记账、删除记账、搜索框和记账列表。代码如下：

```
<!--首页记账列表-->
<div data-role="page" id="home">
  <div data-role="header" id="header">
  <a href="#" data-icon="plus" class="ui-btn-right" id="new">新增记账</a></div>
    <h1>家庭记账本</h1>
  <div data-role="content">
  <a href="#" data-icon="delete" id="del">删除记账</a>
      <ul id="list" data-role="listview" data-inset="true" data-filter="true"
                          data-filter-placeholder="快速搜索记账"></ul>
  </div>
</div>
```

记账本列表使用 listview 组件，通过设置 data-filter="true"，就会在列表上方显示搜索框，其中 data-filter-placeholder 属性用于设置搜索框内显示的内容，输入搜索内容后，将查询出相关的记账信息，如图 20-2 所示。

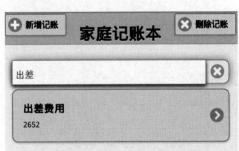

图 20-2　查询记账

20.3.2　新增记账页面

首页中的"新增记账"按钮上绑定了 click 事件去触发新增记账函数 addnew。

```
$("#new").on("click",addnew);
```

单击"新增记账"按钮后，通过 addnew 函数将转换到页面 id 为 addBook 的页面，然后将标题和内容先清空，最后通过 focus() 函数将插入点置入标题栏中，程序代码如下：

```
$("#new").on("click",addnew);
function addnew(){
    $.mobile.changePage("#addBook",{});
}
$("#addBook").on("pageshow",function(){
    $("#content").val("");
    $("#smoney").val("");
    $("#title").val("");
    $("#title").focus();
});
```

为了以对话框的形式打开页面，将 addBook 页面的 data-role 属性设置为 dialog，将 id 设置为 addBook，代码如下：

```
<div data-role="dialog" id="addBook">
  <div data-role="header">
    <h1>新增记账</h1>
  </div>
  <div data-role="content">
   <p>账目标题:<input type="text" id="title"></p>
    <p>金额:<input type="text" id="smoney"></p>
    <p>详情:<textarea cols="40" rows="6" id="content"></textarea></p>
    <hr>
    <a href="#" data-role="button" id="save">保存</a> </div>
</div>
```

其中添加了两个文本框、一个 textarea 文本框和一个保存按钮，效果如图 20-3 所示。

图 20-3　新增记账页面

输入完内容后，单击"保存"按钮，将输入的数据保存到数据表 cashbook 中，然后将对话框关闭，并调用 bookList 函数将内容显示到首页中，代码如下：

```
$("#save").on("click",save);
function save(){
    var title = $("#title").val();
    var smoney = $("#smoney").val();
```

```
        var content = $("#content").val();
        db.transaction(function(tx){
            //新增数据
            tx.executeSql("INSERT INTO cashbook(title,smoney,content,date)
values(?,?,?,datetime('now', 'localtime'))",[title,smoney,content],function(tx,
result){
                $('.ui-dialog').dialog('close');
                noteList();
            },function(e){
                alert("新增数据错误:"+e.message)
            });
        });
    }
```

其中 datetime('now', 'localtime') 函数用于获取当前的日期时间。

20.3.3　记账列表页面

记账列表页面的功能是将数据库中的数据显示在首页上，代码如下：

```
function noteList(){
    $("ul").empty();
    var note="";
    db.transaction(function(tx){
        //显示cashbook数据表全部数据
        tx.executeSql("SELECT id,title,smoney,content,date FROM cashbook",[],
function(tx, result){
            if(result.rows.length>0){
                for(var i = 0; i < result.rows.length; i++){
                    item = result.rows.item(i);
                    note += "<li id="+item["id"]+"><a
href='#'><h3>"+item["title"]+"</h3><p>"+item["smoney"]+"</p></a></li>";
                }
            }
            $("#list").append(note);
            $("#list").listview('refresh');
        },function(e){
            alert("SELECT语法出错了!"+e.message)
        });
    });
}
});
```

其中 select 命令的作用是将数据库中的数据查询出来，然后用 <li> 组件来显示数据。通过使用 jQueryMobile 的 listview 组件实现动态更新列表的目的，如图 20-4 所示。

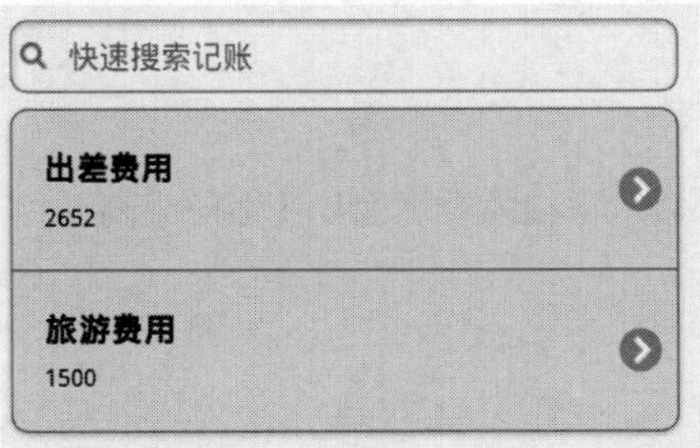

图 20-4　记账列表页面

20.3.4 记账详情页面

首页中的记账列表上绑定了 click 事件去触发查看记账函数 show()。

```
$("#list").on("click", "li",show);
```

show() 函数的代码如下：

```
function show(){
    $("#viewTitle").html("");
    $("#viewSmoney").html("");
    $("#viewContent").html("");
    var value=parseInt($(this).attr('id'));
    db.transaction(function(tx){
        //显示cashbook数据表全部数据
        tx.executeSql("SELECT id,title,smoney,content,date FROM cashbook where
                        id=?",[value], function(tx, result){
            if(result.rows.length>0){
                for(var i = 0; i < result.rows.length; i++){
                    item = result.rows.item(i);
                    $("#viewTitle").html(item["title"]);
                    $("#viewSmoney").html(item["smoney"]);
                    $("#viewContent").html(item["content"]);
                    $("#date").html("创建日期: "+item["date"]);
                }
            }
            $.mobile.changePage("#viewBook",{});
        },function(e){
            alert("SELECT语法出错了!"+e.message)
        });
    });

}
```

为了实现以对话框的形式打开页面，将 viewBook 页面的 data-role 属性设置为 dialog，将 id 设置为 viewBook，代码如下：

```
<div data-role="dialog" id="viewBook">
  <div data-role="header">
    <h1 id="viewTitle">记账</h1>
  </div>
  <div data-role="content">
     <p id="viewsmoney">金额</p>
    <p id="viewContent">内容</p>
  </div>
  <div data-role="footer">
    <p id="date">日期</p>
  </div>
</div>
```

选择一个账目标题后，显示详细内容页面如图 20-5 所示。

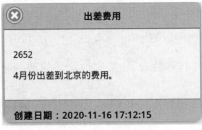

图20-5 记账详情页面

20.3.5 删除记账

首页中的"删除记账"按钮上绑定了click事件去触发删除记账函数bookdel()。

```
$("#del").on("click",bookdel);
```

函数bookdel()的具体内容如下:

```
function bookdel(){
    if($("button").length<=0){
            var DeleteBtn = $("<button class='css_btn_class'>Delete</button>");
                $("li:visible").before(DeleteBtn);
    }
}
```

单击"删除记账"按钮,将在每条列表的左边显示一个Delete按钮,如图20-6所示。
单击Delete按钮后,将会弹出确认对话框,如图20-7所示。

图20-6 记账删除页面

图20-7 删除确认对话框

实现删除数据功能的代码如下:

```
$("#home").on("click",".css_btn_class", function(){
    if(confirm("确定要执行删除?")){
        var value=$(this).next("li").attr("id");
        db.transaction(function(tx){
            //显示cashbook数据表全部数据
            tx.executeSql("DELETE FROM cashbook WHERE id=?",[value],
function(tx, result){
                noteList();
            },function(e){
                alert("DELETE语法出错了!"+e.message)
                 $("button").remove();
            });
```

```
        });
      }
    });
```

　　程序编写完成后，可以将其封装成 APK 文件，然后放到移动设备上安装。家庭记账本
的完整程序包如下所示：

```html
<!DOCTYPE html>
<html>
<head>
<title>家庭理财记账本</title>
<!--最佳化屏幕宽度-->
<meta name="viewport" content="width=device-width, initial-scale=1">

<meta http-equiv="Content-Type" content="text/html; charset=utf-8" />
<meta http-equiv="X-UA-Compatible" content="IE=Edge,chrome=1">
<!--引用jQuery Mobile函数库    应用ThemeRoller制作的样式-->
<link rel="stylesheet" href="themes/sweet.min.css" />
<link rel="stylesheet" href="themes/jquery.mobile.icons.min.css" />
<link rel="stylesheet" href="jquery/jquery.mobile.structure-1.4.5.min.css" />
<script src="jquery/jquery-1.9.1.min.js"></script>
<script src="jquery/jquery.mobile-1.4.5.min.js"></script>

<style>
#header{height:50px;font-size:25px;font-family:"微软雅黑"}
.css_btn_class {
    float: left;
    padding: 0.6em;
    position:relative;
    display:block;
    z-index:10;
    font-size:16px;
    font-family:Arial;
    font-weight:normal;
    -moz-border-radius:8px;
    -webkit-border-radius:8px;
    border-radius:8px;
    border:1px solid #e65f44;
    padding:8px 18px;
    text-decoration:none;
    background:-moz-linear-gradient( center top, #f0c911 5%, #f2ab1e 100% );
    background:-ms-linear-gradient( top, #f0c911 5%, #f2ab1e 100% );
    filter:progid:DXImageTransform.Microsoft.gradient(startColorstr='#f0c911',
endColorstr='#f2ab1e');
    background:-webkit-gradient( linear, left top, left bottom, color-stop(5%,
#f0c911), color-stop(100%, #f2ab1e) );
    background-color:#f0c911;
    color:#c92200;
    text-shadow:1px 1px 0px #ded17c;
    -webkit-box-shadow:inset 1px 1px 0px 0px #f9eca0;
    -moz-box-shadow:inset 1px 1px 0px 0px #f9eca0;
    box-shadow:inset 1px 1px 0px 0px #f9eca0;
}.css_btn_class:hover {
    background:-moz-linear-gradient( center top, #f2ab1e 5%, #f0c911 100% );
    background:-ms-linear-gradient( top, #f2ab1e 5%, #f0c911 100% );
    filter:progid:DXImageTransform.Microsoft.gradient(startColorstr='#f2ab1e',
                                                  endColorstr='#f0c911');
    background:-webkit-gradient( linear, left top, left bottom, color-stop(5%,
                          #f2ab1e), color-stop(100%, #f0c911) );
```

```
      background-color:#f2ab1e;
}.css_btn_class:active {
   position:relative;
   top:1px;
}
</style>
<script type="text/javascript">
var db;
$(function(){

            //打开数据库
             var dbSize=2*1024*1024;
             db = openDatabase("jiatingbook ", "1.0","bookdb", dbSize);

            db.transaction(function(tx){
                //创建数据表
                tx.executeSql("CREATE TABLE IF NOT EXISTS cashbook (id integer
        PRIMARY KEY,title char(50),smoney char(50),content text,date datetime)");

            });

        //显示列表
        noteList();

        //显示新增页面
        $("#new").on("click",addnew);
        function addnew(){
            $.mobile.changePage("#addBook",{});
        }
        $("#addBook").on("pageshow",function(){
            $("#content").val("");
            $("#smoney").val("");
            $("#title").val("");
            $("#title").focus();
        });

        //新增
        $("#save").on("click",save);
        function save(){
                var title = $("#title").val();
                var smoney = $("#smoney").val();
                var content = $("#content").val();

                db.transaction(function(tx){
                    //新增数据
                    tx.executeSql("INSERT INTO cashbook(title,smoney,content,date)
values(?,?,?,datetime('now', 'localtime'))",[title,smoney,content],function(tx, result){
                        $('.ui-dialog').dialog('close');
                        noteList();
                    },function(e){
                        alert("新增数据错误:"+e.message)
                    });
                });
        }


        //显示详细信息
        $("#list").on("click", "li",show);
        function show(){
            $("#viewTitle").html("");
```

```
            $("#viewsmoney").html("");
            $("#viewContent").html("");

            var value=parseInt($(this).attr("id"));

            db.transaction(function(tx){
                //显示cashbook数据表全部数据
                tx.executeSql("SELECT id,title,smoney,content,date FROM cashbook
where id=?",[value], function(tx, result){
                        if(result.rows.length>0){
                         for(var i = 0; i < result.rows.length; i++){
                                item = result.rows.item(i);
                                $("#viewTitle").html(item["title"]);
                                $("#viewsmoney").html(item["smoney"]);
                                $("#viewContent").html(item["content"]);
                                $("#date").html("创建日期: "+item["date"]);
                         }
                        }
                        $.mobile.changePage("#viewBook",{});
                },function(e){
                    alert("SELECT语法出错了!"+e.message)
                });
            });

        }

    //显示list删除按钮
    $("#del").on("click",bookdel);
    function bookdel(){
        if($("button").length<=0){
            var DeleteBtn = $("<button class='css_btn_class'>Delete</button>");
             $("li:visible").before(DeleteBtn);
        }
    }
    //单击list删除按钮
    $("#home").on('click','.css_btn_class', function(){
        if(confirm("确定要执行删除?")){
            var value=$(this).next("li").attr("id");
            db.transaction(function(tx){
                //显示cashbook数据表全部数据
                tx.executeSql("DELETE  FROM  cashbook  WHERE  id=?",[value],
function(tx, result){
                 noteList();
                },function(e){
                 alert("DELETE语法出错了!"+e.message)
                  $("button").remove();
                });
            });
        }
    });

    //列表
    function noteList(){
        $("ul").empty();
        var note="";

        db.transaction(function(tx){
            //显示cashbook数据表全部数据
            tx.executeSql("SELECT id,title,smoney,content,date FROM
```

```
cashbook",[], function(tx, result){
                    if(result.rows.length>0){
                     for(var i = 0; i < result.rows.length; i++){
                            item = result.rows.item(i);
                            note+="<li id="+item["id"]+"><a href='#'><h3>"+item
["title"]+"</h3><p>"+item["smoney"]+"</p></a></li>";
                      }
                    }
                    $("#list").append(note);
                    $("#list").listview('refresh');
                 },function(e){
                    alert("SELECT语法出错了!"+e.message)
                 });
            });
        }
    });

    </script>
    </head>
    <body>
    <!--首页记账列表-->
    <div data-role="page" id="home">
      <div data-role="header" id="header">
      <a href="#" data-icon="plus" class="ui-btn-left" id="new">新增记账</a>
        <h1>家庭记账本</h1>
         <a href="#" data-icon="delete" id="del">删除记账</a>
       </div>
      <div data-role="content">
          <ul id="list" data-role="listview" data-inset="true" data-filter="true"
data-filter-placeholder="快速搜索记账"></ul>
      </div>
    </div>

    <!--新增记账-->
    <div data-role="dialog" id="addBook">
      <div data-role="header">
        <h1>新增记账</h1>
      </div>
      <div data-role="content">
       <p>账目标题:<input type="text" id="title"></p>
        <p>金额:<input type="text" id="smoney"></p>
        <p>详情:<textarea cols="40" rows="8" id="content"></textarea></p>
        <hr>
        <a href="#" data-role="button" id="save">保存</a> </div>
    </div>

    <!--记账详细信息-->
    <div data-role="dialog" id="viewBook">
      <div data-role="header">
        <h1 id="viewTitle">记账</h1>
      </div>
      <div data-role="content">
        <p id="viewsmoney">金额</p>
        <p id="viewContent">内容</p>
      </div>
      <div data-role="footer">
        <p id="date">日期</p>
      </div>
    </div>
    </body>
    </html>
```

第21章　项目实训3——连锁酒店订购系统App

本章导读

　　本章将会学习一个酒店订购系统的开发，这里将使用前面学习的 localStorage 来处理订单的存储和查询。该系统主要功能为订购房间、查询连锁分店、查询订单、查看酒店介绍等功能。通过本章的学习，用户可以了解在线订购系统的制作方法、使用 localStorage 模拟在线订购和查询订单的方法和技巧。

知识导图

连锁酒店订购系统App

- 连锁酒店订购的需求分析
- 网站的结构
- 连锁酒店系统的代码实现
  - 设计首页
  - 设计订购页面
  - 设计连锁分店页面
  - 设计查看订单页面
  - 设计酒店介绍页面

21.1　连锁酒店订购的需求分析

需求分析是连锁酒店订购系统开发的必要环节，该系统的需求如下。

（1）用户可以预订不同的房间级别，定制个性化的房间，而且还可以快速搜索自己需要的房间类型。

（2）用户可以查看全国连锁酒店的分店情况，并且可以自主联系酒店的分店。

（3）用户可以查看预订过的订单详情，还可以删除不需要的订单。

（4）用户可以查看连锁酒店的介绍。

制作完成后的首页效果如图 21-1 所示。

图 21-1　首页效果

21.2　网站的结构

分析完网站的功能后，开始分析整个网站的结构，主要分为 5 个页面，如图 21-2 所示。

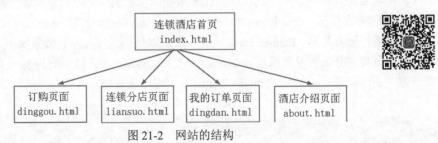

图 21-2　网站的结构

各个页面的主要功能如下。

（1）index.html：该页面是系统的主页面，是网站的入口，通过主页可以链接到订购页面、连锁分店页面、我的订单页面和酒店介绍页面。

（2）dinggou.html：该页面是酒店订购页面，主要包括三个 page，第一个 page 是选择房间类型，第二个 page 主要功能是选择房间的具体参数，第三个 page 是显示订单完成信息。

（3）liansuo.html：该页面主要显示连锁分店的具体信息。

（4）dingdan.html：该页面主要显示用户已经订购的订单信息。

（5）about.html：该页面主要显示关于连锁酒店的简单介绍。

21.3　连锁酒店系统的代码实现

下面来分析连锁酒店系统的代码是如何实现的。

21.3.1　设计首页

首页中主要包括一个图片和 4 个按钮，分别连接到订购页面、连锁分店页面、我的订单页面和酒店介绍页面。主要代码如下：

```
<div data-role="page" data-title="Happy" id="first" data-theme="a">
<div data-role="header">
<h1>千谷连锁酒店系统</h1>
</div>
<div data-role="content" id="content" class="firstcontent">
   <img src="images/zhu.png" id="logo"><br/>
   <a href="caigou.html" data-ajax="false" data-role="button" data-icon="home"
data-iconpos="top" data-mini="true" data-inline="true"><img src="images/cai.
png"><br>立即预订</a>
   <a href="liansuo.html" data-ajax="false" data-role="button" data-
icon="search" data-iconpos="top" data-mini="true" data-inline="true"><img
src="images/lian.png"><br>连锁分店</a>
   <a href="dingdan.html" data-ajax="false" data-role="button" data-icon="gear"
data-iconpos="top" data-mini="true" data-inline="true"><img src="images/ding.
png"><br>我的订单</a>
             <a href="about.html" data-ajax="false" data-role="button" data-
icon="gear" data-iconpos="top" data-mini="true" data-inline="true"><img
src="images/ding.png"><br>关于千谷</a>
</div>
<div data-role="footer" data-position="fixed" style="text-align:center">
  订购专线：12345678
</div>
</div>
```

其中 data-ajax="false" 表示停用 Ajax 加载网页；data-role="button" 表示该链接的外观以按钮的形式显示；data-icon="home" 表示按钮的图标效果；data-iconpos="top" 表示小图标在按钮上方显示；data-inline="true" 表示以最小宽度显示。效果如图 21-3 所示。

其中页脚部分通过设置属性 data-position="fixed"，可以让页脚内容一直显示在页面的最下方。通过设置 style="text-align：center"，可以让页脚内容居中显示，如图 21-4 所示。

图 21-3　链接的样式效果

图 21-4　页脚的样式效果

21.3.2 设计订购页面

订购页面主要包含三个 page，主要包括选择房间类型 page（id=first）、选择房间的具体参数 page（id=second）和显示订单完成信息 page（id=third）。

1. 选择房间类型 page

选择房间类型 page 中包括房间列表、返回到上一页、快速搜索房间等功能。代码如下：

```
<div data-role="page" data-title="房间列表" id="first" data-theme="a">
<div data-role="header">
<a href="index.html" data-icon="arrow-l" data-iconpos="left" data-
ajax="false">Back</a> <h1>房间列表</h1>
</div>
<div data-role="content" id="content">
    <ul data-role="listview" data-inset="true" data-filter="true" data-filter-
placeholder="快速搜索房间">
        <li>
                <a href="#second">
                <img src="images/putong.png" />
                <h3>普通间</h3>
                <p>24小时有热水</p>
                </a>
                <a href="#second" data-icon="plus"></a>
        </li>
        <li>
                <a href="#second">
                  <img src="images/wangluo.png" />
                  <h3>网络间</h3>
                  <p>有网络和电脑、24小时热水</p>
                </a>
                <a href="#second" data-icon="plus"></a>
        </li>
        <li>
                <a href="#second">
                  <img src="images/haohua.png" />
                  <h3>豪华间</h3>
                  <p>免费提供三餐、有网络和电脑、24小时热水</p>
                </a>
                <a href="#second" data-icon="plus"></a>
        </li>
        <li>
                <a href="#second">
                  <img src="images/zongtong.png" />
                  <h3>总统间</h3>
                  <p>24小时客服、有网络和电脑、24小时热水、免费提供三餐</p>
                </a>
                <a href="#second" data-icon="plus"></a>
        </li>
    </ul>
        </div>
<div data-role="footer" data-position="fixed" style="text-align:center">
    订购专线：12345678
</div>
</div>
```

效果如图 21-5 所示。

图 21-5　房间列表页面效果

页面中有一个 Back 按钮，主要作用是返回到主页上，通过以下代码来控制：

```
<a href="index.html" data-icon="arrow-l" data-iconpos="left" data-ajax="false">Back</a>
```

房间列表使用 listview 组件，通过设置 data-filter="true"，就会在列表上方显示搜索框；通过设置 data-inset="true"，可以让 listview 组件添加圆角效果，而且不与屏幕同宽；其中 data-filter-placeholder 属性用于设置搜索框内显示的内容，当输入搜索内容，将查询出相关的房间信息，如图 21-6 所示。

图 21-6　快速搜索房间

2. 选择房间的具体参数 page

选择房间的具体参数 page 的 id 为 second，主要让用户选择楼层、是否带窗户、是否需要接送、订购数量和客户联系方式，如图 21-7 所示。

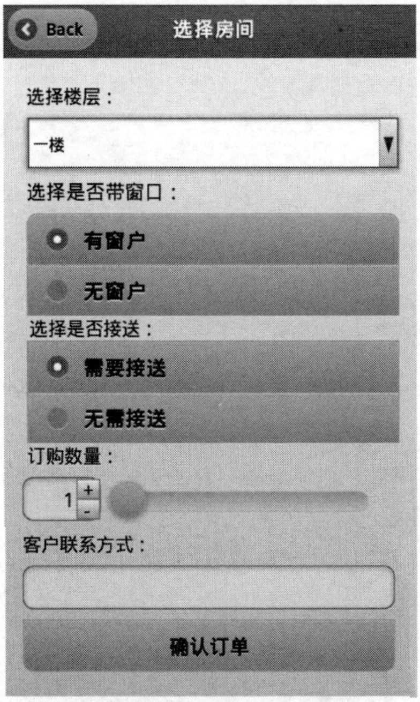

图 21-7　选择房间页面

这个页面的 Back 按钮的设置方法和上一个 page 不同，通过设置属性 data-add-back-btn="true"实现返回上一页的功能，代码如下：

```
<div data-role="page" data-title="选择房间" id="second" data-theme="a" data-add-
back-btn="true">
```

该页面包含选择菜单（Select menu）、2 个单选按钮组件（Radio button）、范围滑块（Slider）、文本框（text）和按钮组件（button）。

其中添加选择菜单（Select menu）的代码如下：

```
<div data-role="content" id="content">
  选择楼层:
  <select name="selectitem" id="selectitem">
    <option value="一楼">一楼</option>
    <option value="二楼">二楼</option>
    <option value="三楼">三楼</option>
  </select>
```

预览效果如图 21-8 所示。

图 21-8　选择菜单效果

2 个单选按钮组的代码如下：

```
<fieldset data-role="controlgroup">
      <legend>选择是否带窗口：</legend>
            <input type="radio" name="flavoritem" id="radio-choice-1" value="有窗
口" checked />
            <label for="radio-choice-1">有窗户</label>
            <input type="radio" name="flavoritem" id="radio-choice-2" value="无窗
户"  />
            <label for="radio-choice-2">无窗户</label>
<fieldset data-role="controlgroup1">
      <legend>选择是否接送：</legend>
            <input type="radio" name="flavoritem1" id="radio-choice-3" value="需
要接送" checked />
            <label for="radio-choice-3">需要接送</label>
            <input type="radio" name="flavoritem1" id="radio-choice-4" value="无
须接送"  />
            <label for="radio-choice-4">无需接送</label>
```

预览效果如图 21-9 所示。

图 21-9　单选按钮组效果

使用 <fieldset> 标记创建单选按钮组，通过设置属性 data-role="controlgroup"，可以让各个单选按钮外观像一个组合，整体效果比较好。

范围滑杆的代码如下：

```
<input type="range" name="num" id="num" value="1" min="0" max="100" data-
highlight="true" />
```

预览效果如图 21-10 所示。

图 21-10　范围滑块效果

文本框的代码如下：

```
<input type="text" name="text1" id="text1" size="10" maxlength="10" />
```

其中 size 属性用于设置文本框的长度，maxlength 属性用于设置输入的最大值。

预览效果如图 21-11 所示。

图 21-11　文本框效果

确认按钮的代码如下：

```
<input type="button" id="addToStorage" value="确认订单" />
```

预览效果如图 21-12 所示。

确认订单

图 21-12　确认按钮效果

3. 显示订单完成信息 page

显示订单完成信息 page 的代码如下：

```
<div data-role="page" id="third">
<div data-role="header">
<a href="index.html" data-icon="arrow-l" data-iconpos="left" data-ajax="false">
回首页</a> <h1>订购完成</h1>
</div>
<div data-role="content" id="content">
<img src="images/ding.png" /><br>
<font style="font-size:20px;">感谢您选择我们酒店<br>
以下为您的订购房间信息: </font>
<p><div id="message" style="font-size:25px;color:#ff0000"></div>
</div>
<div data-role="footer" data-position="fixed" style="text-align:center">
    订购专线：12345678
</div>
</div>
```

预览效果如图 21-13 所示。

图 21-13　确认按钮效果

接收订单的功能是通过 JavaScript 来完成的，代码如下：

```
<script type="text/javascript">
 var orderitem = "orderitem";
 var flavor = "itemflavor";
var flavor1 = "itemflavor1";
 var num = "num";
 var text1 = "text1";
        $("#second").live("pagecreate", function() {
            $("#addToStorage").click(function() {
                localStorage.orderitem=$("select#selectitem").val();
```

```
                        localStorage.flavor=$("input[name="flavoritem"]:checked").val();
                                localStorage.flavor1=$("input[name="flavoritem1"
]:checked").val();
                  localStorage.num=$("#num").val();
                    localStorage.text1=$("#text1").val();
                    $.mobile.changePage($("#third"),{transition: "slide"});
              });
          });
          $("#third").live("pageinit", function() {
              var itemflavor = "房间楼层："+ localStorage.orderitem+"<br>是否
带窗户："+localStorage.flavor+"<br>是否需接送："+localStorage.flavor1+"<br>房间数量：
"+localStorage.num+"<br>客户联系方式：
    "+localStorage.text1;
              $("#message").html(itemflavor);
              //document.getElementById("message").innerHTML= itemflavor
          });
</script>
```

其中 $ 符号代表组件，例如 $("#second") 表示 id 为 second 的组件。live() 函数为文件
页面附加事件处理程序，并规定事件发生时执行的函数，例如下面的代码表示当 id 为 second
的页面发生 pagecreate 事件时，就执行相应的函数：

```
$("#second").live("pagecreate", function() {…});
```

当 id 为 second 的页面确认订单时，将会把订单的信息保存到 localStorage。当加载到 id
为 third 的页面时，将 localStorage 存放的内容取出来并显示在 id 为 message 的 <div> 组件中。
代码如下：

```
    $("#third").live("pageinit", function() {
              var itemflavor = "房间楼层："+ localStorage.orderitem+"<br>是否
带窗户："+localStorage.flavor+"<br>是否需接送："+localStorage.flavor1+"<br>房间数量：
"+localStorage.num+"<br>客户联系方式：
    "+localStorage.text1;
              $('#message').html(itemflavor);
          });
```

其中 $('#message').html（itemflavor）的语法作用和下面的代码一样，都是用
itemflavor 字符串替代 <div> 组件中的内容：

```
document.getElementById("message").innerHTML= itemflavor;
```

21.3.3 设计连锁分店页面

连锁分店页面为 liansuo.html，主要代码如下：

```
<div data-role="page" data-title="全国连锁酒店" id="first" data-theme="a">
<div data-role="header">
<a href="index.html" data-icon="arrow-l" data-iconpos="left" data-ajax="false">
回首页</a>
<h1>全国连锁酒店</h1>
</div>
<div data-role="content" id="content">
  <ul data-role="listview" data-inset="true">
```

```
      <li>
         <a href="#" onclick="getmap('上海连锁酒店')" id=btn>
           <img src="images/shanghai.png" />
           <h3>上海连锁酒店</h3>
           <p>咨询热线: 19912345678</p>
         </a>

      </li>
      <li>
         <a href="#" onclick="getmap('北京连锁酒店')" id=btn>
           <img src="images/beijing.png" />
           <h3>北京连锁酒店</h3>
           <p>咨询热线: 18812345678</p>
         </a>

      </li>
      <li>
         <a href="#" onclick="getmap('厦门连锁酒店')" id=btn>
           <img src="images/xiamen.png" />
           <h3>厦门连锁酒店</h3>
           <p>咨询热线: 16612345678</p>
         </a>

      </li>
   </ul>

</div>
<div data-role="footer" data-position="fixed" style="text-align:center">
   连锁酒店总部热线: 12345678
</div>
</div>
```

预览效果如图 21-14 所示。

图 21-14　连锁分店页面效果

其中使用 listview 组件来完成列表的功能，通过链接的方式返回到首页，代码如下：

```
<a href="index.html" data-icon="arrow-l" data-iconpos="left" data-ajax="false">
回首页</a>
```

21.3.4 设计查看订单页面

查询订单页面为 dingdan.html，显示内容的代码如下：

```
<div data-role="page" data-title="订单列表" id="first" data-theme="a">
<div data-role="header">
<a href="index.html" data-icon="arrow-l" data-iconpos="left" data-ajax="false">
回首页</a><h1>订单列表</h1>
</div>
<div data-role="content" id="content">
<a href="#" data-role="button" data-inline="true" onclick="deleteOrder();">删除
订单</a>
以下为您的订购列表:
<div class="ui-grid-b">
  <div class="ui-block-a ui-bar-a">房间楼层</div>
  <div class="ui-block-b ui-bar-a">是否带窗户</div>
 <div class="ui-block-b ui-bar-a">是否需接送</div>

  <div class="ui-block-a ui-bar-b" id="orderitem"></div>
  <div class="ui-block-b ui-bar-b" id="flavor"></div>
 <div class="ui-block-b ui-bar-b" id="flavor1"></div>
 <div class="ui-block-c ui-bar-a">订购数量</div>
  <div class="ui-block-c ui-bar-a">客户联系方式</div>
 <div class="ui-block-c ui-bar-a"></div>
  <div class="ui-block-c ui-bar-b" id="num"></div>
  <div class="ui-block-c ui-bar-b" id="text1"></div>
</div>
</div>
<div data-role="footer" data-position="fixed" style="text-align:center">
  订购专线: 12345678
</div>
```

预览效果如图 21-15 所示。

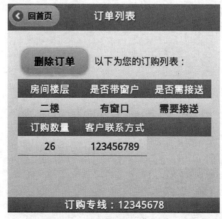

图 21-15　查看订单页面效果

该页面的主要功能是将 localStorage 的数据取出并显示在页面上，主要由以下代码实现：

```
<script type="text/javascript">
$("#first").live("pageinit", function() {
  $("#orderitem").html(localStorage.orderitem);
  $("#flavor").html(localStorage.flavor);
      $("#flavor1").html(localStorage.flavor1);
```

```
    $("#num").html(localStorage.num);
        $("#text1").html(localStorage.text1);
});
</script>
```

通过单击页面中的"删除订单"按钮，可以删除订单，以下函数用于实现删除功能：

```
function deleteOrder(){
  localStorage.clear();
  $(".ui-grid-b").html("已取消订单!");
}
```

21.3.5　设计酒店介绍页面

酒店介绍页面为 about.html，该页面的主要代码如下：

```
<div data-role="page" data-title="全国连锁酒店" id="first" data-theme="a">
<div data-role="header">
<a href="index.html" data-icon="arrow-l" data-iconpos="left" data-ajax="false">
回首页</a><h1>千谷连锁酒店</h1>
</div>
<div data-role="content" id="content">

<img src="images/about.png" /><br>
<font style="font-size:20px;">千谷连锁酒店集团定位于全国连锁高级酒店的发展,完善的酒店预
订系统,让您预订酒店客房更加轻松快捷,是您出差、旅游的好选择。</font>

</div>
<div data-role="footer" data-position="fixed" style="text-align:center">
    连锁酒店总部热线: 12345678
</div>
</div>
```

预览效果如图 21-16 所示。

图 21-16　酒店介绍页面效果

各个页面设计完成后，就可以参照第 18 章的内容生成 App。